石油石化行业高危作业丛书

动火作业

《动火作业》编写组◎编

石油工業出版社

内容提要

本书围绕动火作业安全管理，主要介绍动火作业管理要求、动火作业安全技术、动火作业实施、特殊情况下的动火作业、应急与火灾处置、动火作业的典型案例等内容。

本书适合石油石化行业安全管理专业人员阅读，也可供相关专业人员参考。

图书在版编目（CIP）数据

动火作业 /《动火作业》编写组编 . -- 北京：石油工业出版社，2024. 6. --（石油石化行业高危作业丛书）. -- ISBN 978-7-5183-6732-0

Ⅰ . TE687

中国国家版本馆 CIP 数据核字第 2024NL2519 号

出版发行：石油工业出版社

（北京安定门外安华里 2 区 1 号楼　100011）

网　址：www.petropub.com

编辑部：（010）64523552　　图书营销中心：（010）64523731

经　　销：全国新华书店

印　　刷：北京晨旭印刷厂

2024 年 6 月第 1 版　2024 年 6 月第 1 次印刷

787×1092 毫米　开本：1/16　印张：20.5

字数：354 千字

定价：80.00 元

《动火作业》

编 写 组

主　编：龚建华　何　超

副主编：李世军　杨轲舸　赵　勇　谭龙华

成　员：申　俊　洪　胜　雍崧生　罗　铭　钱　成
车小军　杜德飞　刘　鹏　卓先德　孙万春
曾燕光　薛瑞雨　曾维烁　宋宝宗　侯梦龙
杨　卫　黄　宇　孙联峰　何国松　李素勇
周　劲　黄　标　屈红双　廖海燕　刘裕伟
曾　武

丛书序

习近平总书记强调，生命重于泰山。针对石油石化行业安全生产事故主要特点和突出问题，行业人员要树牢安全发展理念，强化风险防控，层层压实责任，狠抓整改落实，从根本上消除事故隐患，有效遏制重特大事故发生。

石油石化行业是目前全球能源领域最重要的产业之一，对全球经济发展和能源需求有着重要影响。正因为特殊的性质和复杂的工作环境，石油石化行业存在一系列高危作业，给从业人员带来了极大的工作压力和安全风险。在石油石化行业的生产过程中，高危作业不可避免地存在，例如钻井、炼油、储运等环节，涉及高温高压、易燃易爆、有毒有害等危险因素，这些高危作业的从业人员在面临如此危险复杂的因素时，需要具备专业的技能和职业素养。

为坚决贯彻落实习近平总书记关于安全生产重要论述和重要指示批示精神，进一步增强石油石化行业从业者的安全意识，提高技术水平，深化安全管理和风险控制，加强高危作业管理，有效防范遏制各类事故事件的发生，编写了“石油石化行业高危作业丛书”，旨在通过系统性的专业知识分享和实践经验总结，帮助从业人员梳理思路、规范操作，达到预防和控制高危作业风险的目的。

本丛书邀请长期从事石油石化行业高危作业的技术专家和管理人员，结合实践经验和理论研究，对石油石化行业高危作业进行系统性的剖析和解读，汇聚了石油石化各领域专家的智慧和心血。本丛书包括《动火作业》《受限空间作业》《高处作业》《吊装作业》《临时用电作业》等分册。各分册概述高危作业特点、定义及相关制度规范，详细阐述作业管理要求、安全技术、特殊情况处理及应急处置，列举分析常见违章及典型事故案例。

本丛书不仅突出了安全生产管理的重要性，而且注重实践技能培养，帮助读者全面了解石油石化行业高危作业的特点和风险，增强从业人员的安全意识，提高风险防控能力。无论是从事高危作业管理的管理者，还是一线技术人员，本丛书都将成为必不可少的工具书。

中国石油天然气集团有限公司质量健康安全环保部及行业的有关专家，对本丛书的编写给予了指导和支持，在此表示衷心感谢。同时也感谢本丛书的编写单位及编写人员和审稿专家，他们的辛勤努力和专业知识为本丛书的编写提供了坚实的基础。还要感谢石油工业出版社的大力支持，使本丛书得以顺利面世。

期待本丛书能够对广大读者有所启示，成为石油石化行业从业人员学习和实践过程中不可或缺的参考书，为石油石化行业安全生产和健康发展筑牢坚实保障。让我们共同努力，为石油石化行业的安全生产贡献力量！

前言

石油石化行业生产过程具有高温高压、易燃易爆、有毒有害、腐蚀性强等许多危险因素，生产作业条件复杂多变，特别是动火作业频次高、作业场景多样，风险特点突出，若风险识别不到位、防控措施落实不到位，易发生火灾、爆炸、中毒等事故。

近年来，随着石油石化行业高速发展，动火作业风险管控不力引发事故较为突出。主要原因是作业许可制度执行不到位、手续不齐全、风险辨识不到位、责任不明确、监督不到位、控制措施不落实等，给人民群众生命和财产安全构成巨大威胁。抓好动火作业的安全管理，已经成为做好当前安全管理工作的关键环节。通过建立系统规范的作业许可管理制度，强化过程控制，有效开展危害因素辨识与风险评估，突出现场管理，严格控制动火作业各种风险，排查和消除各种事故隐患，可以最大限度地减少和避免事故的发生。

本书是“石油石化行业高危作业丛书”的分册之一，重点从国家、行业和企业标准、规范和制度要求入手，对相关术语和技术要求进行了详细的对比、整合、阐释，介绍了动火作业的适用范围、管理流程、技术要求、安全措施和事故案例，详细说明了动火作业风险控制的技术要求。为增加安全知识和技术措施的可读性，本书对一些关键部分和不易理解的内容附以一些典型做法并配以图片，使其更加直观、易于理解、方便掌握。相信本书的出版有助于石油石化行业从事安全管理的同志全面理解与掌握动火作业管理知识和技术，提升风险管理水平，从而帮助企业预防和控制风险。

本书在编写过程中，得到了有关部门和所属企业的支持和配合，在此表示衷心的感谢。

由于动火作业涉及范围广，本书虽力求全面系统，但由于编写过程时间仓促，编写人员水平有限，难免存在疏漏或不足之处，敬请读者批评指正。

目 录

第一章 概述

第二章 动火作业管理要求

第三章 动火作业安全技术

第四章 动火作业实施

第一章 概　　述

第一节 石油石化行业特点

石油也叫原油，是从地下深处开采出来黏稠黑褐色的液体燃料，天然气是埋藏在地下的古生物经过亿万年的高温和高压等作用而形成的可燃气体。石油从地下油气分子变为市场销售的化工原材料、成品油、天然气等石化产品需要经历勘探、开采、集输、储运、炼化等工艺环节。

一、石油石化行业安全生产风险特点

石油石化行业既是原材料工业，也是能源工业，原料可以是石油、天然气、煤炭等化石燃料，也可以是生物质能、可再生能源，产品有汽油、煤油、柴油、烯烃、合成树脂、合成橡胶等。生产过程具有危险性大、操作条件复杂、大型化、连续化、地质环境复杂多变、原料多元轻质化等特点，同时存在易燃易爆、有毒有害、高温高压、腐蚀性强等许多潜在的危险因素。主要有以下几个方面：

（1）生产过程危险性大，操作条件复杂。

石油石化行业从原料到产品，工艺流程长，地质环境和操作条件复杂，具有高温、高压、低温、低压、易燃易爆、有毒有害等特点。如油气勘探开采一般处于沙漠、深海等偏远恶劣环境下；乙烯生产时，裂解炉温度高达 1100℃；分离装置在 −195℃的低温下操作；高压聚乙烯的操作压力高达 340MPa。所使用的原材料、辅助材料半成品和成品，如原油、天然气、石脑油、汽油、煤油、柴油、乙烯、丙烯、液化气、丁烯 −1、丁二烯、催化剂等，绝大多数属于易燃易爆物质，具有闪点低、自燃点低、爆炸下限低、点火能量低等特点；如硫化氢、一氧化碳、苯、氨等有毒有害物质，存在中毒、窒息等风险；此外，还存在合成树脂、尿素等粉尘爆炸风险；酸、碱等化学灼伤风险。由此可见，石油石化生产过程危险性大，工艺条件苛刻、复杂和多变。

（2）生产装置大型化。

石油石化行业生产规模越来越向大型化发展，如炼油单系列最大规模达到

1600×10^4t/a，乙烯单系列最大规模达到 150×10^4t/a，煤化工单系列产能 220×10^4t/a。大型化装置可以降低单位产品的基本建设投资和生产成本，降低能耗和提高效能，提高企业的经济效益。但是，装置大型化后，存储和流动着成百上千吨易燃易爆物料，潜在的危险能量也越来越大，一旦发生火灾爆炸事故，将给人们生命财产造成巨大损失。

（3）生产过程具有高度的连续性和密闭性。

石油石化行业生产属于连续化生产过程，如果其中一个工序或一台设备发生故障，将会影响整个生产过程的平稳运行，甚至可能造成装置停车或发生重大事故。同时生产是在密闭系统中进行的，一旦装置设备和管道发生泄漏，有毒有害介质将会导致中毒窒息事故，易燃易爆介质遇引火源将会发生火灾爆炸事故。

（4）地质条件多变，横跨区域广。

油气管道长距离输送途经地区多，沿途地形地貌变化多样，地质条件复杂多变，而且一经投产，就会长时间运行，管道沿线自然环境、社会环境会随着时间推移而发生变化，管道本身及其附属设施也会老化，存在管道腐蚀、自然灾害对管道的破坏、油气盗窃对管道运行造成破坏等安全隐患。

（5）生产过程技术密集，自动化程度高。

随着科学技术和计算机技术的发展和应用，为了实现石油石化安全平稳生产，普遍应用了先进的 DCS 集散型控制技术。在安全控制系统中，大量采用了紧急停车控制系统，用于设备的各种自动控制、安全联锁、信号报警和视频监控及显示、各种检测等，而操作这些先进的自动化仪表，就需要操作工熟练掌握相应的技术知识，并具有高度的安全责任心。

（6）原料向轻质化、多元化发展。

石油是一种由生物沉积形成的、不可再生的化石能源。随着“分子炼油”理论研究和应用推广，可以更好地实现石油原料向轻质化发展和石油资源的合理利用。化工原料也呈现出多元化趋势，随着页岩气、煤炭及生物质能源和可再生能源的发展，以石脑油作为乙烯裂解原料的比例逐渐下降，开始拓展到煤基费托合成石脑油原料，柴油、加氢尾油等重质原料和乙烷、丙烷等气体原料。

二、油气勘探开采工艺与风险特点

油气勘探开采一般处于地理位置偏僻、地质环境复杂的条件下，呈现点多、线长、面广等分散特点，如塔里木油田处于有着“死亡之海”之称的塔克拉玛干沙漠中。2022 年，中国石油油气产量当量创历史新高，并全面推动油气与新能源协同融合发展，向“油气热电氢”综合能源供应商转变，确保国家能源安全。

(一) 油气勘探开采工艺

油气勘探开采主要经过油气勘探、油气田开采、油气集输三个主要环节，如图 1-1 所示。

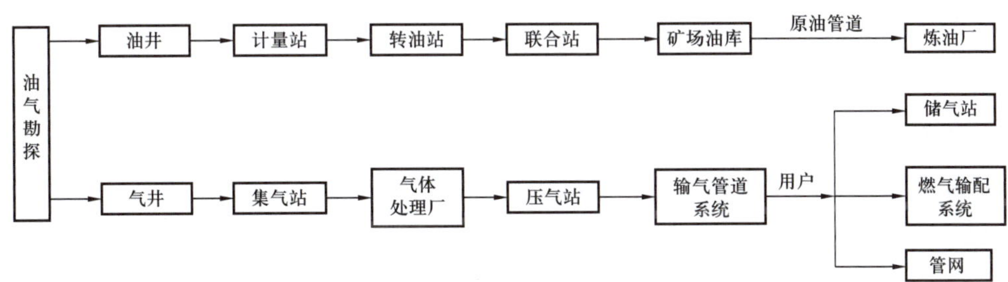

图 1-1 油气勘探开采简易流程示意图

1. 油气勘探

油气勘探是利用物探、钻井、测井、录井等技术寻找油气。其主要过程先是利用各种物探设备并结合地质资料在可能含油气的区域内确定油气层的位置，然后利用钻井机械设备在含油气的区域钻探出一口油气探井并录取该地区的地质资料。

2. 油气田开采

油气田开采是通过钻井、井下作业及抽油机、采气树等将石油、天然气从地下抽到地上的生产过程。石油开采按照生产方式的不同分为自喷采油和机械采油两大类，自喷采油是利用油层的压力自动将原油从井底升到地面的采油方式，机械采油则是借助机械动力将原油提升到地面的采油方式。天然气开采一般采用自喷方式，从气井采出的天然气经节流调压后，在分离器中脱除游离水、凝析油及固体机械杂质，计量后输入集气管线，再进入集气站。

3. 油气集输

在油气开采过程中，油气井中的采出物实际上是油、气、水及泥砂和其他杂质的混合物，难以直接加工利用，因此需要将油气井采出物进行集中处理和外输，这一过程称为油气集输。集油、集气是将分井计量后的油气水混合物汇集送到处理站，或者将含水原油、天然气分别汇集送至原油处理站及天然气集气站。

油气处理一般由联合站、处理（净化）厂来完成，主要包括油气分离、油气计量、原油脱水、天然气净化、原油稳定、轻烃回收等工艺。其主要任务是将油气井采出物集中进行气液分离，将原油脱水、稳定、储存、加热、计量、外输，将天然气干燥、净化、初加工、外输，将污水除油、除砂、脱氧、防腐处理后回注或外排。经过净化处理后的油气，便是油气田企业的主要产品。

（二）油气勘探开采风险特点

1. 中毒窒息风险

天然气中可能含有大量的硫化氢，油气勘探开采一旦发生井喷、泄漏，将会引起作业人员及周围居民中毒，风险极高。如重庆开县“12·23”特大井喷事故，造成两百多人因硫化氢中毒死亡，六万多居民紧急疏散，当地生态环境遭到严重破坏。

2. 火灾爆炸风险

石油天然气开采现场生产工艺复杂多变，与运行参数设定、设备设施类型、物料理化特性等因素息息相关。石油天然气产品具有易燃易爆、有毒有害、易腐蚀等特性，在运行一定周期后，各类机泵设备、管杆通道需要更新维护。在现场油气逸散、间断释放的环境下，一旦涉及切割、打磨、焊接、钻孔等动火作业时，其火灾爆炸风险倍增。

3. 腐蚀泄漏风险

在油气勘探开采过程中，常见的腐蚀类型包括化学腐蚀、电化学腐蚀和微生物腐蚀等，腐蚀会引起管道、设备破损和泄漏。例如，化学腐蚀会导致设备表面的金属材料逐渐腐蚀、破损，降低其强度和韧性；电化学腐蚀则会引起电流在设备表面流动，形成电池腐蚀，加速金属材料的腐蚀速度；微生物腐蚀则是由微生物产生的酸、氧化剂等物质引起的金属材料腐蚀，这些腐蚀会使金属变脆开裂导致物料泄漏，造成安全事故。

4. 井喷失控风险

在油气勘探开采过程中，不时发生溢流事件，若处置不当，极易引发井喷甚至井喷失控，导致油气资源泄漏、着火爆燃、有毒有害气体溢散等，导致人员伤亡、生态环境污染、油气资源破坏和生产设备设施损毁。近年，国家持续加大勘探开采力度，勘探开采对象日趋复杂，高压、高含硫、高盐、窄压力窗口等复杂井增多，井喷风险持续增大，稍有不慎，就可能酿成灾难性事故。

5. 发生自然灾害和交通事故的风险

油气勘探开采一般在野外施工，点多面广，多为环境恶劣、位置偏僻、地质复杂的区域，易发生自然灾害和交通事故。

三、管道运输工艺与风险特点

（一）管道运输工艺

原油和天然气处理达标后，主要通过管道运输、公路运输、铁路运输和油轮运输四种方式向外输送，其中管道运输是最有效的方法，据统计当前世界上的原油总运量中约有 85%～95% 是用管道运输。管道运输系统主要包括管道、压力站、控制中心、输油（气）站，最后油气输送到原油罐、储气库等接受设施。压力站是管道运输的动力来源，靠压力推动油气运送到目的地，其中动力来源有气压式、水压式、重力压式及最新的超导体磁力式等。控制中心则随时检测、监视管道的运转情况，防止意外发生。输油（气）站是指沿管道干线为输送油气而建立的各种站场，包括首站、中间站、末站。

（二）管道运输风险特点

管道运输是油气等产品储存、交接、外销的关键设施，可能发生因腐蚀、第三方破坏、设备及操作不当、本体安全等因素造成的管道泄漏，如果不能及时有效控制，还可能引发火灾爆炸、环境污染、人员伤害等次生事故，造成严重的经济损失和声誉损害。

四、炼化工艺与风险特点

炼化企业是以石油天然气为原料，采用物理分离和化学反应的方法得到各种石油燃料、润滑油、石油沥青等石油产品和合成树脂、合成橡胶等石油石化原料的工厂。

随着“炼油向化工原料转型”“炼化产业一体化”等现代炼化行业转型升级，可以实现“宜油则油、宜芳则芳、宜烯则烯”，将炼油、化工两大系列装置统一调度优化，最大限度地实现炼油、化工装置之间原料、产品的有效结合。

（一）炼油工艺

石油炼制工业是国民经济重要的支柱产业之一，是提供能源，尤其是交通运输燃料和有机化工原料最重要的工业。石油产品主要包括燃料油（汽油、煤油、柴油等）、润滑油（机油、气缸油等）、有机化工原料（乙烯裂解原料、各种芳烃和烯烃等）、渣油（石蜡、沥青、石油焦、硫磺等）。石油炼制装置主要有常减压、催化裂化、加氢裂化、延迟焦化、催化重整和硫磺回收等装置。

石油经过常减压分馏出液态烃、石脑油、粗柴油、粗煤油、减压蜡油、减压渣油等不同馏分产品。液态烃和加氢后的轻石脑油作为化工原料；加氢后重石脑油经催化重整得到高辛烷值汽油和芳烃；粗柴油、粗煤油经过加氢得到精制柴油和煤油；减压蜡油经过催化裂化和加氢裂化，按照组分轻重不同生产出气液态烃、汽油、柴油、润滑油等；减压渣油经过延迟焦化生产液态烃、焦化汽柴油、石油焦等馏分油；最后，炼油过程中产生的硫化氢经硫磺回收装置进行回收利用。石油炼制工艺流程如图 1-2 所示。

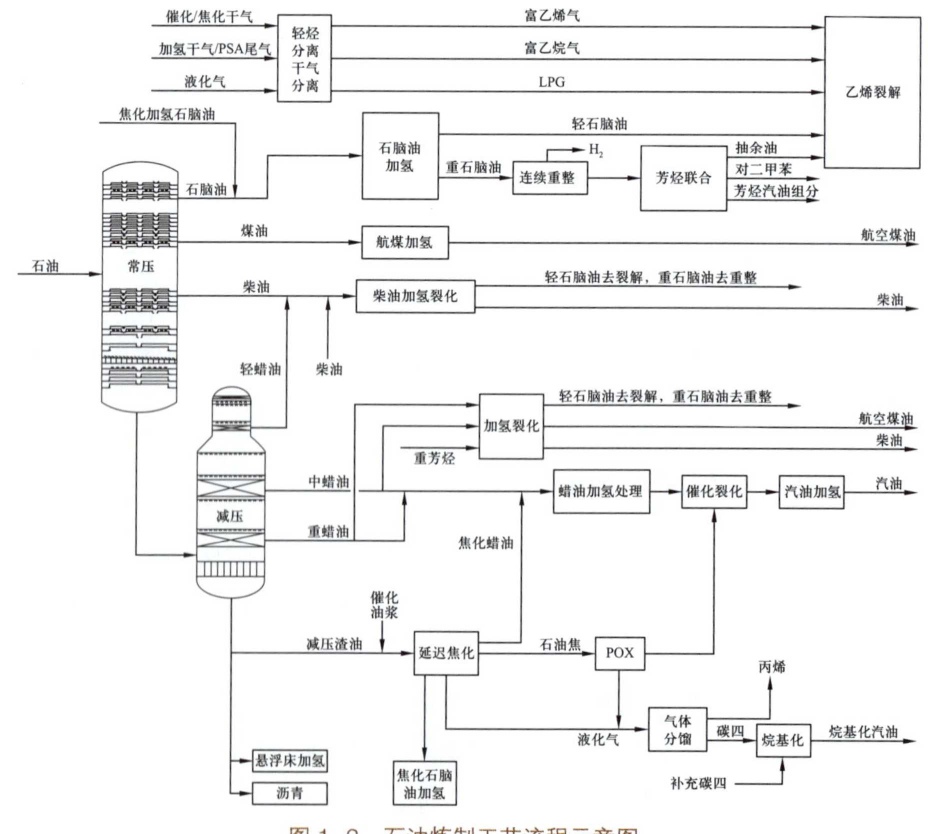

图 1-2　石油炼制工艺流程示意图

1. 常减压

常减压是石油炼油的第一道工序，主要按照石油组分沸点的差别分馏出液态烃、石脑油、粗柴油、粗煤油、减压蜡油、减压渣油等不同馏分产品。

2. 加氢裂化

加氢裂化是将原料油（粗汽油、常压重油、减压蜡油等）在高温高压和催化剂的作用下，经加氢、裂解和异构反应转化为汽油、柴油、轻质石脑油、航空煤油等产品的石油二次加工过程。粗柴油经过直馏柴油加氢得到精制柴油。粗煤油经过加氢裂化得到航空煤油。石脑油经过加氢裂化，生产轻石脑油和重石脑油。

3. 催化裂化

催化裂化就是重质油在一定的温度、压力和微球形催化剂共同作用下裂解和分馏，以获得低分子烃、高辛烷值汽油、高收率柴油和燃料油的石油二次加工过程。主要由反应再生系统、分馏系统和吸收稳定系统三部分组成。

4. 催化重整

催化重整是以重石脑油为原料，在一定温度、压力、临氢和催化剂条件下生产高辛烷值汽油及轻芳烃（苯、甲苯、二甲苯，简称 BTX）的重要炼油过程，同时也产出相当数量的副产品氢气。催化重整装置一般分为两种类型：一种是以生产高辛烷值汽油为主，另一种是生产三苯芳烃为主。

5. 延迟焦化

延迟焦化以减压渣油为原料生产液态烃、焦化汽柴油、石油焦等馏分油。主体设备是加热炉、焦炭塔、分馏塔，工艺操作的核心是减压渣油快速通过加热炉进行加热，然后迅速进入焦炭塔，确保原料裂化、缩合反应延迟到焦炭塔内进行。

6. 硫磺回收

硫磺回收主要对石油在炼制过程中产生的硫化氢和天然气中的硫化氢进行回收，作为制造硫磺和硫酸等化工生产的原料和燃料。主要有干法脱硫和湿法脱硫两种工艺，其中湿法脱硫具有连续操作、设备紧凑、处理量大、投资和操作费用低等优点，因而在石油石化生产中广泛应用。

（二）化工工艺

化工行业是国民经济支柱产业之一，为国民经济发展提供优质的化工基础材料，如合成树脂、合成橡胶、合成纤维、功能性膜材料、新能源材料等。化工基础材料在民用、医疗、工业、农业、国防建设等各个领域得到了广泛的应用。

石油烃类原料在高温条件下经过烃类热裂解制取乙烯、丙烯、混合碳四等烯烃和苯、甲苯、二甲苯等芳烃。乙烯、丙烯通过聚合反应生成高压聚乙烯、低压聚乙烯、聚丙烯等合成树脂；碳四在催化剂的作用下经聚合反应生成合成橡胶；芳烃经过聚合反应生成丁苯橡胶、聚苯乙烯、SBS 等高分子产品。化工工艺流程如图 1-3 所示。

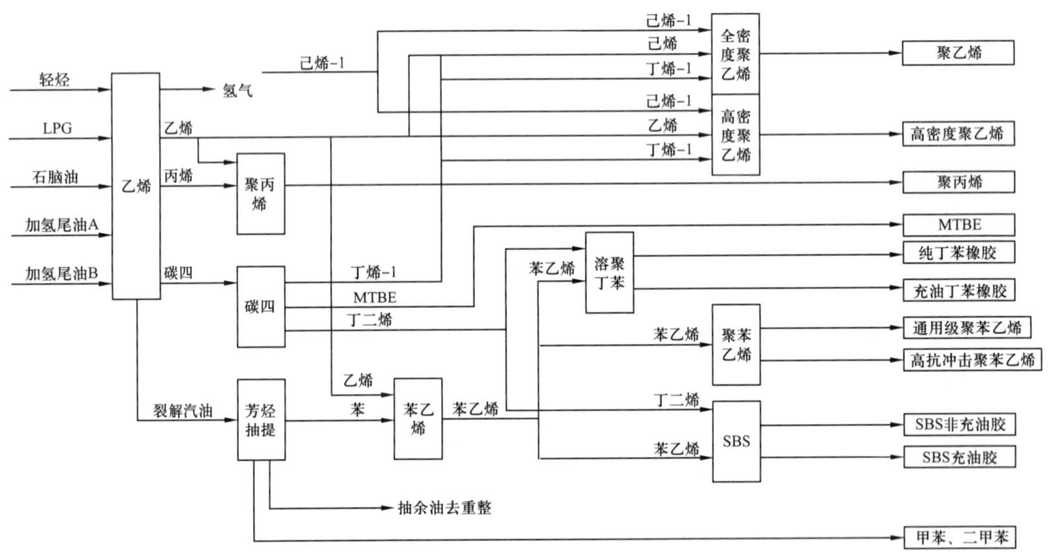

图 1-3　化工工艺流程示意图

1. 乙烯

乙烯是石油化学工业的主要产品之一，乙烯装置生产的乙烯、丙烯、丁二烯是石油石化的基础原料。乙烯产量的高低是衡量一个国家石油石化发展水平的主要标志。目前世界上工业化生产乙烯技术有：蒸汽裂解制乙烯、原油制乙烯、甲醇制乙烯等技术，其中以蒸汽裂解制乙烯技术为主。

1）蒸汽裂解制乙烯

蒸汽裂解制乙烯生产工艺主要由裂解、急冷、压缩、冷分离四个工序组成，以乙烷、柴油、石脑油等石油烃为原料，配入一定比例的水蒸气，在裂解炉内于压力 0.2～0.3MPa 及 800～850℃的温度下生成氢气、甲烷、乙烯、丙烯、裂解汽油等各种组分的高温裂解气。裂解气经急冷（800℃降到 250℃）除去裂解汽油、柴油及燃料油和水；经压缩、碱洗、干燥除去硫化物、二氧化碳等酸性物质及余水；干燥后的裂解气进入深冷分离系统，分离出氢气、C_1～C_4 等烃类物质，C_2、C_3 经过脱炔后分别进入乙烯精馏塔和丙烯精馏塔，最后生产出乙烯和丙烯等产品，以及氢气、混合碳四、裂解汽油等副产品。

2）原油制乙烯

原油制乙烯是以轻质原油在乙烯裂解炉辐射段和对流段之间闪蒸罐进行闪蒸，闪蒸出来的轻质组分直接裂解生产乙烯，重质组分送炼油装置进行加工或作为燃料产品。

3）甲醇制乙烯

甲醇制乙烯主要是以煤炭或天然气资源制取甲醇，再以甲醇制取乙烯和丙烯产品，甲醇制乙烯是煤化工或天然气化工向石油化工延伸发展的新途径。

2. 芳烃

芳烃的组分主要有苯（B）、甲苯（T）、二甲苯（X）等芳烃原料，是石油石化行业基本有机化工原料，可用来生成合成橡胶、合成纤维和合成树脂等多种化工产品，也可用来生产多种精细化学产品，还可作为高辛烷值汽油的调和成分。

以重整脱戊烷油、裂解汽油、化工粗苯为原料，通过环丁砜芳烃抽提工艺技术将非芳烃分离得到混合芳烃，抽提混合芳烃经过分馏精制分离出苯、甲苯、二甲苯、C_9、C_{10} 等芳烃。甲苯及 C_9/C_{10} 芳烃在催化剂和高温高压临氢条件下，通过歧化反应和烷基转移反应产出苯和二甲苯，经精馏分离生产出苯产品；C_8 芳烃经过吸附分离技术生产得到高纯度对二甲苯（PX）。

3. 合成树脂

合成树脂主要有聚乙烯（PE）、聚丙烯（PP）、丙烯腈－丁二烯－苯乙烯三元共聚物（ABS）、聚苯乙烯（PS）、聚氯乙烯（PVC）五大合成树脂。其工艺为乙烯、丙烯、苯乙烯等化工原料在一定压力、温度和催化剂的作用下，经聚合化学反应生产聚合物粉末，经挤压、切粒、干燥得到不同牌号的聚合物颗粒树脂，催化剂是合成树脂的核心技术，是合成树脂产业高速发展的动力。

4. 合成橡胶

合成橡胶产品主要包括丁苯橡胶（SBR）、顺丁橡胶（BR）、丁腈橡胶（NBR）、氯丁橡胶、异戊橡胶、乙丙橡胶、丁基橡胶等，是由人工合成的高弹性聚合物，也称合成弹性体。以烯烃类、二烯烃类、元素有机类等低分子化合物为单体，在溶剂、催化剂等作用下，经聚合而生成的高弹性高分子化合物，再经水析凝聚、挤压脱水、膨胀干燥、压块成型等工艺，制成橡胶成品。

（三）炼油化工风险特点

1. 炼油风险特点

1）火灾和爆炸风险

高温热油温度远远高于其自燃点，一旦泄漏就会发生着火事故。生产过程中产生的氢气、液化气等具有闪点低、自燃点低、爆炸下限低、点火能量低等特性，如氢气着火能量小（0.02mJ）和爆炸极限范围宽［4.1%～75%（体积分数）］，泄漏遇引火源极易诱发氢气火灾爆炸事故。

2）中毒窒息风险

苯、甲苯、二甲苯和硫化氢等都是有毒有害物质，在设备密封不好或因设备管道腐蚀、设备检修、操作失误、发生事故的情况下发生物料泄漏，如果防护不当或处理不及时，将造成中毒事故。

3）腐蚀泄漏风险

石油炼制过程中产生的氢、H_2S、NH_4Cl 等化合物对设备存有氢腐蚀、硫腐蚀、氯腐蚀等现象，尤其在高温高压条件下，进一步加剧腐蚀，使得设备管线强度减弱，导致物料泄漏发生安全事故。

4）硫化亚铁自燃风险

硫化亚铁是油品中硫及其硫化物与铁及其氧化物腐蚀作用的产物，主要来自于原油，亦有部分来自于原油加工过程中的添加剂（如加氢催化剂硫化钼、硫化钴等）。硫化亚铁一般依附在设备管道内壁表面上，接触空气后会发生氧化放热反应，产生自燃。

此外，还存在噪声、高温中暑及化学灼伤等风险。

2. 化工风险特点

1）结焦堵塞泄漏风险

热裂解烃类过程非常复杂，易结焦或生炭，堵塞炉管，使得炉管过热烧穿、炉膛超温烧坏炉管或炉管焊口开裂发生裂解气泄漏，引起炉膛爆炸。

2）低温冷脆失效风险

冷分离系统的氢气分离罐温度低达 −162℃，深冷设备可发生冷脆失效，或低温“冻堵”。冷脆失效可导致设备破裂，冻堵可引起胀裂漏料。

3）高压物料泄漏风险

高压聚乙烯在 127～245MPa 超高压条件下进行聚合反应，且为放热反应，操作不当或搅拌器、冷却器等设备故障，会导致反应器内温度、压力持续上升，乙烯裂解产生强烈放热而聚爆。另外，超高压设备系统不严密、材质缺陷等导致物料泄漏，会引起着火或爆炸。

4）催化剂自燃风险

三乙基铝等易燃催化剂的化学反应活性很高，遇空气自燃，遇水自爆。在催化剂配置过程中，稍有疏忽就会发生火灾爆炸事故。

5）粉尘爆炸风险

催化剂粉尘、聚乙烯粉尘、聚丙烯粉尘及生产过程中使用的粉状助剂等粉尘属爆炸性粉尘，粉尘扩散遇到引火源会发生粉尘爆炸，在生产过程中形成火花放电、堆表面放电、传播型刷形放电等，放电的能量均超过其最小点火能，粉体料仓因静电放电也会发生料仓闪爆事故。

6）自聚放热燃烧风险

合成橡胶聚合产物黏性大，易发生自聚反应，生成的自聚物、热聚物遇空气或热源高温容易自燃。

五、销售工艺与风险特点

油气田企业生产出来的石油运输到各炼化企业进行炼制，生产出来的天然气一部分作为炼化企业的原材料，一部分输送到千家万户使用，也有部分作为交通车辆的动力源等。

炼油化工企业生产出来汽油、柴油、航空煤油等液体燃料都是交通运输重要的动力源，合成橡胶、合成树脂则是生产、生活及国防建设的基础材料，并在农业、建筑、汽车、食品、医疗、电气和电子等多个领域中占据重要地位。

（一）销售工艺

1. 储罐

储罐是指收发和储存可燃液体（石油、石脑油、汽油、柴油、煤油等）、可燃气体（乙烯、丙烯等）、助燃气体（如氧气等）、腐蚀性液体（酸、碱等）、液化烃（液化石油气、液化丁二烯等）等罐组及附属设施。按位置分为地上罐、半地下罐、地下罐三种；按形状分为立式罐、卧式罐、球形罐及固定顶罐、浮顶罐等多种；按照压力可分为压力球罐和常压储罐等。

2. 装卸设施

装卸设施是指向汽车、火车、油轮及LNG船等运输工具灌装输卸各种油品、气液态烃等产品的专用设施，如铁路专用线、装卸栈桥、公路发放场、石油码头等。

3. 加油（气）站

加油（气）站是指为汽车和其他机动车辆服务的、零售天然气、柴油、汽油等燃料油气的补充站，是储存和销售天然气、柴油、汽油等成品油的场所。加油站主要由加油机、机械设备、油罐等部分组成，加气站主要由调压计量系统、净化干燥系统、压缩系统、储存系统、控制系统、售气系统等部分组成。

（二）销售风险特点

1. 火灾爆炸风险

物料大多是甲类可燃气体、甲A类液化烃和可燃液体，闪点低，爆炸极限范围大，物料泄漏遇明火、热源或静电火花等引火源，极易发生油品、烃类火灾爆炸事故。如储罐火灾易引起相近储罐及其他可燃物质燃烧，形成流淌火、沸溢、喷溅现象和立体火灾。

2. 存储输转中物料泄漏风险

天然气、LNG和成品油等物料在存储和输转过程中，存在违章操作、防静电接地未落实、明火管控不严、阀门垫片不合格等安全隐患，道路运输过程出现不遵守交通法规或其他意外事件，易发生油气泄漏而引发火灾爆炸和环境污染事故。

第二节　燃　烧

燃烧现象广泛地存在于人类社会中，随着科学技术的发展，人们对燃烧的认识也不断深化。在现代日常生活、生产中所见到的燃烧现象，大多是可燃物质（气体、液体或固体）与助燃物（氧或氧化剂）发生的放热反应，它具有发光（或发烟）、发热、生成新物质三个特征。最常见、最普通的燃烧现象是可燃物在空气或氧气中燃烧，通常包括无焰燃烧（暗火）和有焰燃烧（明火）两种。

一、燃烧的条件

（一）燃烧的必要条件

燃烧火三角：燃烧的发生和发展必须同时具备三个必要条件：可燃物、助燃物、引火源，通常用三角形来表示（图 1–4）。

燃烧四面体：现代燃烧链锁反应理论提出燃烧四面体学说，除了具备前三个必要条件外，还应具备未受抑制的链式反应自由基（图 1–5）。

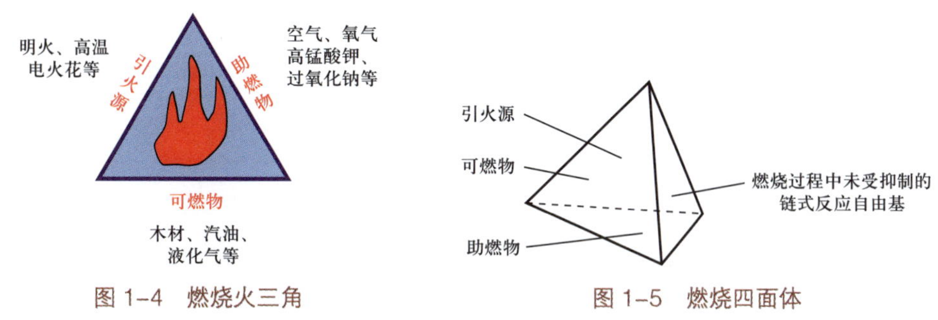

图 1–4 燃烧火三角　　图 1–5 燃烧四面体

1. 可燃物

凡能与空气或氧化剂发生剧烈反应的物质称为可燃物。按形态，可燃物可分为气体可燃物、液体可燃物和固体可燃物。

可燃物种类繁多，常见的无机单质有：钾、钠、钙、镁、硫、磷、碳、铝粉、氢气等。常见的无机化合物有：一氧化碳、氨、硫化氢、二硫化碳、联氨等。在有机化合物中，除了四氯化碳等多卤代烃不能燃烧外，绝大多数都是可燃的，如原油、天然气、甲烷、液化石油气、乙烯、乙炔、汽油、煤油、乙醇、塑料、橡胶、纤维等。

依据 GB 50016—2014《建筑设计防火规范》（2018 年版）中规定，储存危险化学品的火灾危险性根据储存物品中物质性质及其数量等因素，分为甲、乙、丙、丁、戊类，具体见表 1–1 的规定。

表 1-1　储存物品的火灾危险性分类

火灾危险性类别	储存物品的火灾危险性特征
甲	（1）闪点小于 28℃的液体； （2）爆炸下限小于 10% 的气体，受到水或空气中水蒸气的作用能产生爆炸下限小于 10% 气体的固体物质； （3）常温下能自行分解或在空气中氧化能导致迅速自燃或爆炸的物质； （4）常温下受到水或空气中水蒸气的作用，能产生可燃气体并引起燃烧或爆炸的物质； （5）遇酸、受热、撞击、摩擦及遇有机物或硫磺等易燃的无机物，极易引起燃烧或爆炸的强氧化剂； （6）受撞击、摩擦或与氧化剂、有机物接触时能引起燃烧或爆炸的物质
乙	（1）闪点不小于 28℃，但小于 60℃的液体； （2）爆炸下限不小于 10% 的气体； （3）不属于甲类的氧化剂； （4）不属于甲类的易燃固体； （5）助燃气体； （6）常温下与空气接触能缓慢氧化，积热不散引起自燃的物品
丙	（1）闪点不小于 60℃的液体； （2）可燃固体
丁	难燃烧物品
戊	不燃烧物品

2. 助燃物

所谓助燃物，是指与可燃物质结合能导致燃烧的物质。由氧化还原反应理论得知，分子结构中含有氧或卤素的氧化剂是一种助燃物；钾、钠、钙等在氮气、二氧化碳等惰性气体中发生燃烧，后者对前者来说是一种助燃物。在日常生活、生产中的燃烧，大多是可燃物质和空气中氧的化合结果。

3. 引火源

引火源是指具有一定能量，能够引起可燃物燃烧的能源。常见的如火焰、火星、电火花、高温物体等，都是直接释放热能的引火源。静电放电、化学反应放热、光线照射与聚焦、撞击与摩擦、绝热压缩等则是其他能量转化成热能的引火源。常见引火源见表 1-2。

环境中常见的引火源温度（表 1-3）都超过了一般可燃物质的燃点或自燃点，因此，要求在火灾爆炸危险场所严禁烟火，禁止使用易产生火花的金属工具，不准机动车辆随意驶入，采用防爆电器，严格执行动火作业管理制度等，是十分必要的。

表 1-2 常见引火源

火源类别	火源举例
机械火源	撞击、摩擦、绝热压缩
热火源	高温热表面、日光照射与聚焦
电火源	电火花、静电火花、雷电
化学火源	明火、化学反应热、发热自燃

表 1-3 常见引火源的温度

引火源名称	火源温度，℃	引火源名称	火源温度，℃
火柴焰	500～650	酒精灯焰	1180
烟头（中心）	700～800	焊割火花	2000～3000
烟头表面	250	汽车排气管火星	600～800
机械火星	1200	打火机焰	1000
煤炉炽热体	800	气体灯焰	1600～2100
烟囱飞火	600	蜡烛焰	640～940

4. 链锁反应

链锁反应也称链式反应，现代链锁反应理论认为燃烧是一种自由基的链锁反应。自由基又称游离基，是化合物或单质分子中的共价键在外界因素（如光、热）的影响下，分裂为含有不成对电子的原子或原子团，其化学活性非常强，在一般条件下是不稳定的，容易自行结合成稳定的分子或与其他物质分子反应生成新的自由基。当反应物产生少量的自由基时，即可发生链锁反应。

链锁反应过程分为链引发、链传递、链终止三个阶段。当可燃物受热时，分子发生热裂解作用从而产生一种高度活泼的化学形态的自由基，能与其他的自由基和分子反应，使燃烧持续循环进行下去。链锁反应一经开始，就会经过许多链锁步骤自行加速发展，直至反应物燃尽为止。当自由基全部消逝时，链锁反应就会终止。可见，燃烧是一种极复杂的化学反应，自由基的链锁反应是燃烧反应的实质，光和热是燃烧过程中发生的物理现象。

（二）燃烧的充要条件

1. 浓度

可燃物和助燃物要达到一定的比例才能燃烧。

2. 足够的着火能量

引火源要有一定的强度（温度和热量）才能使可燃物发生燃烧，比如用火柴去点干燥的阻燃物质，无法使其燃烧，但是电焊渣火花（温度可达2000～3000℃）落在干燥的阻燃物质上，高于着火点且保持在一定的时间后就能发生燃烧。

二、燃烧类型

（一）闪燃与闪点

1. 闪燃

在一定温度下，可燃性液体（包括少量可熔化的固体，如硫磺、石蜡、沥青等）表面蒸气与空气混合后，达到一定的浓度时，遇引火源产生的一闪即灭的燃烧现象称为闪燃。闪燃现象的产生，是因为可燃液体在闪燃温度下，蒸发速度不快，蒸发出来的气体仅能维持一刹那的燃烧，来不及补充新的蒸气来维持稳定的燃烧，所以燃一下就灭。

2. 闪点

闪点是指可燃性液体产生闪燃现象的最低温度，即可燃性液体表面上蒸气和空气混合物接触火源时初次发生闪火的温度。闪点是评价液体物质燃爆危险性的重要指标，闪点有开杯（OC）和闭杯（CC）两种值，目前世界各国根据可燃液体的闪点（闭杯）确定其火灾危险性，闪点越低，火灾危险性越大。液化烃、可燃液体的火灾危险性分类见表1–4。

不同种类的可燃性液体，由于化学组成不同，有不同的闪点（表1–5）。

闪点的影响因素：

（1）同系物液体的闪点随着相对分子质量、相对密度、沸点的增加和蒸气压的降低而增加。

（2）同类组分混合液，如汽油、煤油等，其闪点随着馏分的增高而增高。

（3）同系物中异构体的闪点低于正构体。

表 1-4 液化烃、可燃液体的火灾危险性分类

名称	类别		特征
液化烃	甲	A	15℃时的蒸气压力＞0.1MPa 的烃类液体及其他类似的液体
可燃液体		B	甲$_A$类以外，闪点＜28℃
	乙	A	28℃≤闪点≤45℃
		B	45℃＜闪点＜60℃
	丙	A	60℃≤闪点≤120℃
		B	闪点＞120℃

表 1-5 常见可燃性液体的闪点（闭杯）

液体名称	闪点，℃	液体名称	闪点，℃	液体名称	闪点，℃
乙醚	−45	甲苯	4	汽油	−50～10
乙醛	−39	乙苯	12.8	煤油	28～45
丙酮	−18	苯乙烯	31	柴油	45～75
甲醇	12	苯	−11	石脑油	＜−18
乙醇	13	二甲苯	25	MTBE	−28～34
丁醇	29	二硫化碳	−30	异戊烷	＜−51
1- 己烯	−26	丙烯腈	−1	环己烷	−18
二甲基二硫	＜−17.7	丙烯醛	−26	三乙基铝	−52

（4）能溶于水的易燃液体，其闪点随浓度的增大而升高。

（5）两种可燃液体混合物的闪点一般低于这两种液体闪点的平均值。

（二）着火与燃点

1. 着火

着火是指可燃物受到外界火源的直接作用而开始的持续燃烧现象。例如，用火柴点天然气，就会引起着火。

2. 燃点

燃点是可燃物开始着火所需要的最低温度，又称着火点。对于可燃性液体，燃点则是指液体表面上的蒸气与空气的混合物接触引火源后出现的有焰燃烧不少于 5s 的温度。常见可燃物的燃点列于表 1-6 内。

表 1–6　常见可燃物的燃点

可燃物	燃点，℃	可燃物	燃点，℃	可燃物	燃点，℃
汽油	16	黄磷	34	涤纶	390
灯用煤油	86	红磷	160	腈纶	355
润滑油	344	三硫化四磷	92	聚丙乙烯粒料	296
石蜡	190	黏胶纤维	235	聚氯乙烯	391
萘	86	醋酸纤维	305	有机玻璃	260
硫	207	尼龙 6	395	尼龙 66	415

（三）自燃与自燃点

1. 自燃

自燃是指可燃物在没有外部火花、火焰等引火源的作用下，因受热或自身发热并蓄热而发生的自燃燃烧现象。自燃现象按照热的来源不同，分为受热自燃和自热自燃（本身自燃）。

（1）受热自燃：是指自燃现象虽未与明火接触，但是在外界热源的作用下，使得温度达到自燃点而发生的自燃现象。石油石化生产中，由于可燃物质接近或接触高温设备、管道等，受到加热或烘烤，或者泄漏的可燃物料接触到高温设备、管道等，均可导致自燃。

（2）自热自燃：是指某些可燃物在没有外界热源的作用下，物质本身发生物理、化学或生物化学变化而产生热量，热量聚集使得物质温度达到并超过自燃点所发生的自燃现象。如石油石化生产中的浸油纤维、硫化亚铁、还原镍、烷基铝等物质。

2. 自燃点

可燃物发生自燃的最低温度，叫做自燃点。可燃物的自燃点愈低，火灾危险性愈大。表 1–7 中列举出常见可燃物在空气中的自燃点。

气体及液体可燃物自燃点的影响因素。

（1）压力：压力愈高，自燃点愈低。如汽油的自燃点在 0.1MPa 压力时为 415℃，在 1MPa 压力时为 310℃，在 2.5MPa 压力时为 250℃。可燃气体在压缩机中比较容易爆炸，其自燃点降低是其原因之一。

表 1-7 常见可燃物在空气中的自燃点

可燃物	自燃点，℃	可燃物	自燃点，℃	可燃物	自燃点，℃
氢气	500～571	苯	562	甲醛	430
甲烷	537	甲苯	480	甲醇	464
乙烷	472	乙苯	432	乙醇	363
丙烷	450	苯乙烯	490	丁醇	355～365
丁烷	287	二甲苯	528	乙醚	160～180
乙烯	450	MTBE	375	丙酮	465
乙炔	305	二甲基二硫	206	乙醛	175
环氧乙烷	429	二硫化碳	90	异丁烷	460
丙烯	460	丙烯腈	481	异丁烯	465
丁烯	385	丙烯醛	234	汽油	250～530
异戊烷	420	硫化氢	260	煤油	240～290
环己烷	245	溴甲烷	537	柴油	350～380
1- 己烯	235	己烷	225	石脑油	232～288
丁二烯	415	氯甲烷	632	红磷	260
一氧化碳	610	氯乙烷	472	白磷	30
氨气	651	氰化氢	538		

（2）氧含量：可燃物在纯氧中的自燃点比在空气中的自燃点要低。这是因为可燃物在纯氧中氧化速度快，放热充分且热损失小。

（3）浓度：在热损失相同的条件下，可燃物处于空气混合物中的下限浓度或上限浓度时，自燃点最高；处于化学计量浓度（反应当量）时，自燃点最低。如硫化氢的自燃点处于着火浓度下限时为 373℃，处于着火浓度上限时为 304℃，处于化学计量浓度时为 260℃。

（4）催化剂：活性催化剂能降低物质自燃点，惰性催化剂能提高物质的自燃点。例如：在乙炔气中有微量的硫化氢就会降低乙炔的自燃点，而在车用汽油中加入四乙基铅（抗震剂）则会提高汽油的自燃点。

有机可燃物自燃点的变化规律：

（1）同系物中，碳原子数较少的自燃点较高，随着碳原子数增多，自燃点逐个降低。如：甲烷的自燃点高于乙烷，乙烷高于丙烷，丙烷高于丁烷。

（2）饱和烃的自燃点高于碳原子数相同的不饱和烃的自燃点。如：乙烷的自燃点为472℃，乙烯为450℃，乙炔为305℃。

（3）芳香烃的自燃点高于原子数相同的脂肪族化合物的自燃点。如：苯的自燃点为562℃，已烷的自燃点为225℃。

（4）正构体化合物的自燃点比异构体低。如：正丁醇是355℃，而异丁醇为365℃。

3. 常见物质的自燃机理

1）浸油物质的自燃

石油石化行业中浸油物质有化学纤维、棉纤维、活性白土、涂料渣及油抹布等。主要是浸沾的油脂中含有相当数量的不饱和脂肪酸甘油酯，分子结构中存有双键，在常温下发生氧化放热反应，同时还发生不饱和脂肪酸的聚合放热反应，这样，氧化反应和聚合反应循环地进行下去，会不断地放出热量。浸油纤维具有很大的表面积，能够加速氧化和聚合放热反应，在堆积等积热不散的条件下，热量使温度上升达到自燃点而发生自燃。

2）硫铁化物的自燃

硫铁化物有二硫化亚铁（FeS_2）、硫化亚铁（FeS）和三硫化二铁（Fe_2S_3）等。硫化亚铁和三硫化二铁是生产设备或储罐上的氧化铁或铁与含硫物质（包括硫、硫化氢、有机硫化物等）长期发生腐蚀作用而生成的，这种腐蚀物质具有多孔结构，导热差且具有一定的吸附氧气的能力，暴露在空气中，经过几小时的氧化放热反应，温度会逐渐升高而自燃。硫铁化物自燃后不出现火焰，只是炙热发光，可能引起容器内残存的可燃气体或蒸气着火。2010年5月9日，上海某石化公司重整原料罐罐壁腐蚀产物硫化亚铁发生自燃，引起浮盘与罐顶之间油气与空气混合物发生爆炸。

硫铁化物在常温下与空气中发生如下反应：

$$FeS+\frac{3}{2}O_2 \longrightarrow FeO+SO_2+49kJ$$

$$2FeO+\frac{1}{2}O_2 \longrightarrow Fe_2O_3+271kJ$$

$$FeS_2+O_2 \longrightarrow FeS+SO_2+222kJ$$

$$Fe_2S_3+\frac{3}{2}O_2 \longrightarrow Fe_2O_3+3S+586kJ$$

在石油石化生产中，由于硫化氢的存在，生成硫铁化物的机会较多，例如设备腐蚀，在常温下：

$$2Fe(OH)_3+3H_2S \longrightarrow Fe_2S_3+6H_2O$$

在300℃左右：

$$Fe_2O_3+4H_2S \longrightarrow 2FeS_2+3H_2O+H_2\uparrow$$

在310℃以上：

$$2H_2S+O_2 \longrightarrow 2S+2H_2O$$

$$Fe+S \longrightarrow FeS$$

3）烷基铝的自燃

烷基铝是一种有机化合物，广泛应用于有机合成工业，用作聚合催化剂。常见的烷基铝有三乙基铝［$(C_2H_5)_3Al$］、二乙基氯化铝［$(C_2H_5)_2AlCl$］、三异丁基铝［$(i\text{-}C_4H_9)_3Al$］等。烷基铝一般都能在常温下与空气中的氧气发生氧化放热反应，发生自燃现象。烷基铝遇水或水蒸气也能发生剧烈的反应而导致自燃，甚至爆炸。

三乙基铝和二乙基氯化铝与空气中氧气发生氧化燃烧的反应式如下：

$$2(C_2H_5)_3Al+21O_2 \longrightarrow 12CO_2+15H_2O+Al_2O_3+Q$$

$$2(C_2H_5)_2AlCl+14O_2 \longrightarrow 8CO_2+2HCl+9H_2O+Al_2O_3+Q$$

（四）最小点火能量

最小点火能量是指可燃气体混合物燃烧或爆炸的最小能量，亦称为最小火花引燃能或者临界点火能。

可燃气体最小点火能量的大小取决于该物质的浓度、温度、压力、燃烧速度、热传导系数，以及电极间隙和形状。其中浓度影响较大，一般当可燃气体的浓度稍高于化学计算量时，其最小点火能量最小，如氧分压上升时，最小点火能量下降，加入惰性气体时，可使最小点火能量增大；当混合气的温度或压力升高时，燃烧速度加快，热传导系数减小，所需最小点火能量减小；不饱和烃所需最小点火能量比饱和烃的最小点火能量要高。

三、燃烧形式

根据可燃物状态的不同，燃烧分为气体燃烧、液体燃烧和固体燃烧三种形式。

（一）气体燃烧

气体燃烧按燃烧前可燃气体与氧气混合状况，分为预混燃烧和扩散燃烧。

1. 预混燃烧

预混燃烧是指可燃性气体、蒸气和空气（或氧）预先混合，遇到引火源带有冲击的燃烧，如氧乙炔焊、气体爆炸、汽灯燃烧等，具有燃烧反应快、温度高、火焰传播速度快的特点。预混气体从管口喷发发生动力燃烧，若流速大于燃烧速度，稳定燃烧，燃烧充分，燃烧速度快，燃烧区呈高温白炽状，若流速小于燃烧速度，则会发生“回火”现象。

2. 扩散燃烧

扩散燃烧是指可燃气体流入大气中时，在可燃性气体与助燃性气体的接触面上所发生的边混合边燃烧的现象，如家用煤气燃烧，具有燃烧稳定的特点，可燃性气体与助燃性气体在喷口燃烧，不会发生“回火”现象。

（二）液体燃烧

通常液体燃烧并不是液体本身燃烧，而是在热源作用下由液体蒸发所产生的蒸气与氧发生氧化、分解以致着火燃烧，亦称为蒸发燃烧。通常液体燃烧分为闪燃、沸溢、喷溅三种形式。

1. 闪燃

可燃性液体挥发出来的蒸气与空气混合达到一定的浓度或者可燃性可熔化固体加热到一定的温度后，遇明火产生一闪即灭的燃烧称为闪燃。

2. 沸溢

含有水分、黏度较大的重质石油产品（原油、重油、沥青油）等燃烧时，水汽化不易挥发，形成膨胀气体使得液体表面沸腾，沸腾的水蒸气带有燃烧的油向空中飞溅的现象称为沸溢。

3. 喷溅

重质石油产品（原油、重油、沥青油）燃烧过程中，随着热波温度的逐渐升高，热波向下传播的距离也不断加大，当热波达到水垫时，水垫的水大量蒸发，蒸气体积迅速膨胀，以致把水垫上面的液体层抛向空中，向外喷射的现象称为喷溅。

（三）固体燃烧

可燃固体燃烧可分为简单可燃固体燃烧、高熔点可燃固体燃烧、低熔点可燃固体燃烧和复杂的可燃固体燃烧四种情况。

1. 简单可燃固体燃烧

硫、磷、钾、钠等都属于简单的可燃固体，由单质组成。它们燃烧时，先受热熔化，然后蒸发变成蒸气而燃烧，所以也属于蒸发燃烧。这类物质只需要较少热量就可变成蒸气，而且没有分解过程，所以容易着火。

2. 高熔点可燃固体燃烧

固体碳和铝、镍、铁等金属熔点较高，在热源作用下不氧化也不分解，它们的燃烧发生在空气和固体表面接触的部位，能产生红热的表面，但不产生火焰，燃烧的速度和固体表面的大小有关。这种燃烧形式称为表面燃烧。

3. 低熔点可燃固体燃烧

低熔点可燃固体常温下是固体，受热后迅速熔化，如石蜡、沥青等。它们燃烧时，先受热熔化，然后蒸发、分解，直至燃烧出现火焰。例如用火柴点燃蜡烛，当火焰接近时，它并不马上燃烧，而是首先受热熔化，然后蒸发气化，发生氧化分解，氧化分解产物和空气中的氧化合而进行燃烧，所以也称为分解燃烧。

4. 复杂可燃固体燃烧

这类物质有煤、棉麻纤维、橡胶、合成树脂等。它们在燃烧时，首先受热分解，生成气态和液态产物，然后气态和液态产物的蒸气再发生氧化燃烧。例如，煤开始受热时先蒸发出水分和二氧化碳，然后慢慢分解出一氧化碳、氢和碳氢化合物等可燃的气态产物，继而剧烈地氧化，直至有火焰的燃烧。因此，这种燃烧也是分解燃烧。

四、燃烧特性

（一）完全燃烧

完全燃烧是可燃物质在氧气或其他条件下充分燃烧，产生不能继续燃烧的新物质。相反，不完全燃烧是指燃烧不充分，产生还能继续燃烧的新物质，例如生成一氧化碳有毒气体和炭黑小颗粒等物质，一旦与空气混合后再遇引火源，有可能发生爆炸。

（二）燃烧温度

1. 理论燃烧温度

理论燃烧温度是指可燃物与空气在绝热条件下完全燃烧，所释放出来的热量全部用于加热燃烧产物，使燃烧产物达到的最高燃烧温度。

2. 实际燃烧温度

可燃物燃烧的完全程度与可燃物在空气中的浓度有关，燃烧放出的热量也会有一部分散失于周围环境，燃烧产物实际达到的温度称为实际燃烧温度，也称火焰温度。实际燃烧温度不是固定的值，它受可燃物浓度和一系列外界因素的影响。

（三）燃烧速度

火焰在可燃介质中的传播速度也称燃烧速度。物质的燃烧速度在本质上是由可燃物质和氧发生化学反应的能力决定的，可燃物和氧的反应能力越强，燃烧速度越快。

1. 气体燃烧速度

气体的燃烧速度影响因素包括气体的组成和结构、可燃气体含量、初温、燃烧形式、管道、压力和流动状态等。

2. 液体燃烧速度

液体的燃烧速度工业上有两种表示方法：一种是以单位面积上单位时间内烧掉的液体质量来表示，叫做液体燃烧的质量速度；另一种是以单位时间内烧掉液层的高度来表示，叫做液体燃烧的直线速度。液体的燃烧速度影响因素包括：初温、含水量、容器、风速、风向等。

3. 固体燃烧速度

固体的燃烧速度一般小于可燃气体和液体的燃烧速度。不同组成、不同结构的固体物质，燃烧速度有很大差别。

第三节 爆 炸

近几年，爆炸事故在全国发生的重大或特大伤亡事故中占了相当大的比例。如黄岛“11·22”东黄输油管道泄漏爆炸事故，风险评估不到位，应急响应不力造成62人死亡，136人受伤（图1-6）。天津港“8·12”特大爆炸事故由于对危险化学品的具体位置及数量不清楚导致在救火过程中多名消防救援人员牺牲（图1-7）。研究爆炸基础知识可对爆炸事故的预防和发生爆炸事故后的救援提供有力的理论依据。

图1-6 黄岛输油管道泄漏爆炸事故现场

图1-7 天津港爆炸事故现场

一、爆炸特性及其分类

爆炸是物质发生一种极为迅速的物理或化学变化，并在瞬间放出大量能量，同时产生巨大声响的现象。爆炸是物质由一种状态转变成另一种状态，将系统蕴藏的或瞬间形成的大量能量在有限的体积和极短的时间内，骤然释放或转发。在此过程中，系统能量转化为机械功及光和热的辐射形式。

（一）爆炸特性

爆炸最重要的一个特征就是爆炸点周围发生强烈的压力变化，造成破坏。破坏作用主要表现为以下几种形式。

（1）震荡作用：在破坏作用波及的区域内，有一个使物体受震荡而松散的力量。

（2）冲击波：爆炸时引起的强烈压缩并以超声波速度传播的冲击波，开始以正压出现，而后又出现负压，这种压力的突跃变化使得物体遭受破坏。

（3）碎片冲击：爆炸可使机械、设备及建筑物、构筑物的碎片飞出，对相当广的范围造成危害。

（4）造成火灾：爆炸造成设备破坏后，设备内喷流到空气中的可燃气体或液体蒸气，由于摩擦、撞击或遇到明火、热源被点燃着火，加重爆炸的破坏力。

（二）爆炸分类

爆炸现象按发生的原因和性质，分为物理性爆炸和化学性爆炸两大类。

1. 物理性爆炸

物质因状态或压力发生突变而产生的爆炸现象称为物理性爆炸。此种爆炸前后物质的性质及化学成分并不改变。例如蒸汽锅炉爆炸、压缩气瓶因外界条件变化而造成的爆炸都属于此类，可带来次生火灾。

2. 化学性爆炸

物质由于急剧氧化或分解反应产生温度、压力增加或两者同时增加的现象称为化学性爆炸。此种爆炸前后物质的性质均发生了根本的变化。典型的化学性爆炸有炸药爆炸及可燃气体与空气混合物的爆炸，可直接造成火灾。

化学性爆炸按照参加物质的反应类型，分为分解爆炸和爆炸性混合物爆炸；按照爆炸传播的速度，又可以分成爆燃和爆轰。

1）分解爆炸

某些气体即便在没有空气或氧气的情况下同样可以发生爆炸，如乙炔在没有氧气的情况下，若被压缩到200kPa以上，遇火星就能引起爆炸。乙烯、环氧乙烷、四氟乙烯、丙烯、一氧化氮等也具有类似的性质。出现这种情况的原因在于这类气体在分解时能放出大量的热量，使分解出来的气体受热膨胀，造成压力急剧升高。

2）爆炸性混合物爆炸

可燃性气体与助燃性气体混合并达到爆炸极限后遇到火源就会引起爆炸，如氢气、天然气爆炸等。这类混合物的爆炸需要一定的条件，如混合物中可燃物浓度、含氧量及点火能量等。

在石油石化生产中，可燃性气体或蒸气与空气（氧）形成爆炸性混合物的机会很多。例如，可燃性气体或液体从工艺装置、设备、管线中通过法兰、焊口、阀门、密封等缺陷部位泄漏；可燃性气体或液体与空气（氧）有串联的设备系统，由于控制不当或误操作，都有可能导致可燃物料进入空气（氧）系统，也可能导致空气（氧）进入可燃物料系统；负压操作的可燃气体或液体系统，设备不严密或腐蚀穿孔，空气也可以进入。以上这些情况，可以形成爆炸性混合物，一旦遇到引火源，便会造成爆炸事故。

3）爆燃

以亚音速传播的爆炸称为爆燃。这种爆炸压力不激增，无多大声响，破坏力较小。如无烟火焰在空气中快速燃烧，可燃气体、蒸气与空气混合物在接近爆炸上限或爆炸下限的爆炸都属于此种爆炸。

4）爆轰

以强冲击波为特征，以超音速传播的爆炸称为爆轰，亦称作爆震。这种爆炸压力激增，能引起“殉爆”，具有很大的破坏力，如处于部分或全部封闭状态的炸药的爆炸。

二、可燃气体爆炸极限

在石油石化生产中，当可燃气体和空气（氧气）混合后，在爆炸极限范围内遇到最低点火能量时就会发生爆炸着火事故，给国家财产和人民生命造成重大损失，直接影响着我国经济、社会的可持续发展。例如，2011 年 8 月 29 日，大连某石化公司柴油罐在输送柴油过程中液位过低，空气进入浮盘下方与轻组分烃类形成爆炸性混合气体达到爆炸极限，遇静电引发爆炸着火（图 1–8）。2010 年 6 月 29 日，辽阳某石化公司清罐作业时，烃类可燃物达到爆炸极限，遇非防爆普通照明灯产生的电火花发生爆燃（图 1–9）。

图 1-8　柴油罐爆炸事故现场

图 1-9　清罐作业爆炸事故现场

（一）爆炸极限的概念

爆炸极限是指可燃气体或蒸气与空气混合后，遇火或高温会发生爆炸的可燃气体的最高或最低浓度。其中，产生爆炸的最高浓度，叫爆炸上限；产生爆炸的最低浓度，叫爆炸下限；上限和下限的间隔，叫爆炸极限，爆炸极限通常用体积分数（%）来表示，常见可燃性气体在空气中的爆炸极限列于表 1-8 内。

可燃气体的火灾危险性通常用爆炸极限的下限值的大小来划分，按照爆炸下限的 10%（体积分数）为界，分为甲、乙两类，小于爆炸下限的 10%（体积分数）为甲类可燃气体。大于或等于爆炸下限的 10%（体积分数）的为乙类可燃气体，见表 1-9。

表 1-8 常见可燃性气体在空气中的爆炸极限（标准大气压，25℃）

物质名称	爆炸极限，%（体积分数）		物质名称	爆炸极限，%（体积分数）		物质名称	爆炸极限，%（体积分数）	
	下限	上限		下限	上限		下限	上限
甲烷	5.0	15.0	乙烯	2.7	36.0	氰化氢	5.6	40.0
乙烷	3.0	12.5	丙烯	2.4	10.3	硫化氢	4.3	46
丙烷	2.1	9.5	丁烯	1.6	10.0	甲醛	7.0	73.0
丁烷	1.9	8.5	丁二烯	1.1	16.3	甲醚	3.4	27.0
丙二烯	2.1	13.0	顺丁烯	1.7	9.0	一氧化碳	12.5	74.2
环丙烷	2.4	10.3	乙炔	2.5	82.0	氨气	15.0	28
氯甲烷	8.1	17.4	环氧乙烷	3	100	溴甲烷	10.0	16.0
氯乙烯	3.6	33.0	异丁烯	1.8	9.6			
异丁烷	1.4	8.5	氢气	4.1	75			

表 1-9 可燃性气体火灾危险性分类

类别	可燃气体与空气混合物的爆炸下限	举例
甲	＜10%（体积分数）	氢气、甲烷、乙烯、丙烷、异丁烷、硫化氢
乙	≥10%（体积分数）	一氧化碳、氨气、溴甲烷

（二）爆炸极限的影响因素

爆炸极限通常是在常温常压等标准条件下测定出来的数据，它不是固定的物理常数，它随温度、压力、氧含量、容器大小、点火能量等因数变化而变化。

1. 温度的影响

温度对爆炸极限的影响，一般是温度上升时，上限变高，下限变低，从而爆炸范围变宽升高，危险性增大。这是因为系统的温度升高，分子内能增加，使原来不燃不爆的那部分混合物成为可燃可爆的混合物。

2. 压力的影响

压力增加，爆炸极限范围扩大，这是因为分子间距更为接近，碰撞概率增加，反应速率加快，放热量增加并且在高压下热传导性更容易爆炸；反之，压力降低，爆炸极限范围会变小。压力对爆炸上限影响十分显著，而对爆炸下限影响较小。当压力低至一个临界值以下时，物质进入不燃不爆区。

3. 氧含量的影响

混合物中氧含量增加，爆炸极限范围扩大，爆炸性增大，爆炸危险性便增大。若在混合物中加入惰性气体，爆炸极限范围会缩小，惰性气体的体积分数提高到某数值时，可使混合物成为不燃不爆物。

4. 容器尺寸的影响

容器直径越小，爆炸范围越窄。当容器壁间小到某一值时，器壁效应就会使火焰无法继续，其原因是，随着容器直径减小，单位体积的气体会有更多的热量消耗在器壁上。有文献报道，当散发出的热量等于火焰放出热量的 23% 时火焰会熄灭。根据这个原理设计制造的阻火器，广泛应用于石油石化生产中。

5. 点火能量的影响

电火花的能量、炽热表面的面积、火源与混合物接触时间长短等，对爆炸极限都有一定的影响。随着点火能量的加大，爆炸范围将变宽，表 1-10 是标准大气压下点火能量对甲烷—空气混合物爆炸极限的影响。

表 1-10　标准大气压下点火能量对甲烷—空气混合物爆炸极限的影响（容积 V=7L）

点火能量，J	爆炸下限，%（体积分数）	爆炸上限，%（体积分数）
1	4.9	13.8
10	4.6	14.2
100	4.25	15.1
10000	3.6	17.5

（三）爆炸极限的意义

（1）爆炸极限可用来评定可燃气体（蒸气）的爆炸危险性。

可燃气体或蒸气的爆炸下限愈低，爆炸极限范围愈宽，其爆炸危险性就愈大。如氢气的爆炸极限为 4.1%～75%（体积分数），甲烷的爆炸极限为 5.0%～15.0%（体积分数），所以氢气比甲烷的爆炸危险性大。

（2）确定可燃性气体的生产、储存的火灾危险性分类。

爆炸下限小于 10%（体积分数）的可燃气体，其火灾危险性为甲类；爆炸下限大于或等于 10%（体积分数）的可燃气体，其火灾危险性为乙类。

（3）爆炸极限可作为工程设计的依据。

如确定厂房的耐火等级、生产场所的防火分区、防爆电器的选型等。

（4）爆炸极限可作为制定安全技术规程的依据。

爆炸极限的存在，为控制和防止安全生产事故的发生提供了可靠依据。例如，使用可燃性气体或液体进行氧化反应的工艺，为可针对性地采取密闭、控制原料配比、加入惰性气体进行保护等安全生产方法。

三、粉尘爆炸过程与危害

粉尘爆炸是从 1878 年美国一家面粉厂爆炸开始提出并开展研究的，据有关资料报道：美国在 1965 年一年中发生了 1173 次工业粉尘爆炸事故，死亡 681 人，伤 460 人；2014 年 8 月 2 日，江苏昆山某金属制品有限公司发生铝合金粉尘爆炸事故，共造成 146 人死亡，114 人受伤。

（一）粉尘爆炸的概念

粉尘爆炸是悬浮在空气中的可燃固体粉尘接触到明火或电火花等引火源时发生的爆炸现象。金属粉尘、煤粉、塑料粉尘、有机物粉尘、纤维粉尘、树脂粉尘、面粉等都有可能造成粉尘爆炸事故。

（二）粉尘着火爆炸的机理

粉尘爆炸本质上是一种气体爆炸，但是金属粉尘的爆炸情况有所不同，金属粉尘爆炸主要是由于燃烧时放出大量的燃烧热加热了周围环境的气体而发生的爆炸。粉尘着火爆炸的机理如下：

（1）粉尘表面受热后温度升高。

（2）粉尘表面的分子发生热分解或干馏作用，在粉尘周围产生可燃气体。

（3）产生的可燃气体与空气形成爆炸性混合气体，同时发生燃烧。

（4）燃烧产生的热进一步促进粉尘分解，燃烧连续传播，在适合条件下发生爆炸。

（三）粉尘爆炸的必要条件

粉尘爆炸的必要条件如下：

（1）可燃粉尘。粉尘本身具有可燃性。

（2）空气。粉尘必须悬浮在空气（或助燃气体）中。

（3）爆炸极限。粉尘悬浮在空气（或助燃气体）中的浓度处在爆炸极限范围内。

（4）引火源。有足够引起粉尘爆炸的引火源。

（四）粉尘爆炸的特征

粉尘爆炸的特征如下：

（1）粉尘爆炸所需要的引爆能量较高，约为一般可燃气体的10～100倍；所需点火时间也较长，可达数十秒，约为气体的数十倍。

（2）粉尘爆炸多为不完全燃烧，产生一氧化碳等不完全燃烧产物，如塑料粉尘，爆炸时自身分解还会析出有毒气体。

（3）粉尘爆炸能反复发生。粉尘初始爆炸形成的爆炸波会使得堆积的粉尘飞扬，形成粉尘雾，可能引起二次爆炸、三次爆炸，由此产生的连锁爆炸会造成严重的危害。

（4）粉尘爆炸时形成的爆炸压力持续时间较长，释放的能量也较多，破坏力较大。

（5）粉尘爆炸过程中，有时会出现爆炸压力随距离的延长而跳跃式增高的现象。特别是在传播途中有障碍物或巷道拐弯处，爆炸压力会急剧上升。

（五）粉尘爆炸的影响因素

粉尘爆炸的影响因素如下：

（1）粉尘化学性质和组分。粉尘为可燃物，燃烧热越高、爆炸下限越低、点火能量越小的物质越易爆炸。

（2）粉尘粒度大小及分布。粉尘粒度越小，其比表面积越大，越易爆炸。

（3）可燃性气体与可燃粉尘共存情况。粉尘与可燃气共存时会使爆炸下限下降，使粉尘在更低的浓度下发生爆炸。

（4）最小点火能量。粉尘的最小点火能量是指最易点燃的混合物在20次连续试验时，刚好不能点燃时的能量值。它与粉尘的浓度、粒径有关，难以得出定值。

（5）爆炸极限。一般工业可燃粉尘爆炸下限在20～60mg/m^3，上限可达2～6kg/m^3，由于粉尘沉降等原因，实际情况上限通常难以达到。

（6）水分含量。水分含量对爆炸极限影响不大。但水分含量增加，最小点火能量有所增加。

（六）粉尘爆炸的意义

掌握粉尘爆炸条件、特点及影响因素，就可以根据采取相应的安全防范措施，如密闭设备、通风排尘、抽风吸尘、润湿降尘、清扫除尘及控制引火源等，消除或减少粉尘爆炸的可能性。

第四节 动火作业法规标准

古人云："没有规矩，不成方圆。"规矩就是规章制度，是用来规范我们行为规范的规则、条文。随着我国市场经济体制的逐步推行和完善，随着经济全球化，国内外企业竞争日趋激烈，建立和健全符合我国国情和企业自身特点的现代化公司管理规章制度，是实现企业的持续发展和成长最重要的基础和根本所在。

当前我国正处在工业化、城镇化持续推进过程中，生产经营规模不断扩大，传统和新型生产经营方式并存，各类事故隐患和安全风险交织叠加，安全生产基础薄弱、监管体制机制和法律制度不完善、企业主体责任落实不力等问题依然突出，生产安全事故易发多发。

党的十八大以来，以习近平同志为核心的党中央对安全生产工作高度重视。2016 年 10 月 11 日，习近平总书记主持召开中央全面深化改革领导小组第 28 次会议上，通过了《关于推进安全生产领域改革发展的意见》（简称《意见》），12 月 9 日中共中央、国务院正式印发，12 月 18 日向社会公开发布。《意见》坚守"发展绝不能以牺牲安全为代价"这条不可逾越的红线为原则，着力解决"安全生产法治不彰及法律法规标准体系不健全"等九个方面的问题。《意见》要求大力推进依法治理，建立健全安全生产法律法规立改废释工作协调机制，加快安全生产标准制定修订和整合，建立以强制性国家标准为主体的安全生产标准体系。

自从《意见》出台以来，2017 年国家安全监管总局出台了《化工和危险化学品生产经营单位重大生产安全事故隐患判定标准（试行）》。国家相关部门组织对有关安全生产法律法规、规范标准也进行了修订。2017 年和 2020 年两次对《中华人民共和国刑法》等安全生产监督执法相关的法律进行修订；并修订了《中华人民共和国安全生产法》（2021 年）、《中华人民共和国消防法》（2019 年和 2021 年）等安全生产法律；2022 年 3 月 15 日发布了新修订的 GB 30871—2022《危险化学品企业特殊作业安全规范》，2022 年 10 月 1 日正式实施；2019 年 7 月 10 日发布了 GB 50484—

2019《石油化工建设工程施工安全技术标准》等涉及安全生产的规范标准。

一、国家法律、法规

（一）《中华人民共和国刑法》

《中华人民共和国刑法》（简称《刑法》）于 1979 年 7 月 1 日第五届全国人民代表大会第二次会议通过，1997 年 3 月 14 日第八届全国人民代表大会第五次会议修订。根据 1999 年 12 月 25 日中华人民共和国刑法修正案，2001 年 8 月 31 日中华人民共和国刑法修正案（二），2001 年 12 月 29 日中华人民共和国刑法修正案（三），2002 年 12 月 28 日中华人民共和国刑法修正案（四），2005 年 2 月 28 日中华人民共和国刑法修正案（五），2006 年 6 月 29 日中华人民共和国刑法修正案（六），2009 年 2 月 28 日中华人民共和国刑法修正案（七），2009 年 8 月 27 日《全国人民代表大会常务委员会关于修改部分法律的决定》，2011 年 2 月 25 日中华人民共和国刑法修正案（八），2015 年 8 月 29 日中华人民共和国刑法修正案（九），2017 年 11 月 4 日中华人民共和国刑法修正案（十），2020 年 12 月 26 日中华人民共和国刑法修正案（十一）修正。

《刑法》明确了在生产、作业中，生产经营单位及其有关人员犯罪及其刑事责任，主要涉及“危险作业罪”“重大责任事故罪”“强令、组织他人违章冒险作业罪”“重大劳动安全事故罪”“消防责任事故罪”等。其中“危险作业罪”在事故发生前可以进行定罪。

1. 危险作业罪

在生产、作业中违反有关安全管理的规定，具有发生重大伤亡事故或者其他严重后果的现实危险的，处一年以下有期徒刑、拘役或者管制。

2. 重大责任事故罪

在生产、作业中违反有关安全管理的规定，因而发生重大伤亡事故或者造成其他严重后果的，处三年以下有期徒刑或者拘役；情节特别恶劣的，处三年以上七年以下有期徒刑。

3. 强令、组织他人违章冒险作业罪

强令他人违章冒险作业，或者明知存在重大事故隐患而不排除，仍冒险组织作业，因而发生重大伤亡事故或者造成其他严重后果的，处五年以下有期徒刑或者拘役；情节特别恶劣的，处五年以上有期徒刑。

4. 重大劳动安全事故罪

安全生产设施或者安全生产条件不符合国家规定，因而发生重大伤亡事故或者造成其他严重后果的，对直接负责的主管人员和其他直接责任人员，处三年以下有期徒刑或者拘役；情节特别恶劣的，处三年以上七年以下有期徒刑。

5. 消防责任事故罪

违反消防管理法规，经消防监督机构通知采取改正措施而拒绝执行，造成严重后果的，对直接责任人员，处三年以下有期徒刑或者拘役；后果特别严重的，处三年以上七年以下有期徒刑。

（二）《中华人民共和国安全生产法》

《中华人民共和国安全生产法》（简称《安全生产法》）由 2002 年 6 月 29 日第九届全国人民代表大会常务委员会第二十八次会议通过，根据 2009 年 8 月 27 日第十一届全国人民代表大会常务委员会第十次会议《关于修改部分法律的决定》第一次修正，根据 2014 年 8 月 31 日第十二届全国人民代表大会常务委员会第十次会议《关于修改＜中华人民共和国安全生产法＞的决定》第二次修正，根据 2021 年 6 月 10 日第十三届全国人民代表大会常务委员会第二十九次会议《关于修改＜中华人民共和国安全生产法＞的决定》第三次修正，自 2021 年 9 月 1 日起施行。《安全生产法》是我国第一部规范安全生产的综合性法律，目的是加强安全生产工作，防止和减少生产安全事故，保障人民群众生命和财产安全，促进经济社会持续健康发展。

《安全生产法》新增了“坚持人民至上、生命至上，把保护人民生命安全摆在首位，树牢安全发展的理念”“安全生产工作实行管行业必须管安全、管业务必须管安全、管生产经营必须管安全”“生产经营单位必须构建安全风险分级管控和隐患排查治理双重预防机制，健全风险防范化解机制”“生产经营单位的主要负责人是本单位安全生产第一责任人”等变化。

1.《安全生产法》涉及动火作业的安全管理

《安全生产法》第四十条“生产经营单位进行吊装、动火、临时用电危险作业时，应当安排专门人员进行现场安全管理，确保操作规程的遵守和安全措施的落实。”

2.《安全生产法》涉及动火作业的违章处罚

《安全生产法》第一百零一条“进行爆破、吊装、动火、临时用电以及国务院应急管理部门会同国务院有关部门规定的其他危险作业未安排专门人员进行现场安全管理的，责令限期改正，处十万元以下的罚款；逾期未改正的，责令停产停业整顿，并处十万元以上二十万元以下的罚款，对其直接负责的主管人员和其他直接责任人员处二万元以上五万元以下的罚款；构成犯罪的，依照刑法有关规定追究刑事责任。”

（三）《中华人民共和国消防法》

《中华人民共和国消防法》（简称《消防法》）于1998年4月29日第九届全国人大常委会第二次会议通过，2008年10月28日第十一届全国人民代表大会常务委员会第五次会议第一次修订，2019年4月23日第十三届全国人民代表大会常务委员会第十次会议第二次修订，2021年4月29日，第十三届全国人民代表大会常务委员会第二十八次会议第三次修正。目的是预防和减少火灾危害，加强应急救援工作，保护公民人身、公共财产和公民财产的安全，维护公共安全。消防工作贯彻“预防为主、防消结合”的方针。

1.《消防法》涉及明火作业的安全管理

《消防法》第二十一条要求：禁止在具有火灾、爆炸危险的场所吸烟、使用明火。因施工等特殊情况需要使用明火作业的，应当按照规定事先办理审批手续，采取相应的消防安全措施；作业人员应当遵守消防安全规定。进行电焊、气焊等具有火灾危险作业的人员和自动消防系统的操作人员，必须持证上岗，并遵守消防安全操作规程。

2.《消防法》涉及明火作业的违章处罚

（1）违反规定使用明火作业或者在具有火灾、爆炸危险的场所吸烟、使用明火的，处警告或者五百元以下罚款；情节严重的，处五日以下拘留。

（2）违反本法规定，指使或者强令他人违反消防安全规定，冒险作业的，尚不构成犯罪的，处十日以上十五日以下拘留，可以并处五百元以下罚款；情节较轻的，处警告或者五百元以下罚款。

（3）违反《消防法》规定构成犯罪的，依法追究刑事责任。

（四）化工和危险化学品生产经营单位重大生产安全事故隐患 20 条

为准确判定、及时整改化工和危险化学品生产经营单位的重大生产安全事故隐患，有效防范遏制重特大生产安全事故，2017 年 11 月 13 日，国家安全监管总局发布“安监总管三〔2017〕121 号”文件，制定了《化工和危险化学品生产经营单位重大生产安全事故隐患判定标准（试行）》，评判了化工和危险化学品生产经营单位重大生产安全事故隐患 20 条。涉及动火危险作业相关的隐患有 2 条：

（1）未按照国家标准制定动火、进入受限空间等特殊作业管理制度，或者制度未有效执行。

（2）特种作业人员未持证上岗。

二、国家规范、标准

石油石化行业各单位生产经营过程中离不开特殊作业，特殊作业中的动火作业是造成事故多发的主要原因之一。据统计，约有 40% 以上的石油石化生产安全事故与从事特殊作业有关。特殊作业事故多发的主要原因是由于企业特殊作业管理制度执行不到位、作业前风险识别不清，作业过程风险管控不到位，以及监护人应急处置能力不足等。为加强特殊作业环节安全风险管控，遏制特殊作业尤其是从事动火作业时重特大生产安全事故的发生，有必要通过标准规范进一步明晰特殊作业前的安全管理要求。

（一）GB 30871—2022《危险化学品企业特殊作业安全规范》

该标准由中华人民共和国国家质量监督检验检疫总局、中国国家标准管理委员会于 2014 年 7 月 24 日发布。2022 年 3 月 15 日，国家市场监督管理总局和国家标准化管理委员会正式发布了新修订版，2022 年 10 月 1 日实施。

2022 年版标准规定了危险化学品企业设备检修中动火、受限空间、盲板抽堵、高处、吊装、临时用电、动土、断路作业等安全要求。

2022 年版标准的第 5 章主要对动火作业相关安全要求进行了阐述。内容包括动火作业分级、动火作业基本要求、动火分析及合格标准、特级动火作业要求及固定动火区管理等。

2022 年版标准涉及动火作业主要变化点：

（1）加强了安全作业票的管理，提出了“作业内容变更、作业范围扩大、作业地点转移或超过安全作业票有效期限时，应重新办理安全作业票”；补充了动火作业升级管理要求："遇节假日、公休日、夜间或其他特殊情况，动火作业应升级管理。"

（2）对特级动火的管理要求更高更严格。将特级动火作业定义为："在火灾爆炸危险场所处于运行状态下的生产装置设备、管道、储罐、容器等部位上进行的动火作业（包括带压不置换动火作业）；存有易燃易爆介质的重大危险源罐区防火堤内的动火作业。"新增加了"特级动火作业应采集全过程作业影像"的要求；规定了"存在受热分解爆炸、自爆物料的管道和设备设施上不应进行动火作业；生产装置运行不稳定时，不应进行带压不置换动火作业"及"特级动火作业期间应连续进行监测"等。

（3）动火作业基本要求更严格。如"凡在盛有或盛装过助燃或易燃易爆危险化学品的设备、管道等生产、储存设施及本文件规定的火灾爆炸危险场所中生产设备上的动火作业，应将上述设备设施与生产系统彻底断开或隔离，不应以水封或仅关闭阀门代替盲板作为隔断措施。"

（4）增加了动火作业检测分析范围。如"气体分析的检测点要有代表性，在较大的设备内动火，应对上、中、下（左、中、右）各部位进行检测分析。""在管道、储罐、塔器等设备外壁上动火，还应检测设备内气体含量。"等安全要求。

（5）完善了固定动火区安全管理要求。如"固定动火区不应设置在火灾爆炸危险场所，应设置在全年最小频率风向的下风或侧风方向，并满足防火间距要求，位于生产装置区的固定动火区应设置带有声光报警功能的固定式可燃气体检测报警器。"

（二）GB 50484—2019《石油化工建设工程施工安全技术标准》

该标准由中华人民共和国住房和城乡建设部和中华人民共和国国家质量监督检验检疫总局于 2008 年 12 月 30 日联合发布，2019 年 7 月 10 日，中华人民共和国住房和城乡建设部和国家市场监督管理总局进行修正，于 2019 年 12 月 1 日实施。

2019 年版标准适用于石油化工、煤化工、天然气化工等新建、改建、扩建及装修装置施工安全技术管理。规定了动火、进入受限空间、土建作业、高处作业、起重作业、临时用电、特殊安装作业、脚手架等作业的安全要求。

新标准的第 3.3 条规定了动火作业的一般规定、固定动火区作业、高处动火作业等相关管理要求。

新增动火管理要求如下：

（1）明确提出“动火作业前应清除现场可燃、易燃物，动火点 30m 范围内不得排放可燃气体，15m 内不得排放可燃液体，10m 内不应同时进行可燃溶剂清洗和喷漆等交叉作业。”

（2）动火现场应急措施中，增加“保持消防道路畅通”。

（3）高处作业动火时，动火点下方不得同时进行可燃溶剂清洗和防腐喷涂等作业。

三、行业规范、标准

（一）SY/T 6444—2018《石油工程建设施工安全规范》

该标准由国家石油和化学工业局于 2000 年 3 月 1 日发布；2011 年 1 月 9 日，国家能源局于对其进行第一次修订；2018 年 10 月 29 日，国家能源局进行第二次修订，将 SY 6444—2010《石油工程建设施工安全规范》和 SY 6516—2010《石油工业电焊焊接作业安全规程》整合修订，于 2019 年 3 月 1 日实施。

2018 年版标准中涉及动火作业有关的有 5.4、5.5、5.6，分别简述了焊接作业，气割（焊）作业及动火作业，新增变化内容如下：

（1）修改了标准的范围，增加了“本标准规定了陆上油气田地面建设工程、油气输送管道建设工程、石油炼化建设工程建设过程中企业、人员资质要求与职责、现场平面布置、施工机具设备设施管理、季节防护、土建与安装作业及高危作业安全要求、现场应急管理要求等内容。”

（2）将 SY 6444—2010“施工安全组织和制度”“安全技术措施”“施工人员”合并修改为“总则”，明确“施工单位应在施工资质等级许可范围内承揽工程”“施工单位应建立健全安全生产责任体系，明确各级领导、职能部门和岗位的安全生产责任。”

（3）将 SY 6444—2010“施工机具、设备和劳动防护”“施工现场安全”“安全检查和检测”合并修改为“现场通用要求”。

（4）将 SY 6444—2010“施工作业安全”与 SY 6516—2010 有关内容合并为“作业通用要求”。

（二）SY/T 6554—2019《石油工业带压开孔安全规程》

该标准的前身是《在用设备的焊接和热分接程序》，由国家经济贸易委员会于 2003 年 3 月 18 日发布，国家能源局于 2011 年 7 月 28 日进行第一次修订，标准更名为《石油工业带压开孔安全规范》，2019 年 11 月 4 日国家能源局进行第二次修订，2020 年 5 月 1 日开始实施。

2019 年版标准规定石油工业带压开孔作业的程序及相关安全要求，其中 5.5.2.2 介绍了“带压开孔焊接注意事项”，以及 6.1 介绍了“在储罐或容器上带压开孔焊接作业相关要求”。新增变化管理要求如下：

（1）明确要求参加作业安全风险评估的单位为建设单位和施工单位，人员至少包括现场管理人员、技术人员和主要操作人员。

（2）带压开孔作业的适宜性增加了“系统无法清除介质”。

（3）带压开孔施工作业完成后，针对带压开孔机内的介质，提出了明确的指导办法“开孔机阀门完全关闭后，应打开开孔机连接箱上的放空阀门，放空卸压为零后再进行拆除，且放空介质应妥善回收处理。”

（4）规定“不得在浮顶罐浮顶上进行焊接或带压开孔作业”。

（5）常压储罐上进行焊接或带压开孔作业时，储罐液位保证在最高液位的 2/3 及以上。

（6）增加“油井的带压开孔作业”的特例相关安全要求。

（7）增加“企业宜根据管道材质和直径、管道内介质的危险性（压力、物性）规定动火作业等级，确定审批和监护级别。”

（三）中国石油动火作业相关要求

1. 高度重视动火作业预约和风险管控

动火作业前，开展作业风险评估，制订安全措施，编制作业方案，进行界面交接和安全技术交底。作业预约实施分级审批。节假日、公休日、夜间，以及其他特殊敏感时段，实行等级和监管双升级管控，特级动火单位领导现场值守。

2. 动火作业“八不准”

（1）工作前安全分析未开展不准作业。

（2）界面交接、安全技术交底未进行不准作业。

（3）作业人员无有效资格不准作业。

（4）作业许可未在现场审批不准作业。

（5）现场安全措施和应急措施未落实不准作业。

（6）监护人未在现场不准作业。

（7）作业现场出现异常情况不准作业。

（8）升级管理要求未落实不准作业。

3. 严格按照作业方案动火作业

当作业环境、作业条件或者工艺条件发生变化，作业内容、作业方式发生改变，实际作业与作业计划发生偏离，安全措施或者作业方案发生变更或者无法实施等要求立即中止作业，取消动火作业。

4. 特级动火落实应急措施和消防值守

在设备或者管道上进行特级动火作业时应保持微正压，存在受热分解爆炸、自爆物料的管道和设备设施上不应进行动火作业。生产装置运行不稳定时，不应进行带压不置换动火作业。

5. 全力减少或削减现场动火风险

装置运行状态下动火时，凡是可不动火的一律不动火，凡是能拆移下来的动火部件原则上应当拆移到安全场所动火，充分场外深度预制。严禁在装置停车倒空置换期间及投料开车过程中进行动火作业。

参考文献

[1]程丽华，梁朝林．石油炼制工艺学［M］．北京：中国石化出版社，2021.
[2]张来勇．大型乙烯成套技术［M］．北京：石油工业出版社，2022.
[3]胡杰，王松汉．乙烯工艺与原料［M］．北京：化学工业出版社，2017.
[4]胡杰．合成树脂技术［M］．北京：石油工业出版社，2022.
[5]中国石油化工集团公司安全监督局．石油化工防火与灭火［M］．北京：中国石化出版社，1998.
[6]注册消防工程师资格考试命题研究组．消防安全技术实务［M］．北京：光明日报出版社，2016.
[7]康青春，贾立军．防火防爆技术［M］．北京：化学工业出版社，2018.
[8]孙万付．危险化学品安全技术全书：通用卷［M］.3 版．北京：化学工业出版社，2017.
[9]邓华江．危险化学品企业安全管理［M］．乌鲁木齐：新疆科学技术出版社，2010.

第二章　动火作业管理要求

第一节　动火作业定义与分级

石油石化行业各单位应根据管理层级设置，针对作业分级和作业风险，实行分级审批、分级管理，落实安全措施，确保生产、生活区域内或在已交付的在建装置区域内动火作业安全。

一、动火作业定义

随着时代的发展，动火作业的定义一直在发生变化。2008 年，国家安全生产监督管理总局发布的 AQ 3022—2008《化学品生产单位动火作业安全规范》对动火作业进行了定义，具体内容为“能直接或间接产生明火的工艺设置以外的非常规作业，如使用电焊、气焊（割）、喷灯、电钻、砂轮等进行可能产生火焰、火花和炽热表面的非常规作业”。2014 年，中华人民共和国国家质量监督检验检疫总局、中国国家标准化管理委员会发布的 GB 30871—2014《化学品生产单位特殊作业安全规范》中将动火作业定义为“直接或间接产生明火的工艺设备以外的禁火区内可能产生火焰、火花或炽热表面的非常规作业，如使用电焊、气焊（割）、喷灯、电钻、砂轮等进行的作业。其中非常规作业指临时性的、缺乏程序规定的作业活动”。

2022 年，GB 30871—2022《危险化学品企业特殊作业安全规范》重新对动火作业定义进行了修订，修改为“在直接或间接产生明火的工艺设施以外的禁火区内从事可能产生火焰、火花或炽热表面的非常规作业”。动火作业包括但不限于以下方式：

——各种气焊、电焊、铅焊、锡焊、塑料焊等焊接作业及气割、等离子切割机、砂轮机等各种金属切割作业。

——使用喷灯、液化气炉、火炉、电炉等明火作业。

——烧、烤、煨管线、熬沥青、炒砂子、喷砂、电钻、磨光机、铁锤击（产生火花）物件和产生火花的其他作业。

——生产装置区、油气装卸作业区和罐区、加油（气）站，连接临时电源并使用非防爆电气设备和电动工具。

二、动火作业的分级

2008年，国家安全生产监督管理总局发布的AQ 3022—2008《化学品生产单位动火作业安全规范》及2014年中华人民共和国国家质量监督检验检疫总局、中国国家标准化管理委员会发布的GB 30871—2014《化学品生产单位特殊作业安全规范》对动火作业进行了分级，将动火作业分为“特殊、一级、二级”。2022年，GB 30871—2022《危险化学品企业特殊作业安全规范》变更了动火作业分级，动火作业分级由“特殊、一级、二级”修订为“特级、一级、二级”，并明确企业按动火的危害程度及影响范围，应划定固定动火区及禁火区，固定动火区外的动火作业分为特级动火、一级动火和二级动火作业三级管理。

特级动火作业：在火灾爆炸危险场所处于运行状态下的生产装置设备、管道、储罐、容器等部位（本体及其附件）上进行的动火作业（包括带压不置换动火作业）；存有易燃易爆介质的重大危险源罐区防火堤内的动火作业。

一级动火作业：在火灾爆炸危险场所进行的除特级动火作业以外的动火作业，管廊上的动火作业按一级动火作业管理。

二级动火作业：除特级、一级以外的动火作业。生产装置或系统全部停车，经清洗、置换、分析合格并采取安全隔离措施后，根据其火灾、爆炸危险性大小，动火作业可按二级动火作业管理。

中国石油按照油气勘探与生产、炼油与化工、油气销售、天然气与管道系统进行动火作业等级划分，规定如下。

（一）油气勘探与生产系统动火作业等级划分

1. 特级动火作业

——油气场站和井场中未采取吹扫、置换、清理等处置措施或者在运行状态下的设备、容器、管线本体及其附件上动火作业。

——未采取吹扫、置换、清理等处置措施或者在运行状态下的油气集输管线、含水油管线、污水站滤前水管线停输动火或带压不停输更换管线设备动火作业。

——原油装车场、卸油台内外设备及管线上动火作业。

——存有易燃易爆介质的重大危险源罐区防火堤内的动火作业。

——其他特殊危险场所和特殊容器上进行的动火作业。

2. 一级动火作业

——油气场站和井场中采取吹扫、置换、清理、隔离等处置措施，达到安全作业条件的设备、容器、管线本体及其附件上动火作业。

——采取吹扫、置换、清理、隔离等处置措施，达到安全作业条件的油气集输管线、含水油管线、污水站滤前水管线停输动火作业。

——石油天然气计量标定间、计量间、阀组间、仪表间及原油泵房、污油泵房、天然气压缩机房等场所的动火作业。

——油气管沟、阀门井、液化气充装间、气瓶库、残液回收库等地下或者半地下设施及封闭或者半封闭场所的动火作业。

——管廊上的动火作业。

——在未构成重大危险源罐区防火堤内的，除特级动火作业外的其他动火作业。

3. 二级动火作业

——钻井作业过程中未打开油气层、试油作业未射孔前，距井口 10m 以内的井场动火。

——钻穿油气层时没有发生井涌、气侵条件下的井口处动火。

——油气站场中污水处理、注水系统中的污水泵房、过滤间、注水泵房、配水间、污水加药间及化验室内的动火。

——油气站场和井场中焊接平台、爬梯、扶栏及接地线（与设备本体直接焊接处应至少按一级动火管理）。

——除特级、一级动火外其他油气生产区域和严禁烟火区域生产动火。

（二）炼油与化工系统动火作业等级划分

1. 特级动火作业

——在火灾爆炸危险场所处于运行状态下的生产装置中，带有可燃、易爆、有毒等介质的容器、设备、管线本体及工业下水井、污水池等部位进行的动火作业（包括带压不置换动火）。

——存有易燃易爆介质的重大危险源罐区防火堤内的动火作业。

——码头泊位油轮停泊期间，从油轮边缘起向外延伸 35m 以内区域的动火作业。

2. 一级动火作业

——在火灾爆炸危险场所处于生产运行状态的工艺生产装置区动火作业。

——有毒介质区、油库及液化石油气站的动火作业。

——可燃液体、可燃气体、助燃气体及有毒介质的泵房与机房动火作业。

——可燃液体罐区、液化烃罐区、可燃气体及助燃气体罐区防火堤外的动火作业。

——可燃液体、液化烃、可燃气体、助燃气体及有毒介质的充装站、装卸区和洗槽站的动火作业。

——工业污水场、易燃易爆的循环水场、凉水塔等地点，包括距上述地点及工业下水井、污水池 15m 以内的区域动火作业。

——危险化学品库、空分的纯氧系统等动火作业。

——装置停车大检修，工艺处理合格后装置内的第一次动火。

——码头泊位油轮停泊期间，从油轮边缘向外延伸 35m 以外（含 35m）、70m 以内（含 70m）的区域动火作业。

——泊位无油轮停靠时在主靠作业平台区域动火作业。

——管廊上的动火作业。

——档案室、图书馆、资料室、网络机房等场所动火作业。

3. 二级动火作业

——装置停车大检修，工艺处理合格后经厂级单位组织检查确认，并安全实施了第一次动火作业的装置内动火。

——运到安全地点并经吹扫处理合格的容器、管线动火。

——码头泊位油轮停泊期间，从油轮作业平台边缘起向外延伸 70m 以外（不含 70m）的区域动火作业。

——泊位无油轮停泊时，从主靠作业平台边缘起向外延伸到 30m 范围内的区域动火作业。

——在生产厂区内，不属于一级动火和特级动火的其他临时动火。

（三）油气销售系统动火作业等级划分

1. 特级动火作业

——处于生产运行状态下的油气库站中设备、管线、容器等本体及其附件上进行的动火作业。

——码头泊位油轮停泊期间，从油轮边缘起向外延伸35m以内区域的动火作业。

——隔油池、在线检测、油气回收、油污水处理区、生活污水处理区的设备设施本体及其附件上的动火作业。

——油气泄漏事故现场30m范围内的动火作业。

——存有易燃易爆介质的重大危险源罐区防火堤内的动火作业。

2. 一级动火作业

——在运行油库内的可燃气体、易燃液体设备、设施等爆炸危险区域内非设备设施本体的动火作业。

——正在作业的油库铁路卸油区、汽车罐（槽）车装卸区、长输管道输油站泵棚、长输管道阀室区等爆炸危险区域内非设备设施本体的动火作业。

——在运行的加油（气、氢）站的罐区（储气区）、卸油（气、氢）区、加油（气、氢）区、液化气泵房、压缩机房、排污区域等爆炸危险区域内非设备设施本体的动火作业。

——发电机房、化验室、润滑油储罐区、桶装油品仓库、润滑油收发区、计量间、危废间等爆炸危险区域的动火作业。

——同一防火堤内的所有储罐，经清洗、处理、化验分析合格，并与系统采取有效隔离、不再释放可燃气体的油罐内检修和喷砂防腐类动火作业。

3. 二级动火作业

在油库、加油（气、氢）站内除特级、一级动火作业外的其他各类临时动火作业，如：

——罐区外消防泵房、消防管线上的动火作业。

——在库站内非火灾爆炸危险场所取暖设备和管线上的动火作业。

——库站内非火灾爆炸危险场所房屋的保温作业。

——库站内非火灾爆炸危险场所内的其他动火作业。

（四）天然气与管道系统动火作业等级划分

1. 特级动火作业

——在运行状态下的油气管道及其设施本体上的动火作业，带压不置换动火作业。

——在运行的 LNG 生产储存装置、LPG 储配库中构成重大危险源罐区防火堤内的动火作业。

——在输油气站场可产生油、气的封闭空间内对油气管道及其设施本体上的动火作业。

2. 一级动火作业

——在输气站场可产生油气的封闭空间（如压缩机房、输气阀室等）内对非油气管道、设施本体上的动火作业。

——在有效隔离和吹扫、清洗、置换合格的燃料油、燃料气、放空和排污管道进行的动火作业。

——在输气站场对动火部位相连的管道和设备进行油气置换，并采取可靠隔离和吹扫、清洗、置换合格后进行的动火作业。

——在火灾爆炸危险场所内运行的输气场站内可燃气体、易燃液体设备、设施非本体上动火作业。

3. 二级动火作业

——在输气场站（含输气阀室）火灾爆炸危险场所外的动火作业。

——凡生产装置或系统全部停车，经吹扫、清洗、置换、分析合格并采取安全隔离措施后，经批准，动火作业可按二级动火作业管理。

（五）其他情况说明

——防火防爆区域和防火间距的划分按照 GB 50183《石油天然气工程设计防火规范》、GB 50160《石油化工企业设计防火标准》、GB 50016《建筑设计防火规范》、GB 50074《石油库设计规范》等标准规范规定的要求执行。

——含油气废水视同易燃易爆介质，对其设备设施及相关系统进行动火时，按照油气设施动火同等对待。

——天然气与管道系统涉及的油气储罐动火作业等级划分参照“油气勘探与生产系统动火作业等级划分”标准。

——按要求划定并经审批的固定动火区内的动火作业，应办理固定动火安全作业票。

——在划定的固定的、有明显界限的、设置围栏或者围挡等实体隔离设施并经审批的新建设施施工区域进行的动火作业，应办理动火安全作业票或固定动火安全作业票。

——城镇燃气领域的动火作业按照城镇燃气安全相关法规标准执行。

——执行过程中标准不一致时，按照严格标准执行。

第二节 动火作业安全职责

作业许可安全管理应当落实安全生产“三管三必须”（管行业必须管安全，管业务必须管安全，管生产经营必须管安全）要求，遵循“谁主管谁负责，谁批准谁负责，谁作业谁负责，谁的属地谁负责”的原则，做到依法合规、严格管理、风险受控、持续改进。

一、相关单位职责

（一）动火作业所在单位

动火作业所在单位是指按照分级审批原则具备作业许可审批权限的单位，负责作业全过程管理，安全职责主要包括：

（1）组织动火作业单位、相关单位开展风险评估，制订相应的安全措施或者作业方案。

（2）提供现场动火作业安全条件，向作业单位进行安全技术交底。

（3）审核并监督作业单位安全措施或者作业方案的落实。

（4）负责动火作业相关单位的协调工作。

（5）监督现场动火作业，发现违章或者异常情况应当立即停止作业，必要时迅速组织撤离。

（二）动火作业单位

动火作业单位是指承担作业任务的单位，对动火作业活动具体负责，安全职责主要包括：

（1）参加动火作业所在单位组织的作业风险评估。

（2）制订并落实动火作业安全措施或者动火作业方案。

（3）组织开展动火作业前安全培训和工作前安全分析。

（4）检查动火作业现场安全状况，及时纠正违章行为。

（5）当现场不具备安全作业条件时，立即停止动火作业，并及时报告作业所在单位。

二、申请人与审批人

（一）动火作业申请人

动火作业申请人是指作业单位的现场作业负责人，对动火作业活动负管理责任，安全职责主要包括：

（1）提出申请并办理动火安全作业票。

（2）参与动火作业风险评估，组织落实安全措施或者动火作业方案。

（3）对动火作业人员进行作业前安全培训和安全技术交底。

（4）指派动火作业单位监护人，明确监护工作要求。

（5）参与动火作业书面审查和现场核查。

（6）参与动火作业现场验收、取消和关闭动火安全作业票。

（二）动火作业批准人

动火作业批准人应当是作业所在单位相关负责人，对动火作业安全负责，安全职责主要包括：

（1）组织对动火作业申请进行书面审查，并核查动火安全作业票审批级别和审批环节与企业管理制度要求的一致性情况。

（2）组织现场核查，核验风险识别及安全措施落实情况，在动火作业现场完成审批工作。

（3）负责签发、取消和关闭动火安全作业票。

（4）指定动火作业属地监督，明确监督工作要求。

三、作业相关人员

（一）动火作业属地监督

属地监督是指动火作业批准人指派的现场监督人员，安全职责主要包括：

（1）熟悉动火作业区域、部位状况、工作任务和存在风险。

（2）监督检查动火作业许可相关手续符合性。

（3）监督所有安全措施落实到位。

（4）核查现场动火作业设备设施完整性和符合性。

（5）核查动火作业人员资格符合性。

（6）在动火作业过程中，按要求实施现场监督。

（7）及时纠正或者制止违章行为，发现异常情况时，要求停止作业并立即报告，危及人员安全时，迅速组织撤离。

（二）动火作业监护人

动火作业监护人是指在作业现场实施安全监护的人员，由具有生产（作业）实践经验的人员担任，安全职责主要包括：

（1）熟悉动火作业区域、部位状况、工作任务和存在风险。

（2）对动火作业实施全过程现场监护。

（3）动火作业前检查动火安全作业票，核查动火作业内容和有效期，确认各项安全措施已得到落实。

（4）确认相关动火作业人员持有效资格证书上岗，检查现场设备完整性和符合性。

（5）核查动火作业人员配备和使用的个体防护装备。

（6）检查、监督动火作业人员的行为和现场安全作业条件，负责动火作业现场的安全协调与联系。

（7）动火作业现场不具备安全条件或者出现异常情况，应当及时中止作业，并采取应急处置措施。

（8）及时制止动火作业人员违章行为，情节严重时，应当收回动火安全作业票，中止作业。

（9）动火作业期间，不擅自离开动火作业现场，不从事与监护无关的事。确需离开，应当收回动火安全作业票，中止作业。

（三）动火作业人员

动火作业人员是动火作业的具体实施者，对动火作业安全负直接责任，安全职责主要包括：

（1）动火作业前，确认动火作业区域、位置、内容和时间。

（2）参加安全培训、工作前安全分析和安全技术交底，清楚动火作业安全风险、安全措施或者动火作业方案。

（3）执行动火安全作业票、动火作业方案及操作规程的相关要求。

（4）服从动火作业监护人和属地监督的监管，作业监护人不在现场时，不得进行动火作业。

（5）动火作业结束后，负责及时清理作业现场，确保现场无安全隐患。

四、高危作业挂牌与区长制

为强化高危作业区域安全生产责任落实，保障高危作业区域安全风险受控，预防和遏制生产安全事故，企业应当推行高危作业安全生产挂牌制，对评估为高风险的特殊、非常规作业实行作业区域安全生产“区长”制，并在高危作业区域现场挂牌，标明区域范围、“区长”姓名、职务和有效的联系方式。

（一）挂牌制范围

作业所在单位将评估为高风险的动火作业、试压及吹扫、临时用电及带电作业、吊装作业、机械挖掘、高处及临边作业、管线打开、受限空间（含坑沟内）作业、高压油气充装及装卸、特殊敏感时段施工作业等，以及需办理安全作业票的特殊作业纳入高危作业范围，建立高危作业项目清单，并对每项高危作业制定规范化、标准化的安全管理及作业要求。对存在高危作业的场所纳入高危作业区域管理，并划定可识别的高危作业区域范围。

（二）建立区长制

建立高危作业区域安全生产“区长”制。在高危作业区域现场挂牌，标明区域范围、“区长”姓名、职务和有效的联系方式。在现场挂牌的安全生产“区长”，原则上由作业所在单位负责人或者项目负责人和作业单位项目负责人分别担任高危作业区域安全生产“区长”，形成“双区长”制，如图 2-1 所示。

（三）区长主要职责

高危作业区域安全生产“区长”对本作业区域内的安全生产总负责，但高危作业区域安全生产“区长”的安全生产职责不代替企业有关单位和职能部门的安全生产责任。主要职责如下：

——组织开展安全风险识别，掌握作业区域内相关设备设施、场所环境和作业过程的风险状况、作业队伍和人员资质，以及高危作业实施计划。

——组织开展作业区域内的隐患排查，及时消除事故隐患。

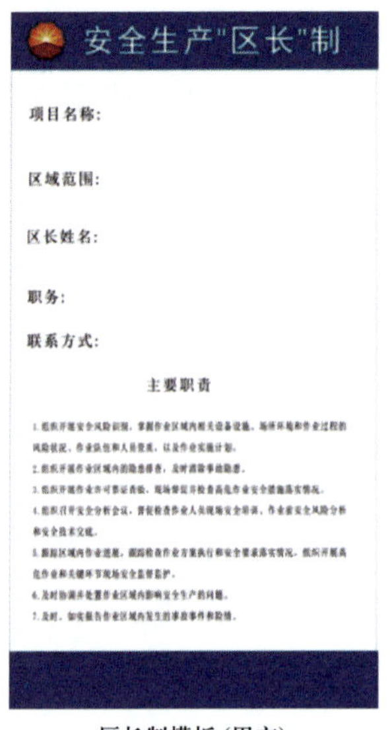

区长制模板(甲方)

区长制模板(甲乙双方)

图 2-1 “双区长”制模板

——组织开展安全作业票查验，现场督促并检查高危作业安全措施落实情况。

——组织召开安全分析会议，督促检查作业人员现场安全培训、作业前安全风险分析和安全技术交底。

——跟踪区域内作业进展，跟踪检查作业方案执行和安全要求落实情况，组织开展高危作业和关键环节现场安全监督监护。

——及时协调并处置作业区域内影响安全生产的问题，及时、如实报告作业区域内发生的事故事件和险情。

对高危作业区域不满足安全生产条件的人员、场所和设备设施，高危作业区域安全生产“区长”应当立即组织整改，超出本人权限范围无法整改的，应当及时向企业有关部门或者负责人报告，对高危作业区域内不具备安全生产条件或者安全风险无法保证受控的，应当及时进行停工处理。

第三节 动火作业准备

石油石化行业应遵循以下基本原则：处于运行状态的生产作业区域和罐区内，凡是可不动火的一律不动火，凡是能拆移下来的动火部件原则上应当拆移到安全场所动火。作业所在单位应当尽量减少特殊、非常规作业现场人员，并设置警戒线，无关人员严禁进入。进入作业现场的人员应当正确佩戴满足相关标准要求的个体防护装备。动火作业申请人、作业批准人、作业监护人、属地监督、作业人员应当经过作业所在单位相应专项培训并考核合格，具备正确履行安全职责的能力。特种作业和特种设备作业人员应当取得相应资格证书，持证上岗。GBZ/T 260《职业禁忌证界定导则》规定的职业禁忌证者不应参与相应作业。

一、动火安全作业票

（一）动火安全作业票内容

动火安全作业票应当包含动火作业活动的基本信息，各企业可根据自身实际情况，对安全作业票的内容进行调整和完善，动火安全作业票（推荐样式）见表 2–1。基本内容应当包括但不限于：

——作业单位、作业时限、作业地点和作业内容。

——风险辨识结果和安全措施。

——作业人员及资格信息。

——有关检测分析记录和结果。

——作业监护人员、作业申请人、作业批准人签名。

——其他需要明确的要求。

表 2–1 动火安全作业票（推荐样式）

编号：

<table>
<tr><td>申请单位</td><td colspan="2"></td><td colspan="2">作业申请时间</td><td colspan="2">年 月 日 时 分</td></tr>
<tr><td>作业所在单位</td><td></td><td>属地监督</td><td></td><td>监护人</td><td colspan="2"></td></tr>
<tr><td>申请人</td><td colspan="2"></td><td colspan="2">作业人</td><td colspan="2"></td></tr>
<tr><td>关联的其他特殊作业、非常规作业</td><td colspan="2"></td><td colspan="2">涉及其他特殊作业、非常规作业的安全作业票编号</td><td colspan="2"></td></tr>
<tr><td>作业地点</td><td colspan="2"></td><td colspan="2">动火部位</td><td colspan="2"></td></tr>
<tr><td>动火人（签字）</td><td colspan="2"></td><td colspan="2">动火人证书编号</td><td colspan="2"></td></tr>
<tr><td>作业内容</td><td colspan="6"></td></tr>
<tr><td colspan="7">气体检测：</td></tr>
<tr><td>检测时间</td><td colspan="2"></td><td colspan="2"></td><td colspan="2"></td></tr>
</table>

续表

<table>
<tr><td>检测位置</td><td></td><td></td><td></td></tr>
<tr><td>氧气浓度，%</td><td></td><td></td><td></td></tr>
<tr><td>可燃气体浓度
LEL，%</td><td></td><td></td><td></td></tr>
<tr><td>有毒气体浓度，%</td><td></td><td></td><td></td></tr>
<tr><td>分析人</td><td></td><td></td><td></td></tr>
<tr><td colspan="4">是否编制作业方案　　　　　　是□　　　　　　否□</td></tr>
<tr><td>作业时间</td><td colspan="3">自　　年　月　日　时　分始，至　　年　月　日　时　分止</td></tr>
<tr><td colspan="4">动火作业类型：
□焊接　□气割　□切削　□燃烧　□明火　□研磨　□打磨　□钻孔　□破碎　□锤击
□临时用电　□使用非防爆的电气设备　□使用内燃发动机设备　□其他：</td></tr>
<tr><td colspan="4">存在的风险：
□爆炸　□火灾　□灼伤　□烫伤　□机械伤害　□中毒　□辐射　□触电　□泄漏
□窒息　□坠落　□落物　□掩埋　□物体打击　□噪声　□坍塌　□淹溺　□其他：</td></tr>
</table>

序号	安全措施	是划“√” 否划“×”	确认人
1	动火设备内部构件清洗干净，蒸汽吹扫或水洗置换合格，达到动火条件		
2	与动火设备相连的所有管线已断开，加盲板（　）块，未采取水封或仅关闭阀门等方式代替盲板		
3	动火点周围及附近的孔洞、窨井、地沟、水封设施、污水井等已清除易燃物，并已采取覆盖、铺沙等手段进行隔离		
4	油气罐区动火点同一防火堤内和防火间距内的油品储罐未进行脱水和取样作业		
5	高处作业已采取防火花飞溅措施，作业人员佩戴必要的个体防护装备		
6	在有可燃物构件和使用可燃物做防腐内衬的设备内部动火作业，已采取防火隔绝措施		
7	乙炔气瓶应当直立放置，已采取防倾倒措施并安装防回火装置；乙炔气瓶、氧气瓶与火源间的距离不应小于 10m，两气瓶相互间距不应小于 5m		
8	现场配备灭火器（　）台，灭火毯（　）块，消防蒸汽带或消防水带（　）		
9	电焊机所处位置已考虑防火防爆要求，且已可靠接地		

续表

<table>
<tr><th>序号</th><th>安全措施</th><th>是划“√”
否划“×”</th><th>确认人</th></tr>
<tr><td>10</td><td>动火点周围规定距离内没有易燃易爆化学品的装卸、排放、喷漆等可能引起火灾爆炸的危险作业</td><td></td><td></td></tr>
<tr><td>11</td><td>动火点 30m 内垂直空间未排放可燃气体；15m 内垂直空间未排放可燃液体；10m 范围内及动火点下方未同时进行可燃溶剂清洗或喷漆等作业，10m 范围内未见有可燃性粉尘清扫作业</td><td></td><td></td></tr>
<tr><td>12</td><td>已开展作业危害分析，制订相应的安全风险管控措施，交叉作业已明确协调人</td><td></td><td></td></tr>
<tr><td>13</td><td>用于连续检测的移动式气体检测报警仪已配备到位</td><td></td><td></td></tr>
<tr><td>14</td><td>配备的摄录像设备已到位且防爆级别满足安全要求</td><td></td><td></td></tr>
<tr><td>15</td><td>其他相关特殊作业已办理相应安全作业票，作业现场四周已设立警戒区</td><td></td><td></td></tr>
<tr><td>16</td><td>其他安全措施：
编制人（签字）：</td><td></td><td></td></tr>
<tr><td colspan="4">如需采取栏中所列措施划“√”，不需采取的措施划“×”，如栏内所列措施不能满足时，可在空格处填写其他风险削减措施</td></tr>
<tr><td>技术交底人（签字）</td><td></td><td>接受交底人（签字）</td><td></td></tr>
<tr><td>作业单位申请</td><td colspan="3">我保证阅读理解并遵照执行作业方案和此安全作业票，并在作业过程中负责落实各项风险削减措施，在作业结束时通知作业所在单位负责人。
作业申请人（签字）： 年 月 日 时 分　　作业人（签字）： 年 月 日 时 分</td></tr>
<tr><td>作业监护监督</td><td colspan="3">本人已阅读安全作业票并且确信所有条件都满足，并承诺坚守现场。
监护人（签字）： 年 月 日 时 分
属地监督（签字）： 年 月 日 时 分</td></tr>
<tr><td>批准</td><td colspan="3">我已经审核过本安全作业票的相关文件，并确认符合公司动火作业安全管理规定的要求，同时我与相关人员一同检查过现场并同意作业方案，因此，我同意作业。
作业所在单位批准人（签字）： 年 月 日 时 分</td></tr>
<tr><td>相关单位</td><td colspan="3">本人确认收到安全作业票，了解该作业项目的安全管理要求及对本单位的影响，将安排相关人员对此项目给予关注，并和相关各方保持联系。
单位：　　确认人（签字）： 年 月 日 时 分</td></tr>
</table>

续表

<table>
<tr><td>关闭</td><td>□安全作业票到期，同意关闭。
□工作完成，已经确认现场没有遗留任何隐患，并已恢复到正常状态，同意安全作业票关闭。
作业结束时间：　　　　　年　　月　日　时　分</td><td>申请人（签字）：
月　日　时　分</td><td>批准人（签字）：
月　日　时　分</td></tr>
<tr><td>取消</td><td>因以下原因，此安全作业票取消：</td><td colspan="2">作业申请人（签字）：
批准人（签字）：
年　月　日　时　分</td></tr>
<tr><td colspan="4">备注：（1）表格上部的监护人、申请人、作业人、属地监督由作业申请人统一填写，必须是打印或正楷书写；在表格上标明需签字处必须是本人签字。
（2）此表格中不涉及的，用斜线“/”划除。</td></tr>
</table>

（二）动火安全作业票存放

动火安全作业票应当编号，一式三联，第一联由监护人持有，第二联由作业人员持有，第三联保留在作业批准人处。

——动火安全作业票应当规范填写，不得涂改，不得代签。作业完成后，动火安全作业票由申请人和批准人签字关闭，并交批准方存档（或者电子存档），至少保存一年。

——当同一工作有多个作业单位参与时，每个作业单位都应有一份安全作业票（或复印件）。

企业应当推广使用电子安全作业票，建设电子安全作业票审批系统，具备作业预约报备、风险数据库、线上会签、电子定位（确保现场审批）、数智分析及归档等功能，提升特殊、非常规作业风险管控效率和水平。

二、动火作业方案

特级动火作业应当编制作业方案，落实安全防火防爆及应急措施。作业方案由作业单位编制，作业所在单位相关部门审查、业务分管领导审批。

（一）作业方案的内容

作业方案包括但不限于以下内容：

——作业概况（动火内容、部位、时间）。

——组织机构与职责。

——作业风险及防控措施。

——作业程序。

——应急处置措施。

——相关附件（工艺流程图、动火部位示意图、能量隔离清单等）。

——审批记录。

（二）作业方案示例

动火作业方案示例见表 2–2。

表 2–2 动火作业方案示例

动火级别： 申报单位： 申报时间：

作业所在单位	
作业单位	
动火部位	
动火原因	
动火种类	
动火时间	计划 年 月 日 时 分至 年 月 日 时 分
编写人	
动火部位示意图	

1. 项目概况

——动火级别判定及判定的依据说明。

——动火作业概况，包括作业现场及周边情况，动火原因、地点、部位及时间等。

——作业内容和动火范围。

2. 人员能力及设备情况

——人员能力描述（相关人员经过动火作业许可专项培训和能力评估，取得相应资格和授权的证明），包括各类人员的职务、职称，特种作业人员持证情况等。

——施工机械、设备、仪器仪表及 QHSE 设施、用品的配备管理情况，包括型号、数量、检测检验及完好情况等。

3. 危害识别与控制

——作业步骤及方法、工艺。

——危害识别与风险分析。

——动火作业前期安全控制措施。

针对分析的风险情况所采取的准备工作和危害消除、替代、降低、隔离、工程管理、减少人员伤害、完善劳动保护设施等安全措施。主要包括但不限于以下内容：

——动火部位容器（管线）油气隔离、清洗、置换、通风情况。

——动火部位油气浓度检测、化验情况。

——动火部位及区域内生产设施的运行安排情况。

——气体检测报警仪、现场消防灭火等其他应急器材配备情况。

——动火部位与其他设施的间距隔离情况。

——入场人员安全教育情况。

——动火相关其他手续办理，如作业涉及受限空间、临时用电等安全作业票。

4. 动火期间安全措施

主要包括但不限于以下内容：

——动火部位油气浓度检测（化验）频次、位置、检测标准。

——根据环境温度变化及施工需要，对动火隔离点、通风情况、作业人员、施工机具等其他特殊要求，如下游隔离点压力变化等。

——动火期间其他相关要求。

5. 消防戒备

——计划用消防戒备车辆种类、数量。

——动火现场灭火器材及其他消防器材的配备情况。

——固定消防设施的运行情况。

——消防水、泡沫液储备情况和消防道路畅通情况。

6. 应急预案

结合现场情况，分析危险危害因素，确定具体应急方案，主要有以下三种（其他情况由各单位补充编写）。可根据现场具体情况进行选择编写：

（1）火灾事故应急预案：

——组织机构。

——相关应急小组职责及应急抢险、救护人员落实情况。

——预案内容，包括具体响应程序，所需物资器材准备情况，应急培训、演练要求等。

——火灾事故应急疏散示意图。

（2）油气泄漏事故应急处置预案：

——组织机构。

——相关应急小组职责及应急抢险、救护人员落实情况。

——预案内容，包括具体响应程序，所需物资器材准备情况，应急培训、演练要求等。

——火灾事故应急疏散示意图。

（3）工伤事故应急处置预案：

——组织机构。

——相关应急小组职责及应急抢险、救护人员落实情况。

——预案内容，包括具体响应程序，所需物资器材准备情况，应急培训、演练要求等。

——火灾事故应急疏散示意图。

7. 施工动火组织

动火现场负责人、监督人及监护人（样板）见表2-3。

表2-3 动火现场负责人、监督人及监护人（样板）

单位		姓名	职务或职称
现场负责人	作业所在单位		
现场作业负责人	作业单位		
属地监督人	作业所在单位		
作业单位监督人	作业单位		
动火作业监护人	作业所在单位		
	作业单位		

8. 作业场点平面布置图

必须标明作业点与周围的设施、建筑距离等。动火作业平面布置如图2-2所示。

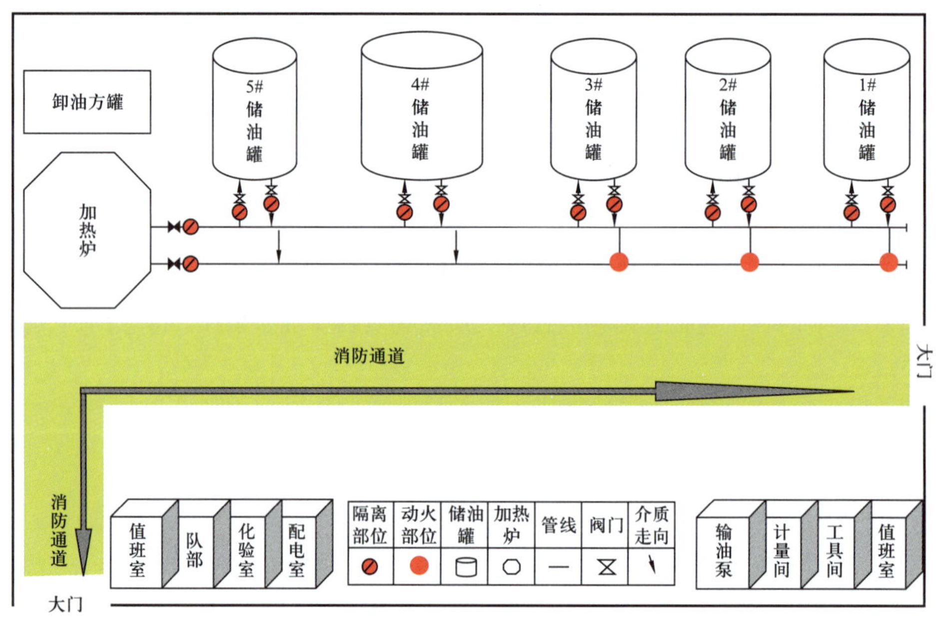

图 2-2 动火作业平面布置

9. 作业单位及作业所在单位审查、审批意见

作业单位及作业所在单位审查、审批意见（样板）见表 2-4。

表 2-4 作业单位及作业所在单位审查、审批意见（样板）

作业单位意见		
作业所在单位意见	技术部门意见：	
	生产运行部门意见：	
	工程管理（作业单位业务主管）部门意见：	
	消防部门意见：	
	安全管理部门意见：	
	分管业务领导审批意见：	分管安全领导审批意见：
	主要领导审批意见：	

三、作业环境要求

动火作业前应对动火点周围或其下方的阀门井、污水井、排污设施、地沟等进行检查，并采取气体检测分析和封堵等措施。

（一）周边环境要求

——动火作业前应当清除距动火点周围5m之内的可燃物质或者用阻燃物品隔离。

——距离动火点10m范围内及动火点下方，不应当同时进行可燃溶剂清洗或者喷漆等作业。

——距动火点15m区域内的漏斗、排水口、各类井口、排气管、地沟等应当封严盖实，不允许排放可燃液体，不允许有其他可燃物泄漏。

——铁路沿线25m以内的动火作业，如遇有装有危险化学品的火车通过或者停留时，应当立即停止。

——距动火点30m内不允许排放可燃气体，不允许有液态烃或者低闪点油品泄漏。

——动火点周围或者其下方的电缆桥架、孔洞、窨井、地沟、水封设施、污水井等，应当检查分析并采取清理或者封盖等措施。

——对于受热分解可产生易燃易爆、有毒有害物质的场所，应当进行风险分析并采取清理或者封盖等防护措施。因条件限制无法满足安全要求时，应当用阻燃物品隔离。

——涉及海上石油设施，应当使用防火材料封堵动火区域，以及附近甲板的泄水孔、开口和开式排放口。

——动火作业区域应当设置灭火器材和警戒，严禁与动火作业无关人员或者车辆进入作业区域。

——必要时，作业所在单位应当协调专职消防队在现场监护，并落实医疗救护设备和设施。

动火作业施工区域与正在运行的生产装置距离不符合安全要求时，应设置防火隔离或采取局部防火措施。施工完毕，应检查清理现场，熄灭火种，切断电源。

如果达不到上述安全距离，可设置隔离带或防火墙。排水口、各类井口、排气管、地沟封闭时，可用石棉布覆盖，然后加盖黄土淋水后拍实。有风天气或高处用火要落实防火石棉板等非燃烧材料作为接火盘，并在盘中铺上一层湿沙子。注意对周围干草、落叶等易燃物的清理，若动火点周围有草坪灯，必须用水浇湿。

（二）气体检测要求

作业前，凡是可能存在缺氧、富氧、有毒有害气体、易燃易爆气体和粉尘的作业，都应进行气体或者粉尘浓度检测，并确认检测结果合格。同时，在安全作业票或者作业方案中注明作业期间检测方式、检测时间和频次。

气体取样和检测分析应当由培训合格的人员进行，取样或检测点应当有代表性，必要时分析样品（采样分析）应保留到动火结束。气体取样和检测分析至少满足以下要求：

——在较长的物料管线上动火，动火前应当在彻底隔绝区域内分段采样分析。

——在管道、储罐、塔器等设备外壁上动火，应当在动火点 10m 范围内进行气体分析，同时还应检测设备内气体含量。

——在设备及管道外环境动火，应当在动火点 10m 范围内进行气体分析。

——每日动火前均应进行气体分析；特级动火作业期间应当进行连续检测。

——在生产、使用、储存氧气的设备上进行动火作业时，设备内氧含量不应超过 23.5%（体积分数）。

——动火作业开始前 30min 内，作业所在单位应当对作业区域或者动火点可燃气体浓度进行检测分析，合格后方可动火。超过 30min 仍未开始动火作业的，应当重新进行检测分析。每日动火前，均应当进行检测分析。

——受限空间动火作业时，作业现场应当配置移动式气体检测报警仪，连续检测受限空间内氧气、可燃气体及有毒有害气体浓度，并 2h 记录 1 次检测数值。

——气体浓度超限报警时，应当立即停止作业、撤离人员。在对现场进行处理，并重新检测合格后方可恢复作业。

动火分析合格判定指标如下：

——采用色谱分析等化验分析方法进行检测时，被测的可燃气体或可燃液体蒸气的爆炸下限大于或等于 4% 时，其被测浓度应不大于 0.5%（体积分数）；当被测气体或者蒸气的爆炸下限小于 4% 时，其被测浓度应不大于 0.2%（体积分数）。

——采用移动式或便携式检测报警仪进行检测时，被测的可燃气体或者可燃液体蒸气的浓度应不大于爆炸下限（LEL）的 10%。

气体检测记录（样板）见表 2–5。

表 2-5 气体检测记录（样板）

作业项目：　　　　　　　　动火地点及动火部位：　　　　　　　　日期：

检测项目及合格标准	结果	时间	测试人	确认人
氧气测试浓度 19.5%～23.5%				
可燃气体浓度<10%（LEL%）				
有毒有害气体浓度（%）				
其他				

四、设备与工器具要求

（一）使用前安全检查

作业前，作业所在单位应当组织作业单位对作业现场及作业涉及的设备、设施、工器具进行检查，并满足以下要求：

——动火作业的施工现场，应按规定配备消防器材，作业现场消防通道、行车通道应当保持畅通，影响作业安全的杂物应当清理干净。

——作业现场的梯子、栏杆、平台、箅子板、盖板等设施应当完整、牢固，采用的临时设施应当确保安全。

——作业现场可能危及安全的坑、井、沟、孔洞等应当采取有效防护措施，并设警示标志；需要检修的设备上的电器电源应当可靠断电，在电源开关处加锁并加挂安全警示牌。

——作业使用的个体防护器具、消防器材、通信设备、照明设备等应当完好。

——作业时使用的脚手架、电气焊（割）用具、手持电动工具等各种工器具符合作业安全要求，超过安全电压的手持式、移动式电动工器具应逐个配置漏电保护器和电源开关。

——设置符合 GB 2894《安全标志及其使用导则》的安全警示标志。

——应急设施配备符合 GB 30077《危险化学品单位应急救援物资配备要求》要求。

——腐蚀性介质的作业场所应在现场就近（30m 内）配备人员应急用冲洗水源。

（二）定置化与目视化

动火作业单位应通过对工器具的定置摆放，进行简单、明确、易于辨别的标识，保证作业现场使用的工器具的放置整齐有序、取用方便、状态完好，避免误操作，确保作业安全。在工器具周围画线或以文字标识，标明其放置的位置，物件移走后，能清楚识别出该位置对应的物件。

——工器具需使用货架存放，按分类有序摆放，每类工器具可画线定位或设立工器具标签（图 2-3），标注工器具大类和工器具清单（包括名称、规格型号、数量等信息）。

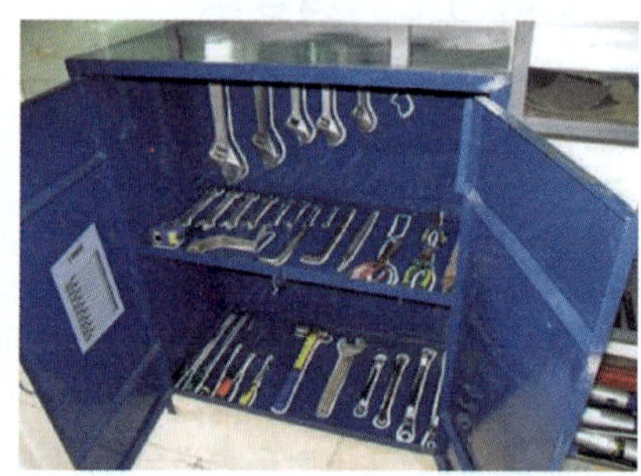

图 2-3　工器具画线定位

——大型工器具（如移动发电机、空压机等），可画线定位，设立责任牌，标注工器具名称、责任人等信息。

——电工工具与其他工具分开摆放，可画线定位或对试验合格的电工工具进行标识。

——安全用具可画线定位或进行文字标识：包括可燃气体检测报警仪、防爆手电、防爆对讲机、急救箱、防火帽、灭火器、手摇报警器等。

——应急工器具（如空气呼吸器等）与其他工器具分开摆放，可画线定位或进行文字标识。

——作业现场使用的车辆（包括厂内机动车、吊车、平台作业车）应根据需要放置在指定的位置，并做出标识（可在周围划线或以文字标识，如车头朝外等），标识应与其对应的物件相符，并易于辨别。

所有工器具启用时必须进行检查，长期使用的工器具应定期检查，确认其完好。检查合格，将有检查日期的不同颜色标签粘贴于工器具的开关或其他明显位置，以确认该工器具合格。按检查时间当时季节刷色环，色环宽度 5～8cm，刷漆或反光膜制作，春天为绿色，夏天为红色，秋天为黄色，冬天为蓝色，如图 2-4 所示。

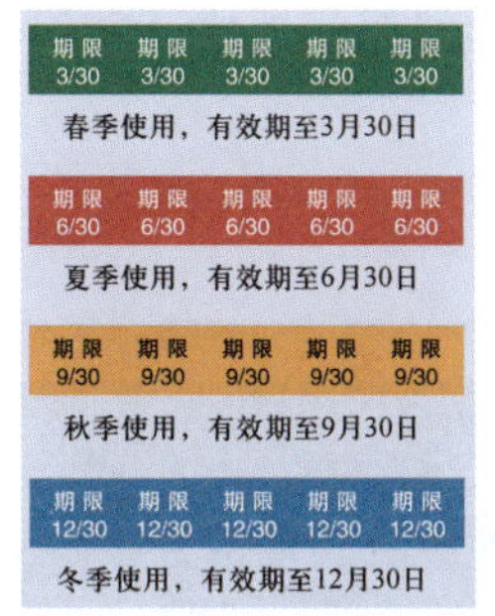

图 2-4 工器具定期检查的目视化

（三）日常保管与检查

设备与工器具的保管、保养、检查、检验应满足以下要求：

——设备与工器具每次使用后应及时清洁、保养。

——手持及小型工器具应放在相应的工器具袋或工器具箱中妥善保管，并保持干燥。

——设备与工器具应由相关人员按要求定期检查，做好标识，记录备案。

——受损或报废后，应由保管部门及时贴上相应标签（注明：待处理或报废）并分开放置。

——对国家规定需要检测、检验的设备和工器具按国家相关规定执行。

——电动、气动和液压工器具必须由具有相应资质的人员每年进行一次检验，做好标识，并记录备案。

五、作业人员资质要求

现场作业人员涉及“特种作业操作证”与“特种设备作业人员证”是两种不同的证件，特种作业操作证由应急管理部门颁发，特种设备作业人员证由市场监督管理部门颁发，证书全国有效。GBZ/T 260《职业禁忌证界定导则》规定的职业禁忌证者不应参与相应作业。

（一）特种作业操作证

为方便确认特种作业人员资质证书的有效性，应急管理部政府网站专门设立“特种作业操作证及安全生产知识和管理能力考核合格信息查询平台”，官网网址为http：//cx.mem.gov.cn/，如图 2-5 所示。提供由应急管理部门及行业管理部门按照国家有关规定经专门的安全作业培训，取得相应资格的特种作业人员操作证信息查询。平台中数据由各省级应急管理部门及行业管理部门提供，如对查询结果存有疑问，请与原发证部门联系。

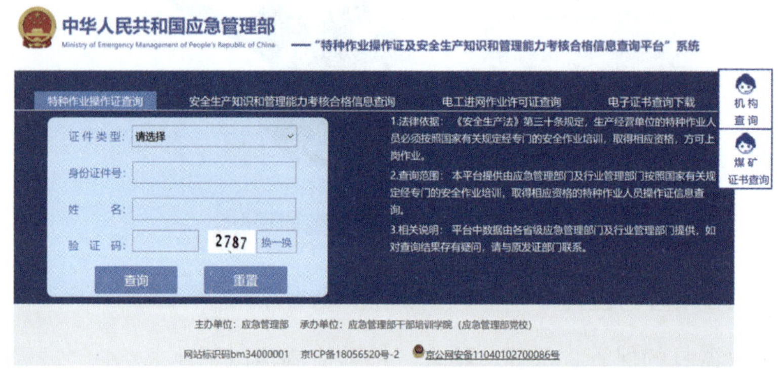

图 2-5　特种作业操作证及安全生产知识和管理能力考核合格信息查询平台

国家安全生产考试公众号二维码

作业过程中涉及的主要特种作业有：电工作业、焊接与热切割作业、登高架设作业、高处安装、维护、拆除作业、危险化学品安全作业等，凡从事特种作业的人员，都应取得相应的特种作业操作证。扫左侧二维码，关注微信公众号“国家安全生产考试”，可通过扫码查询和输入查询证书，本人实名注册后，可登录下载电子证书证。

（二）特种设备作业人员证

为方便确认特种设备作业人员资质证书的有效性，可登录“全国特种设备公示信息查询平台”，网址为 http://cnse.samr.gov.cn/，如图 2-6 所示，在人员公示查询栏查询特种设备作业人员信息。如对查询结果存有疑问，请与原发证部门联系。特种设备作业人员资格认定分类与项目见表 2-6。

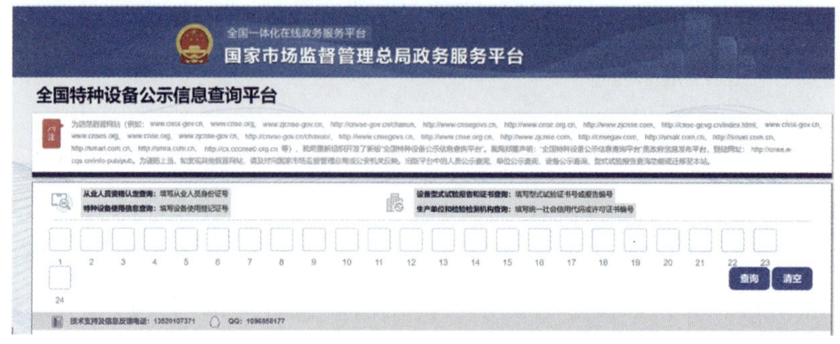

图 2-6　全国特种设备公示信息查询平台

表 2-6 特种设备作业人员资格认定分类与项目

序号	种类	作业项目	项目代号
1	特种设备安全管理	特种设备安全管理	A
2	锅炉作业	工业锅炉司炉	G1
		电站锅炉司炉	G2
		锅炉水处理	G3
3	压力容器作业	快开门式压力容器操作	R1
		移动式压力容器充装	R2
		氧舱维护保养	R3
4	气瓶作业	气瓶充装	P
5	电梯作业	电梯修理	T
6	起重机作业	起重机指挥	Q1
		起重机司机①	Q2
7	客运索道作业	客运索道修理	S1
		客运索道司机	S2
8	大型游乐设施作业	大型游乐设施修理	Y1
		大型游乐设施操作	Y2
9	场（厂）内专用机动车辆作业	叉车司机	N1
		观光车和观光列车司机	N2
10	安全附件维修作业	安全阀校验	F
11	特种设备焊接作业	金属焊接操作	略
		非金属焊接操作	略

① 可根据报考人员的申请需求进行范围限制，具体明确限制为桥式起重机司机、门式起重机司机、塔式起重机司机、门座式起重机司机、缆索式起重机司机、流动式起重机司机、升降机司机。如“起重机司（限桥门式起重）”等。

（三）建筑施工特种作业人员

为方便确认建筑特种作业人员资质证书的有效性，住房和城乡建设部专门设立“全国工程质量安全监管信息公共服务门户”网址为 https：//zlaq.mohurd.gov.cn/，如图 2-7 所示，在“特种作业人员资格信息”栏中进行查询。

图 2-7　全国工程质量安全监管信息平台公共服务门户

建筑施工特种作业包括：建筑电工、建筑架子工、建筑起重信号司索工、建筑起重机械司机、建筑起重机械安装拆卸工、高处作业吊篮安装拆卸工。建筑施工特种作业人员必须经建设主管部门考核合格，取得建筑施工特种作业人员操作资格证书（以下简称“资格证书”），方可上岗从事相应作业。

六、现场人员目视化管理

目视化管理（VCS）是一种看得见的管理，是一目了然的管理，是用眼睛来管理的方法，目的就是要用简单快捷的方法传递、接收信息。人员目视化主要是通过安全帽、工作服、袖标、胸牌等，对不同身份、岗位、类别人员进行辨识区别，通过人员目视化管理能达到控制人员进入场站和现场管理的目的，如图 2-8 所示。

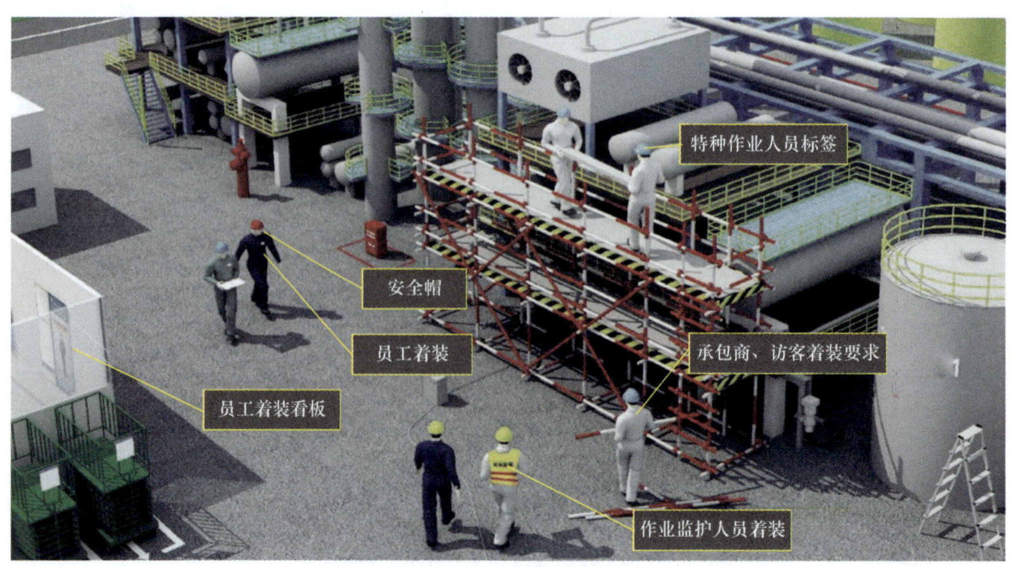

图 2-8　人员目视化示意图

（一）人员身份识别

1. 员工劳保着装

承包商员工和外来人员进入生产作业场所，着装应符合生产作业场所的安全要求。企业内部员工应按照规定着装，穿着企业统一配备的劳保服。承包商员工与企业员工着装颜色应有所区别，用于区分承包商员工与企业内部员工。

2. 入场（厂）许可证

所有人员进入钻井、井下作业、炼化生产区域、油气集输站、油气储存库区、油气净化厂等易燃易爆、有毒有害的生产作业区域应经过安全培训，培训考核合格后方可发予“入场许可证”。长期承包商员工、临时承包商员工及外来人员的入场许可证颜色和信息应有所区别。入场许可证信息可包括：单位、姓名、岗位（工种）、编号，以及本人照片，如图 2–9 所示。

(a) 正面内容

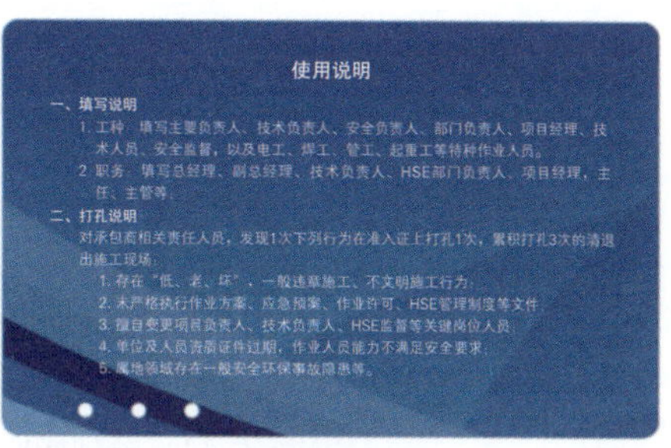

(b) 背面内容

图 2–9　入场（厂）许可证示意图

3. 不同颜色安全帽

所有进入生产场区的人员，包括内部员工、承包商员工进入生产作业场所时必须佩戴安全帽。所有员工按规定佩戴统一着色的安全帽，且安全帽的颜色根据人员性质的不同应有所区别（图 2–10），如：

——企业管理人员佩戴白色安全帽。

图 2–10　不同颜色的安全帽

——安全监管人员佩戴黄色安全帽。

——现场操作人员佩戴红色安全帽。

——承包商所使用安全帽颜色，应不同于内部员工安全帽颜色，具体颜色由各企业自定。

（二）关键岗位标识

从事特种作业的人员应具有有效的国家法定的特种作业资格，并经过作业所在单位岗位安全培训合格，佩戴特种作业资格合格的目视标签，该标签可包括：姓名、工种、特种作业资格证有效期等信息。标签应简单、易懂，不影响正常作业，标签应粘贴于安全帽一侧帽檐上方，如一人同时具备两种或多种资质，标签须粘贴于安全帽的同一侧。

用不同颜色和形状代表不同特种作业以便识别，特种作业人员目视标签式样参考和标签制作的尺寸和效果可参见图 2–11。

图 2–11 特种作业标签尺寸图与效果图

作业单位监护人员和作业所在单位现场监督两种人员由于其特殊性，在动火作业过程中担负监护人员安全和监督作业安全的重要职责，在着装和标识上更应醒目，易于辨识。可选用配反光带的马甲背心或袖标，标有“作业监护”和“属地监督”等文字信息。如属地监督人员着装以红色为主，配黄色反光带，显著位置印制“属地监督”字样。承包商监护人员着装以黄色为主，配灰白色反光带，显著位置印制“作业监护”字样，如图 2–12 所示。

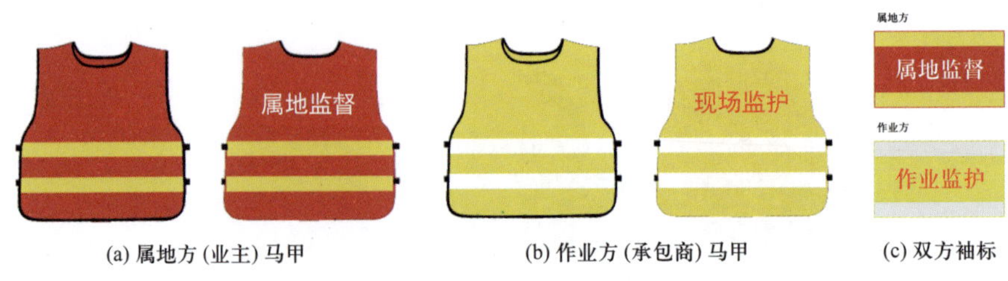

图 2–12 作业监护和属地监督标识方式示例

第四节 动火作业许可管理

作业许可（Permit To Work，PTW）指在从事非常规作业和特殊作业前，为保证作业安全，必须取得授权许可方可实施作业的一种管理制度。作业许可管理以危害识别和风险评估为基础，以落实安全措施，保证持续安全作业为条件。作业许可管理流程主要包括作业许可的申请、作业许可的批准、作业许可的实施、作业许可的取消和关闭等几个主要作业环节，如图 2-13 所示。

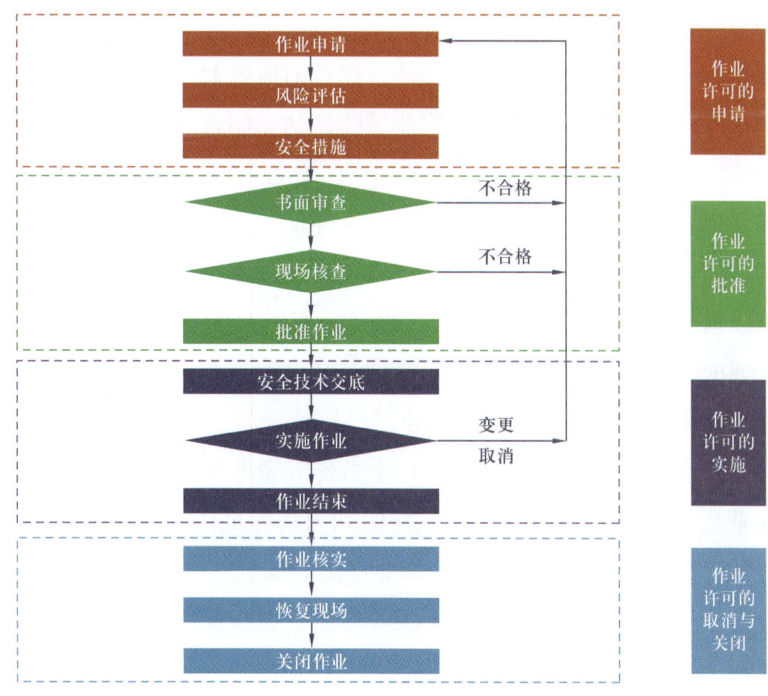

图 2-13 作业许可管理流程

一、作业许可的申请

动火作业许可申请遵循“谁作业，谁申请”的原则，作业申请人作为现场作业负责人应当参与作业许可所涉及的相关工作。同一作业涉及两种或两种以上特殊或者非常规作业时，应同时执行各自作业要求，办理相应的作业审批手续。

（一）推行预约制度

石油石化行业应建立完善作业许可预约制度，推行动火作业预约管理。对所有特殊作业进行预约，包括检维修项目、大检修项目和工程建设项目，以及需要办理安全作业票的动火作业，实施分级审批分级管控。每天实施的特殊作业数量在可管控能力范围之内。

作业所在单位应当至少提前一天向上一级业务部门和安全管理部门报告拟实施的作业项目，包括作业风险和应当采取的安全措施或者作业方案。上一级业务部门和安全管理部门应当评估当日作业量和作业风险，对作业项目的实施做出统筹安排。未获得预约批准的项目不准擅自作业。

（二）开展风险评估

风险评估是作业许可审批的基本条件，作业前应针对作业项目和内容，由作业所在单位组织作业单位及相关方开展作业风险评估，制订安全措施，必要时编制作业方案。

——作业所在单位应针对作业内容、作业环境与作业单位相关人员共同进行风险分析，明确作业活动的工作步骤、存在的风险及危害程度，根据风险分析结果制订相应的控制措施等。

——必要时，作业单位应根据风险评估的结果编制作业方案，对作业过程中评估出的风险，提出针对性的风险控制措施。

——同一作业活动涉及两种或两种以上特殊或者非常规作业时，可统筹考虑作业类型、作业内容、交叉作业界面、工作时间等各方面因素，统一进行风险评估，应同时执行各自作业要求，办理相应的作业审批手续。

这样既利于提高工作效率，又利于统筹考虑各项特殊作业和交叉作业的相互影响，统筹策划、制订和落实风险防控措施。

（三）提出作业申请

作业申请由作业单位的现场作业负责人提出，作业申请人应当组织开展工作前安全分析、制订作业安全措施，与作业所在单位进行沟通，填写安全作业票，提出作业申请，提供以下相关作业许可申请资料：

——动火安全作业票和（或）相关特殊作业的安全作业票。

——风险评估结果，如工作前安全分析（JSA）表。

——安全措施或作业方案。

——必要时，提交施工设计和相关附图等资料，如工艺流程示意图、平面布置示意图等。

（四）落实安全措施

1. 警戒隔离措施

作业所在单位应当尽量减少特殊、非常规作业现场人员，并设置警戒带和围护标牌，围护标牌通过传递危险的具体信息及联系人信息，对有效维持危险隔离区有着重要作用。交叉作业时，需考虑区域隔离。无关人员严禁进入，进入作业现场的人员应当正确佩戴满足相关标准要求的个体防护装备。

2. 设施管线清理

作业前，作业所在单位应当采取措施对拟作业的设备设施、管线进行处理，确保满足相应作业安全要求。对设备、管线内介质有安全要求的作业，应采用倒空、隔绝、清洗、置换等方式进行处理。

3. 能量隔离措施

对具有能量的设备设施、环境应采取可靠的能量隔离措施，包括机械隔离、工艺隔离、电气隔离等，对放射源采取相应安全处置措施。

4. 气体检测措施

作业前，凡是可能存在缺氧、富氧、有毒有害气体、易燃易爆气体和粉尘的作业，都应进行气体或者粉尘浓度检测，并确认检测结果合格。同时，在安全作业票或者作业方案中注明作业期间检测方式、检测时间和频次。

二、作业许可的批准

作业批准人应组织作业申请人和相关方，必要时可组织相关专业人员，共同对作业申请进行书面审查和现场核查。

（一）书面审查

在收到申请人的作业许可申请后，批准人应组织申请人和相关方及有关人员，集中对安全作业票中提出的安全措施、工作方法进行书面审查，识别为高风险作业的，作业批准人呈送所在单位相关负责人审查，书面审查内容主要包括：

——确认作业的详细内容。

——人员资质证书等相关文件。

——确认作业前后应采取的安全措施，包括应急措施。

——确认相关支持文件，包括风险评估、作业方案、作业区域相关示意图等。

——分析评估周围环境或相邻工作区域间的相互影响，并确认安全措施。

——确认安全作业票期限等。

动火期限：特殊动火作业和一级动火作业的安全作业票有效期不超过 8h，二级动火作业的安全作业票有效期不超过 72h。规定期限内没有完成作业，需重新办理审批手续。

（二）现场核查

书面审查通过后，批准人应到安全作业票上所涉及的工作区域实地检查，确认各项安全措施的落实情况。现场检查内容包括但不限于：

——与作业有关的设备、工具、材料等符合情况。

——现场作业人员资质及能力符合情况。

——系统倒空、隔离、清洗、置换、吹扫、检测措施落实情况。

——个人防护装备的配备情况。

——安全消防设施的配备，应急措施的落实情况。

——作业人员、监护人员等各类人员培训、沟通、交底情况。

——作业方案中提出的其他安全措施落实情况，如照明装备和警示标识的设置。

——确认安全设施的完好性。

组织作业人员在作业现场了解和熟悉现场环境，进一步核实安全措施的可靠性，熟悉应急救援器材的位置及分布，掌握正确的使用方法。

（三）作业审批

——现场核查通过之后，作业批准人、申请人和相关各方在安全作业票上签字，作业许可生效，现场可以开始作业；未通过，应当重新办理。

——作业内容、作业方案、作业关键人员或环境条件变化，作业范围扩大、作业地点转移或者超过安全作业票有效期限时，应当重新办理安全作业票。

——如书面审查或现场核查未通过，对查出的问题应记录在案，作业许可申请人应重新申请，重新提交一份带有对该问题解决方案的作业许可申请。

作业许可不仅仅是简单地授权，作业许可得到批准本身也不能保证安全地作业，只有通过接受过相关培训的人员对作业风险进行辨识和控制，并经过现场验收和过程监督后才能确保作业的安全。

（四）审批授权

动火安全作业票应由熟悉作业现场情况，能够提供或者调配风险控制资源的作业区域所在相关责任人签字审批。原则上，作业审批人不准授权，特殊情况下确需授权，应当由具备相应风险管控能力的被授权人审批，但授权不授责。

如实行动火作业授权审批，企业应当明确授权审批的具体条件，被授权人应当具备相应动火作业风险管控能力。作业批准人只能向相关同级人员进行书面授权或者实施升级审批，并与被授权人共同承担动火作业现场安全的主要责任。

安全作业票审批授权的条件，通常可包括如下情况：本人突发疾病不能继续工作的，上级临时安排其他工作或有其他重要事项的，因条件限制本人无法到达作业现场的等。

三、作业许可的实施

作业许可前的准备与实施，以及相关的技术要求，因内容较多，编者单独列了章节进行详细阐述，详见本书的相关章节。

四、作业许可的取消与关闭

（一）作业许可取消

发生下列任何一种情况，作业所在单位和作业单位都有责任立即中止作业，报告批准人，并取消作业许可。

——作业环境、作业条件或者工艺条件发生变化。

——作业内容、作业方式发生改变。

——作业或者监护等现场关键人员未经批准发生变更。

——实际作业与作业计划发生偏离。

——安全措施或者作业方案发生变更或者无法实施。

——发现重大安全隐患。

——紧急情况或者事故状态。

作业批准人和申请人在安全作业票上签字后，方可取消作业许可。需要继续作业的，应当重新办理安全作业票。

当正在进行的工作出现紧急情况或已发出紧急撤离信号时，所有的安全作业票立即失效。安全作业票一旦被取消即作废，重新作业应办理新的安全作业票。

（二）作业许可关闭

作业完毕，作业单位应当清理现场，恢复原状。作业申请人、批准人和相关方应当及时进行现场验收，确认无隐患，并清除所贴挂标识。验收合格并签字后，方可关闭作业许可。

——作业许可关闭前，确认工完、料净、场地清。

——隔离执行人组织锁定人员进行隔离解除并签字确认。

——作业审批人签字确认作业质量合格，具备投、复运条件。

——作业结束后，作业人员应当恢复作业时拆移设施的使用功能，如盖板、栏杆、防护罩，解除相关隔离设施。

——将作业用的工器具、脚手架、临时用电设施等撤离现场，将废弃物、油污等清理干净。

作业许可关闭，确认工作完成、废料清理、工具撤出作业区域，是文明施工和质量控制的最终控制点。但很多单位没有将完工验收的内容真正落实到作业许可关闭环节中，只是在安全作业票上签字，甚至不签字、不关闭。这种虎头蛇尾的做法，可能会使现场遗留问题造成新的安全隐患。

第五节 动火作业其他管理要求

一、动火作业升级管理要求

在对特定时段（异常天气、夜晚、节假日及国家重大活动期间）或特殊情况，应当尽量减少作业数量，必须进行的动火作业活动，要严格升级审批和升级管理。监督人员和审批人员要到现场认真审核，确保作业人员、作业器具符合要求，防范措施落实到位。作业过程中，领导干部要到现场指挥协调，管理部门要到现场检查指导，基层管理人员要到现场带班作业，安全监督人员要巡回检查，确保施工作业全过程受控。特级动火作业由作业所在单位和作业单位实施作业现场“双监护”和视频监控。

（一）升级管理时机

——节假日、公休日、夜间及其他特殊敏感时期或者特殊情况应当尽量减少作业数量，确需作业，应当实行升级管理。

——遇五级风以上（含五级风）天气，禁止露天动火作业。因生产确需动火，动火作业应当升级管理。

特别提醒：夜晚起止时间判定原则上，以自然光是否影响作业光照需求为准，一般可按夏冬两种时间制式进行界定。

（二）升级管理方式

节假日、公休日、夜间及其他特殊敏感时期或者特殊情况，应当尽量减少作业数量，确需作业，应当可采取审批升级、监护升级、监督升级及措施升级等一种或多种方式。其中特级动火作业及情况复杂、风险高的非常规作业，作业所在单位应当有领导人员现场带班。

1. 审批升级

审批升级是指作业许可审批人层级提升，比原始作业许可审批升高一个层次，如原来由二级动火升为一级动火，一级动火升为特级动火。已经是最高审批等级时，就不能再使用审批升级的方式了，可采用监护、监督或措施升级的方式。

2. 监护升级

监护升级是指增加作业监护人员或强化作业监护手段，比如在原来作业单位派出作业监护人员的基础上，由作业所在单位和作业单位实施作业现场“双监护”，或实施视频监控等监护手段。

3. 监督升级

监督升级是指增加监督人员的数量或级别，除增加属地监督人员数量外，还可以让作业申请人、作业批准人、上级安全监督人员或安全管理人员进行作业现场监督。

4. 措施升级

措施升级是指增强和加大风险控制措施的力度。比如采取多重能源隔离措施、持续主动通风、连续气体检测、领导人员现场带班等，其中特级动火作业、一级吊装作业、Ⅳ级高处作业、特殊情况受限空间作业及情况复杂、风险高的非常规作业，作业所在单位应当有领导人员现场带班。

二、严控动火时间和地点

只要作业就有风险，要想彻底消除风险或者减少风险，达到本质安全，只有不实施动火作业或减少动火作业。企业应牢固树立“动火即是隐患”的观念，按照“最后动火”原则，最大限度地减少现场动火作业的时间和频次，才可以最大限度地降低现场风险。

所有用火必须按照“能不动火的坚决不动火”和“凡可动可不动的动火一律不动火，凡能拆下来的设备、管线均应拆下来移到安全地方动火”的原则，设备、工程、生产、安全等专业组织制订替代动火的技术措施，最大限度减少动火。

目前各企业实施的减少现场动火作业的方法，主要是“无动火作业日”“集中动火”“异地动火”等方式，下面简单介绍，以供借鉴。

（一）“无动火作业日”管理

企业每月应由作业所在单位对下月需实施的动火作业进行清理汇总，经上一级的主管领导审核后上报作业专业管理部门（专业管理人员），由动火作业专业管理部门（专业管理人员）组织评估、核实后，确定动火作业计划。动火作业专业职能部门（专业管理人员）应严把用火作业的审批，非必要动火项目一律取消，控制现场动火作业的数量。作业所在单位严格按照下发的动火作业计划组织动火作业。

企业可以根据实际运行及季节天气特点，实行“无动火作业日”管理。按照实际情况，每周选定若干天，实行“无动火作业日”管理，在这个时间段内，停止动火作业，用充分的时间对即将实施的动火作业实施动火前的准备工作，这样可以有效减少装置内动火作业数量，降低动火风险。

（二）“集中动火”管理

企业可根据实际情况，每周确定若干天实施“集中动火”管控。企业应对动火作业做好细致的计划，提前申请动火作业，并充分做好各项准备工作。动火作业专业管理部门（专业管理人员）按照各单位所申报的计划，统筹安排动火作业，做到步步有确认。

“集中动火”作业开展前，由作业所在单位与施工作业单位一起实施动火前安全分析（JSA），编制动火作业计划书（作业方案），提前对人员资质实施确认、对准备使用的施工机具材料实施确认、对现场作业安全条件进行确认，将集中动火前的准备工作落实充分，确保动火作业高效实施。

企业应做好集中动火的统筹安排，同一区域的相关动火作业，集中动火资源、集中动火点，尽可能一次性组织完成，提高动火作业效能。“集中动火”当天，各级管理人员和岗位操作人员集中力量有步骤、按计划进行全过程监控，确保用火作业的安全实施。企业应对每日动火安全作业票限定最后签发时间，安全监管部门（安全监督人员）加强监督检查，对发现的问题落实通报、考核，督促属地高效组织动火作业。

（三）“异地动火”管理

动火作业专业管理部门（专业管理人员）可以设置“异地动火”指标，将指标纳入施工合同内容，加大场外动火作业预制作业量，合理组织场外预制，激励施工单位增加异地动火，尽可能地减少现场动火作业次数、时间，降低现场动火风险。

施工作业单位在作业计划书编制时，应和作业所在单位专业人员充分讨论，仔细核对动火作业内容，尽可能增加场外预制，提高场外预制深度，能拆卸下来的部件，尽量拆卸后离开装置区动火，减少装置现场动火作业量。

安全监管部门（安全监督人员）加强动火作业监督管理，对于可以在场外预制动火却在现场动火的，加大对作业所在单位和施工作业单位通报力度，对作业所在单位实施考核追责，并按照施工合同约定内容对施工方进行处罚，督促异地动火落实。

企业可将“无动火作业日”“集中动火”“异地动火”管控指标纳入作业所在单位的安全绩效评价，以正向激励为导向，鼓励作业所在单位积极参与。定期统计讲评各单位“无动火作业日”“集中动火”“异地动火”管控实施情况，奖优罚劣，不断推进，最大程度地减少动火风险。

参考文献

[1]《中国石油天然气集团有限公司作业许可安全管理办法》(质安〔2022〕22号).

第三章　动火作业安全技术

为了辨识作业过程中的危害，制订有效控制措施，避免事故发生，所有参与动火作业的各类人员都应具有相应风险分析与控制的能力，必须了解和熟悉作业现场的安全状况。根据能量意外释放和转移理论，任何事故的发生都是某些失控能量和危险物质作用的结果，消除触发事故的能量和危险物质是防止事故发生的关键所在。因此，做好各类风险辨识、工艺处理、能量隔离、气体检测、个体防护、过程安全和环境措施控制是动火作业风险控制的重点，也是防止事故发生的最基本的安全技术手段和方法。

第一节　动火作业风险辨识方法

动火作业前应由作业所在单位组织作业单位及相关方，针对作业项目和内容，开展作业风险评估，制订安全措施，必要时编制作业方案。风险辨识和评价的工具方法有多种，其中适用于动火作业活动的工具方法主要是工作前安全分析（Job Safety Analysis，JSA）。该方法从安全角度来设计、计划一项工作，将工作分解成不同的步骤或子任务，然后识别每一步骤或子任务中的危害，进行相应风险评估，如果风险不能接受，则需采取安全的方法和措施来降低风险，达到可接受的程度，从而防止事故或伤害发生。

一、任务勘查

工作前安全分析（JSA）开始前，应结合具体作业任务进行现场勘查，由作业区域所在单位向作业单位进行任务交底，主要考虑以下问题：

（1）本次工作任务的目的是什么？

（2）实施此项工作任务的关键环节是什么？

（3）以前此项工作任务中出现过什么问题和事故？

（4）谁来完成此项任务？他们是否有足够的知识技能？

（5）这个工作任务什么时候开始？是否可以改在其他时间进行（如系统停产

时）进行？

（6）什么时候实施该作业，白天还是晚上（照明、人员疲劳的影响）？哪个季节（天气和气候的影响）？

（7）本次作业许可中包括哪些特殊作业类型？

（8）是否有严重影响本工作任务安全的交叉作业（工作范围或相邻区域其他作业）？

（9）这个工作任务的具体地点在哪里？是否可以转移到一个安全的地点完成？

（10）工作环境、空间、光线、空气流动、出口和入口等。

（11）是否有紧急救援预案（特别是对于受限空间作业和管线打开作业）？

（12）是否有其他重要的人为因素（如：新的或不熟悉的设备、缺乏经验的员工）？

（13）是否可以明显看出完成本作业任务根本没有安全保障，因而应该放弃？

二、JSA 分析基本步骤

（一）作业活动步骤分解

作业活动步骤的分解是最为关键的一步，是做好 JSA 分析的基础和前提。如步骤分解过于简单、粗放，将直接导致 JSA 分析的使用效果欠佳。划分作业活动步骤应由有工作经验并能完整辨识整个作业过程的人来完成。

1. 步骤分解

按工作先后顺序把一项作业分成几个工作步骤，每一步骤都应是作业活动的一部分，都要具体而明确。在进行工作任务或作业活动步骤分解时，应注意步骤划分不宜太笼统，否则会遗漏一些步骤及与之相关的危害；步骤划分也不宜太细，避免因步骤过多，使分析变得繁琐。

一项作业活动的步骤一般为 3～8 步，并给每个步骤编号，如作业活动基本步骤划分超过 10 步，则需要将该作业分为不同的作业阶段，并分别做不同阶段的工作前安全分析。应和参与作业的人员或曾经做过类似作业的人员组成 JSA 分析小组，讨论工作步骤是否恰当，并达成一致意见。

2. 注意事项

（1）保持各个步骤正确的顺序。顺序改变后的步骤，在危害分析时有些潜在的危害可能不会被发现，也可能增加一些实际并不存在的危害。也应考虑因前一步工作没有做到位，可能对下一步工作带来的风险。

（2）不要把控制措施纳入步骤。在作业步骤划分时，应注意避免将进行作业活动时所需采取的安全控制措施列入，如：佩戴防护用品、办理动火安全作业票、上锁挂牌等。注意：实际的工作步骤与 JSA 分析分解时的步骤会存在不同。

（3）以危害因素变化为分界点。在作业步骤分解时，不是以步骤的长短和难易程序来划分的，而是要看步骤包含的危害因素有没有出现变化，如果前后的危害因素不同，这时就应该分解为不同的步骤。

（4）危害因素相同的步骤可合并。如果作业步骤的工作内容相似，危害因素和控制措施完全相同，这些步骤可以合并在一起，这些危害因素识别一次就够了，以简化分析的工作量。

（5）判明每一作业步骤涉及的人、机、料、法、环境。步骤分析时，要明确要工作的对象、涉及的物料介质、要使用的设备、明确每一步骤所涉及的人员，并且清楚作业现场周围的环境状况。

3. 步骤的描述

把正常工作分解为几个主要步骤，按照顺序在 JSA 分析表中记录每一步骤，只需说明是做什么，而不是怎样做、如何做。步骤的描述，语言要简练，保证用最少的字数，一般用几个字的动宾短语，即“一个动词 + 一个名词”，如：焊接管线、安装设备等，不能用动宾短语描述的，也可用含有动词的短句。应特别注意的是，在 JSA 分析时，在没有完整列出作业步骤之前，不要急于跳到“危害因素”等后面其他内容中去讨论。

（二）辨识危害因素

辨识危害因素和评估风险需要一定的知识和工作经验，不是非要专家或者教授来做，而是作业人员自己的事情，也就是说，辨识危害因素和评估风险是每个作业人员工作的一部分。针对每个作业步骤，辨识危害因素时，首先应该思考的问题是可能会出现什么样的伤害或事故，对于每一步骤都要问可能发生什么事，给自己提出问题。

（1）可能会出现什么异常或问题？

（2）异常或问题可能导致什么样的后果？

（3）产生异常或出现问题的原因是什么？

（4）其他起作用的因素还有什么？

（5）谁或什么东西会受到伤害？

大量事故统计分析显示，伤害基本上都来自以下几个方面。在每个 JSA 危害因素中必须确定作业人员是不是下列事件的受害者：

（1）被碰撞：受到外来物（动能）的碰撞。

（2）碰撞到：行动的人碰撞到物件。

（3）夹住：体位不当或肢体进入机械被夹。

（4）接触到：危险品、锐物、热（冷）物、电等。

（5）被触及：危险品、锐物、热冷、电、辐射。

（6）被钩住：人运动或物运动被钩挂。

（7）陷入：掉入、踩入、被关入等。

（8）跌倒：滑倒、挂倒、碰倒、失足等。

（9）跌落：失控、失足、被外力推落等。

（10）用力过度：采取不安全姿势或位置用力，或为阻挡运动的物件，造成内伤、扭伤等。

（11）暴露：暴露在辐射、气体、蒸汽、烟雾、灰尘、高温、寒冷、缺氧和噪声等环境中。

在开展 JSA 分析活动过程中，能认识到上述伤害的来源是辨识危害因素的基础，也有利于提高 JSA 分析小组人员、作业人员及现场相关管理人员对潜在危害的警觉性。

辨识到存在的风险和可能的伤害事故，再进一步考虑可能导致或引发事故的“物、人、管理和环境”等方面的因素，辨识各作业步骤潜在危害因素，如设备、管道及所在的系统实施动火作业时，可从以下几个主要方面的提示入手：

（1）设备、管道所在系统物料介质是否完成有效泄压倒空、吹扫置换？

（2）是否对相互连通的设备、管道所在系统采取了有效的能量隔离？

（3）作业人员是否可能接触灼热物质、有毒物质或腐蚀物质？

（4）距离动火点 15m 范围内所有地漏、排水口、水封井、阀门井、排气管、地沟等是否已封严盖实？有无其他可燃物泄漏和暴露？

（5）有无按要求进行气体检测分析，气体检测分析有无代表性？

（6）机具设备是否完好？乙炔瓶、氧气瓶摆放距离是否满足要求？有无落实防暴晒、防倾倒措施？

（7）特殊工种人员是否持资格证？作业人员是否完成安全交底？

（8）是否穿着个体防护服或佩戴了合适的个体防护用品？

（9）是否存在照明问题？

（10）天气状况是否可能对安全造成影响？作业者是否可能暴露于极热或极冷的环境中？是否落实防滑跌、防冻、防晒等措施？

辨识危害因素的过程，是对 JSA 分析小组人员平时工作中对危害因素认识是否正确、全面的一个检验，也是促进分析人员风险辨识水平提高的一个过程。对于每个人，无论是作业人员、专业技术人员，还是安全管理人员，知识和经验再丰富，都是有一定的局限性和片面性，不可能在较短时间将所有危害因素一一辨识出来。因此，进行 JSA 分析时，要坚持集体讨论，鼓励在该方面有经验的人首先发言，然后小组其他人对此作出肯定、否定、补充完善的意见和建议。

（三）安全风险评估

针对每个作业步骤，辨识出危害因素后，应对潜在危害的关键活动或重要步骤进行风险评估，根据判别标准确定初始风险等级和风险是否可接受。进行工作前安全分析时，风险评估宜使用半定量的风险矩阵法或 LEC 风险分析法。

1. 风险矩阵法

风险评估矩阵（Risk Assessment Matrix，RAM）是一种能够综合评估危险发生的概率和伤害的严重程度的定性的风险评估分析方法。风险矩阵图是风险评估矩阵（RAM）使用过程中所参照的图表。风险矩阵法是一种风险可视化的工具，在国际石油企业内被广泛应用，也是本书推荐使用的方法。

1）风险矩阵表

在确定风险概率和事故后果严重程度的基础上，明确风险等级划分标准，建立风险矩阵。用事故发生概率与事故后果严重程度作图画出折线，与其所导致的风险等级相对应，再分别用不同的阴影区域表示，风险矩阵示例见表 3-1。

2）风险等级划分

风险等级划分标准见表 3-2。

表 3-1 风险矩阵表

事故发生概率等级						
事故发生概率等级	5	Ⅱ 5	Ⅲ 10	Ⅲ 15	Ⅳ 20	Ⅳ 25
	4	Ⅰ 4	Ⅱ 8	Ⅲ 12	Ⅲ 16	Ⅳ 20
	3	Ⅰ 3	Ⅱ 6	Ⅱ 9	Ⅲ 12	Ⅲ 15
	2	Ⅰ 2	Ⅰ 4	Ⅱ 6	Ⅱ 8	Ⅲ 10
	1	Ⅰ 1	Ⅰ 2	Ⅰ 3	Ⅰ 4	Ⅱ 5
风险矩阵		1	2	3	4	5
		事故后果严重程度等级				

注 1：风险 = 事故发生概率 × 事故后果严重程度。

注 2：风险矩阵中风险等级划分标准见表 3-2，事故发生概率等级见表 3-3，事故后果严重程度等级见表 3-4。

表 3-2 风险等级划分标准

风险等级	分值	描述	需要行动	改进建议
Ⅳ级风险（重大风险）红色	20≤Ⅳ级≤25	严重风险（绝对不能容忍）	必须通过工程和 / 或管理、技术上的专门措施，限期（不超过六个月内）把风险降低到级别Ⅱ或以下	需要并制订专门的管理方案予以削减
Ⅲ级风险（较大风险）橙色	10≤Ⅲ级≤16	高度风险（难以容忍）	应通过工程和 / 或管理、技术上的专门措施，在一个具体的时间段（12 个月内）把风险降低到级别Ⅱ或以下	需要并制订专门的管理方案予以削减
Ⅱ级风险（一般风险）黄色	5≤Ⅱ级≤9	中度风险（在控制措施落实的条件下可以容忍）	具体依据成本情况采取措施。需要确认程序和控制措施已经落实，强调对它的维护工作	个案评估，评估现有控制措施是否均有效
Ⅰ级风险（低风险）蓝色	1≤Ⅰ级≤4	可以接受	不需要采取进一步措施降低风险	不需要，可适当考虑提高安全水平的机会（在工艺危害分析范围之外）

3）事故发生概率

事故发生概率见表 3-3。

4）事故后果严重程度

事故后果严重程度见表 3-4。

表 3-3 事故发生概率

概率等级	硬件控制措施	软件控制措施	概率说明 年
1	1. 两道或两道以上的被动防护系统，互相独立，可靠性较高。 2. 有完善的书面检测程序，进行全面的功能检查，效果好，故障少。 3. 熟悉掌握工艺，过程始终处于受控状态。 4. 稳定的工艺，了解和掌握潜在的危险源，建立完善的工艺和安全操作规程	1. 清晰、明确的操作指导，制定了要遵循的纪律，错误被指出并立刻得到更正，定期进行培训，内容包括正常、特殊操作和应急操作程序，包括了所有的意外情况。 2. 每个班组都有多个经验丰富的操作工。理想的压力水平。所有员工都符合资格要求，员工爱岗敬业，清楚了解并重视危害因素	现实中预期不会发生（在国内行业内没有先例）。10^{-4}
2	1. 两道或两道以上，其中至少有一道是被动和可靠的。 2. 定期的检测，功能检查可能不完全，偶尔出现问题。 3. 过程异常不常出现，大部分异常的原因被弄清楚，处理措施有效。 4. 合理的变更，可能是新技术带有一些不确定性，高质量的工艺危害分析	1. 关键的操作指导正确、清晰，其他的则有些非致命的错误或缺点，定期开展检查和五评审，员工熟悉程序。 2. 有一些无经验人员，但不会全在一个班组。偶尔短暂的疲劳，有一些厌倦感。员工知道自己有资格做什么和自己能力不足的地方，对危害因素有足够认识	预期不会发生，但在特殊情况下有可能发生（国内同行业有过先例）。10^{-3}～10^{-4}
3	1. 一个或两个复杂的、主动的系统，有一定的可靠性，可能有共因失效的弱点。 2. 不经常检测，历史上经常出问题，检测未被有效执行。 3. 过程持续出现小的异常，对其原因没有全搞清楚或进行处理。较严重的过程（工艺、设施、操作过程）异常被标记出来并最终得到解决。 4. 频繁的变更或新技术应用，工艺危害分析不深入，质量一般，运行极限不确定	1. 存在操作指导，没有及时更新或进行评审，应急操作程序培训质量差。 2. 可能一个班组半数以上都是无经验人员，但不常发生。有时出现短时期的班组群体疲劳，较强的厌倦感。员工不会主动思考，员工有时可能自以为是，不是每个员工都了解危害因素	在某个特定装置的生命周期里不太可能发生，但有多个类似装置时，可能在其中的一个装置发生（集团公司内有过先例）。10^{-2}～10^{-3}
4	1. 仅有一个简单的主动的系统，可靠性差。 2. 检测工作不明确，没检查过或没有受到正确对待。 3. 过程经常出现异常，很多从未得到解释。 4. 频繁的变更及新技术应用。进行的工艺危害分析不完全，质量较差，边运行边摸索	1. 对操作指导无认知，培训仅为口头传授，不正规的操作规程，过多的口头指示，没有固定规程的操作，无应急操作程序培训。 2. 员工周转较快，个别班组一半以上为无经验的员工。过度的加班，疲劳情况普遍，工作计划常常被打乱，士气低迷。工作由技术有缺陷的员工完成，岗位职责不清，员工对危害因素有一些了解	在装置的生命周期内可能至少发生一次（预期中会发生）。10^{-1}～10^{-2}

续表

概率等级	硬件控制措施	软件控制措施	概率说明年
5	1. 无相关检测工作。 2. 过程经常出现异常，对产生的异常不采取任何措施。 3. 对于频繁地变更或新技术应用，不进行工艺危害分析	1. 对操作指导无认知，无相关的操作规程，未经批准进行操作。 2. 人员周转快，装置半数以上为无经验的人员。无工作计划，工作由非专业人员完成，员工普遍对危害因素没有认识	在装置的生命周期内可能至少发生一次（预期中会发生） 在装置生命周期内经常发生。$>10^{-1}$

表 3-4　事故后果严重程度

严重程度	员工伤害	财产损失	环境影响	声誉
1	造成 3 人以下轻伤	一次造成直接经济损失人民币 1000 元以上，10 万元以下	事故影响仅限于生产区域内，没有对周边环境造成影响	负面信息在集团公司所属企业内部传播，且有蔓延之势，具有在集团公司范围内部传播的可能性
2	造成 3 人以下重伤，或 3 人以上，10 人以下轻伤	一次造成直接经济损失人民币 10 万元以上，100 万元以下	造成或可能造成大气环境污染，需疏散转移 100 人以下	负面信息尚未在媒体传播，但已在集团公司范围内部传播，且有蔓延之势，具有媒体传播的可能性
3	一次死亡 3 人以下，或者 3 人以上、10 人以下重伤，或者 10 人以上轻伤	一次造成直接经济损失人民币 100 万元以上 1000 万元以下	1. 造成或可能造成大气环境污染，需疏散转移 100 人以上、500 人以下。 2. 造成或可能造成跨县（市）级行政区域纠纷。 3. Ⅳ类、Ⅴ类放射源丢失、被盗、失控。 4. 环境敏感区内油品泄漏量 1t 以下，或非环境敏感区油品泄漏量 5t 以上、10t 以下	1. 引起地（市）级领导关注，或地（市）级政府部门做出批示。 2. 引起地（市）级主流媒体负面影响报道或评论。或通过网络媒介在可控范围内传播，造成或可能造成一般社会影响。 3. 媒体就某一敏感信息来访并拟报道。 4. 引起当地公众关注

续表

严重程度	员工伤害	财产损失	环境影响	声誉
4	一次死亡3人以上、10人以下，或者10人以上，50人以下重伤	一次造成直接经济损失人民币1000万元以上、5000万元以下	1. 造成或可能造成河流、沟渠、水塘、分散式取水口等水体大面积污染。 2. 造成乡镇以上集中式应用水水源取水中断。 3. 造成基本农田、防护林地、特种用途林地或其他土地严重破坏。 4. 造成或可能造成大气环境污染，需疏散转移500人以上、100人以下。 5. 造成或可能造成跨地（市）级行政区域纠纷。 6. Ⅲ类放射源丢失、被盗或失控。 7. 环境敏感区内油品泄漏量1t以上、10t以下，或非环境敏感区内油品泄漏量10t以上、100t以下	1. 引起省部级或集团公司领导关注，或省级政府部门领导做出批示。 2. 引起省级主流媒体负面影响报道或评论。或引起较活跃网络媒介负面影响报道或评论，且有蔓延之势，造成或可能造成较大社会影响。 3. 媒体就某一敏感信息来访并拟重点报道。 4. 引起区域公众关注
5	一次死亡10人以上、30人以下，或者50人以上、100人以下重伤	一次造成直接经济损失人民币5000万元以上、1亿元以下	1. 造成或可能造成饮用水源、重要河流、湖泊、水库及沿海水域大面积污染。 2. 事件发生在环境敏感区，对周边自然环境、区域生态功能或濒危物种生存环境造成或可能造成重大影响。 3. 造成县级以上城区集中式饮用水水源取水中断。 4. 造成基本农田、防护林地、特种用途林地或其他土地基本功能丧失或遭受永久性破坏。 5. 造成或可能造成区域大气环境严重污染，需疏散转移1000人以上。 6. 造成或可能造成跨省级行政区域纠纷。 7. Ⅰ类、Ⅱ类放射源丢失、被盗或失控。 8. 环境敏感区内油品泄漏量10t以上，或非环境敏感区内油品泄漏量100t以上	1. 引起国家领导人关注，或国务院、相关部委领导做出批示。 2. 引起国内主流媒体或境外重要媒体负面影响报道或评论。极短时间内在国内或境外互联网大面积爆发，引起全网广泛传播并迅速蔓延，引起广泛关注和大量失控转载。 3. 媒体来访并准备组织策划专题或系列跟踪报道。 4. 引起国际或全国范围公众关注

注："以上"包括本数，所称的"以下"不包括本数。

风险评估矩阵（RAM）优点较为突出，主要是领会其基本的工作思路，企业可结合自身的特点对评价方法中的各类定义与分级，进行适当的调整，制订出最适合企业实际的方法。需要强调的是评价人员的能力和经验比任何方法更重要，评价方法要在简洁、易学、易懂、易会的基础上，再求尽可能地准确和结合实际，不要一味追求评价方法的精确、复杂，再精确的方法如果企业员工学不会，掌握不了，也是没有什么实际意义的。

2. LEC 风险分析法

LEC 风险分析法是一种简便易行的、对具有潜在危险性的作业条件进行危险分析的评价方法，在进行工作前安全分析时也常用到。该方法采用与系统风险有关的三种因素的指标值之乘积来评价系统中人员伤亡风险大小。这三种因素分别是：*L* 为事故发生的可能性大小，*E* 为人员暴露于危险环境的频繁程度，*C* 为一旦发生事故可能造成后果的严重性。风险分值 $D=L\times E\times C$。*D* 值越大，说明该系统危险性大，需要增加安全措施作业，或改变发生事故的可能性，或减少人体暴露于危险环境中时的频繁程度，或减轻事故损失，直至调整到允许范围内。LEC 分析法三种因素赋值及风险值对照标准见表 3-5。

表 3-5 LEC 因素赋值及风险值对照表

事故发生的可能性（*L*）			
分数值	事故发生的可能性	分数值	事故发生的可能性
10	完全可以预料（1 次 / 周）	0.5	很不可能，可以设想（1 次 /20 年）
6	相当可能（1 次 /6 个月）	0.2	极不可能（1 次 / 大于 20 年）
3	可能，但不经常（1 次 /3 年）	0.1	实际不可能
1	可能性小，完全意外（1 次 /10 年）		
人员暴露于危险环境中的频繁程度（*E*）			
分数值	人员暴露于危险环境中的频繁程度	分数值	人员暴露于危险环境中的频繁程度
10	连续暴露	2	每月一次暴露
6	每天工作时间内暴露	1	每年几次暴露
3	每周一次或偶然暴露	0.5	非常罕见的暴露（<1 次 / 年）
发生事故可能造成的后果的严重性（*C*）			
分数值	发生事故可能造成的后果	分数值	发生事故可能造成的后果
100	大灾难，许多人死亡，或造成重大财产损失	7	严重，重伤，造成较小的财产损失（损工事件 -LWC）
40	灾难，数人死亡，或造成一定的财产损失	3	重大，致残，或很小的财产损失（医疗处理事件 -MTC，限工事件 -RWC）
15	非常严重，一人死亡，或造成一定的财产损失	1	引人注目，不利于基本的安全健康要求（急救事件 -FAC 以下）

续表

根据风险值 D 进行风险等级划分		
分数值	风险级别	危险程度
＞320	5	极其危险，不能继续作业（立即停止作业）
160～320	4	高度危险，需立即整改（制订管理方案及应急预案）
70～159	3	显著危险，需要整改（编制管理方案）
20～69	2	一般危险，需要注意
＜20	1	稍有危险，可以接受

注：LEC 法，危险等级的划分都是凭经验判断，难免带有局限性，应用时要根据实际情况进行修正。

工作前安全分析时，应由风险评价小组共同确定每一危险因素的 LEC 各项分值，然后再以三个分值的乘积来评价作业条件危险性的大小，即 $D=L\times E\times C$。将 D 值与危险性等级划分标准中的分值进行比较，进行风险等级的划分，若 D 值大于 70 分，则应定为重大风险，必须通过有针对性的重点管理，制订管理方案及应急措施，提高管控级别，才能安全平稳地完成此次施工作业。

三、风险控制方法

危害因素辨识、风险评价是风险管理的基础，风险控制才是风险管理的最终目的。风险管控措施是为将风险降低至可接受程度，采取的相应消除、隔离、控制的方法和手段。

（一）ALARP 原则

以最少的消耗达到最优的安全水平。对于风险评价与风险控制，人们往往认为风险越小越好，实际上这是一个错误的概念。减少风险要付出代价，无论是采取措施降低其发生的可能性还是减少其后果可能带来的损失，都要投入资金、技术和人力。通常的做法是将风险限定在一个合理、可接受的水平上，根据影响风险的因素，经过优化，寻求最佳的投资方案。“风险与效益间要取得平衡”“不接受不可允许的风险”“接受合理的风险”“合理实际并尽可能低”等这些都是风险接受的原则。

“合理实际并尽可能低（As Low As Reasonably Practicable，ALARP）原则”，是指风险削减程度与风险削减过程的时间、难度和代价之间达到平衡。当系统的风险水平越低时，要进一步降低就越困难，其成本往往呈指数曲线上升。也可以这样说，安全改进措施投资的边际效益递减，最终趋于零，甚至为负值。实际上，风险水平和成本之间需作出一个折中，因此，“ALARP 原则”也称作“二拉平原则”。ALARP 原则内涵可用图 3-1 来表示。

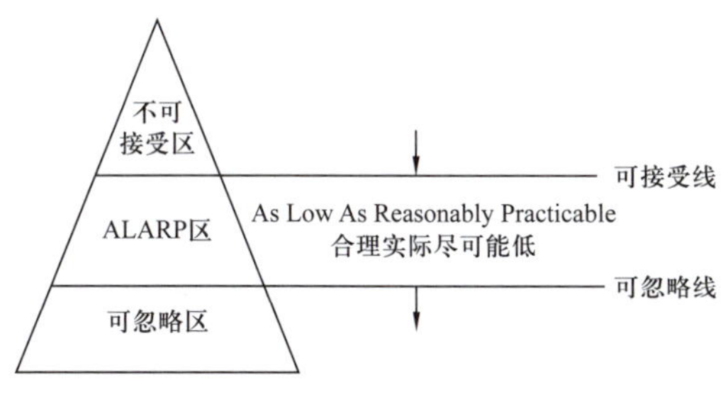

图 3-1　ALARP 原则（也叫作二拉平原则）

如果所评价出的风险指标在不可接受线之上，则落入不可接受区。此时，该风险是无论如何不能被接受的，应立即采取风险削减、控制和应急措施，使其逐步降低至可接受的程度，最终落入“可接受区”。

如果所评出的风险指标在可忽略线和不可接受线之间，则落入“可接受区”，此时的风险水平符合“ALARP 原则”。如果能够证明进一步增加安全措施投入对风险水平降低贡献不大，则风险是“可接受的”，即可以允许该风险的存在，以节省一定的成本。而且是员工在心理上愿意承受该风险，并具有控制该风险的信心。但是“可接受”并不等同于“可忽略”，在经济合理的条件下尽可能地采取必要的预防和控制措施，力求做到“合理实际并尽可能低”。如果所评出的风险指标在可忽略线之下，则落入可忽略区。此时，该风险是可以被接受的，无需再采取安全改进措施。

（二）措施制订和实施

针对辨识出的每一项风险，要从工程技术、安全管理、教育培训、个体防护和应急处置等方面综合考虑，通过消除、终止、替代、隔离等工程技术措施消减风险或采用监控管理手段监控风险，确保每一项安全风险控制在可接受范围内。在风险评价和风险等级判定的同时，应对每一项风险的现有控制措施进行评审，确定其是否有效可行，及时整改或提出改进措施，降低风险。

在制订拟增补的风险控制措施时，应考虑措施的可行性、安全性、可靠性。依据风险评估结果，这些增补措施可通过以下手段进行落实：

（1）修订和完善企业安全生产管理规章制度。

（2）修订和完善现有岗位操作规程。

（3）修订和完善基层岗位安全检查表。

（4）修订和完善现场应急处置预案和岗位应急处置程序（处置卡）。

（5）修订和落实岗位安全生产责任。

（6）修订和完善岗位培训矩阵的培训内容。

（7）必要时，纳入事故隐患进行整改和治理等。

根据工作实际要求和职责分工，定期对风险管控措施和责任落实情况进行检查，日常管理中也可通过对相关单位、责任人通过查阅相关记录、抽样检查、访谈等方式，对其安全风险管控认知、岗位风险识别、管控措施落实等方面进行检查，确保风险管控措施落到实处，避免出现重形式、轻实效的问题。对检查结果进行考核，并督促受检查单位对发现问题进行整改。

（三）风险控制的层次

危害因素辨识、风险评价是风险管控的基础，风险控制才是风险管控的最终目的。风险控制就是要在现有技术、能力和管理水平上，以最少的消耗达到最优的安全水平。在选择风险控制措施时，应考虑控制措施的优先顺序。首先考虑的是如何消除风险，不能消除的情况下考虑如何降低风险，不能降低的情况下考虑采取个体防护，图 3-2 是风险控制措施优先次序示意图。当然，所采取的有些风险控制措施会带来新的风险，其中有些甚至是致命的。因此，在制订措施时要充分考虑到这一点。

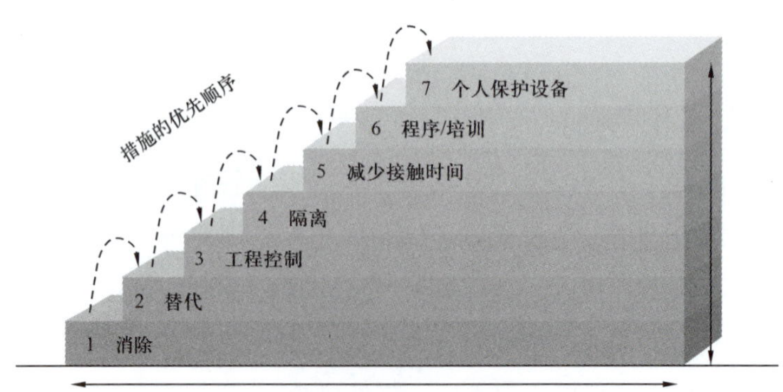

图 3-2　风险控制措施选择优先次序图

1. 消除

从根本上消除危害因素，这是风险控制的最优选择。如果可能，应完全消除危害或消灭风险的来源，做到本质安全。该工作任务必须做吗？对于存在严重危害因素的场所，是否可以用机械装置、自动控制技术取代手工操作？如使用机器人进行清罐作业。

2. 替代

当危害因素无法根除时，可以用其他替代品来降低风险，如使用低压电器替代常压电器，使用冷切割代替气割，用安全物质取代危险物质，使用危害更小的材料或者工艺设备，减少物件的大小或重量等。

3. 工程控制

通过危险最小化设计减少危险或者使用相关设施降低风险。如下：

（1）局部通风：对拟进入的受限空间进行自然通风或强制通风。

（2）安全防护：消除锋利的棱边、锐角、尖端和出现缺口、破裂表面带来伤害的可能性，即可大大防止皮肤割破、擦伤和刺伤类事故。

（3）替换：在填料、液压油、溶剂和电绝缘等类产品中使用不易燃的材料，即可防止发生火灾；用气压或液压系统代替电气系统，就可以防止电气事故。

（4）设置薄弱环节：利用薄弱组件，使危害因素未达到危险值之前就预先破坏，以防止重大破坏性事故，如保险丝、安全阀、爆破片。

（5）联锁：以某种方法使一些组件相互制约以保证机器在违章操作时不能启动，或处在危险状态时自动停止。如起重机械的超载限制器和行程开关。利用液面控制装置，防止液位过高或溢出等。

（6）锁定：保持某事件或状态，或避免人、物脱离安全区域。例如在螺栓上设置保险销可防止因振动造成的螺母松动。

（7）危害告知：运用组织手段或技术信息告诫人员避开危害，或禁止进入危险或有害区域。如向操作人员发布安全指令，设置声、光安全标志、信号。

4. 隔离

隔离是最常用的一种安全技术措施。当根除和减弱均无法做到时，则对已识别能量、危险物质等，使之在空间上的与人分离，使之无法对人造成伤害。如对能量上锁挂牌，避免交叉作业，设置安全罩、防护屏、盲板、安全距离、防护栏、防护罩，隔热层、防护网、外壳、警示带、防护屏、盖板、屏蔽间、护板和栅栏等将无关人员与危害源分开。

5. 减少接触时间

使人处在危害因素作用的环境中的时间缩短到安全限度之内。限制接触风险的人员数目，控制接触时间，通过合理安排轮班减少员工暴露于噪声、辐射或者有害化学品挥发物。在低活动频率阶段进行危险性工作，如周末、晚上。

6. 程序 / 培训

是否可以用来规定安全工作系统，减低风险，如工作许可、主动测量、检查单、操作手册、防护装置的维护、施工作业方案、工作前安全分析、工艺图等。员工是否知道这些危害？是否了解这些相关程序？是否接受过相关技能和知识培训？

7. 个人保护设备

对于个人保护设备的使用，只有在所有其他可选择的控制措施均被考虑之后，才可作为最终手段予以考虑。个人防护用品是否适用、充分，是否适合工作任务。员工通常都需要使用劳保用品，即便是使用了劳保用品，危害还是存在，即并不能消除危害，只能降低其对员工身体造成的伤害。

另外，如果某些危害因素的后果比较严重，则应考虑制订相应的应急处置措施，将应急反应作为其中一个控制措施，比如：在进行特级动火作业时，必要时配备消防力量，准备好消防设备。

以上风险控制措施选择优先次序中，控制风险的可靠性在依次减弱。因此，对于后果严重的风险，必须选择可靠性高的措施，至少应当选择隔离措施。上述这些措施可以单独采用，但更多的时候是综合应用。在实际工作中，还要考虑生产效率、成本及可行性等问题，应针对生产工艺或设备的具体情况，综合地加以分析考虑。但对于风险较大的危害因素，仅仅依赖于管理措施或者在操作说明中予以叙述和强调，而不采取可行的工程技术手段，是绝对不可取的。

四、动火作业风险与火灾事故原因分析

动火作业是石油石化行业各单位风险较高的施工作业，动火作业过程中因各种风险引发的事故时有发生。分析并消除动火作业中的各类风险，是防止事故的有效手段。

（一）动火作业主要风险

动火作业实施过程中，涉及施工机具、动火部位介质、作业环境等诸多条件和

因素，因此动火作业过程常潜含有着火、爆炸、中毒窒息、高处坠落、物体打击、机械伤害、触电、灼烫等多种风险。其中着火、爆炸是动火作业主要的风险，也是风险防范的重点：

（1）焊渣飞溅，可能引燃周围易燃物，引发火灾爆炸。

（2）作业场所周围可能存在的易燃易爆气体遇火焰或高温引起燃烧爆炸。

（3）受限空间动火作业时，因空气流通不畅，可燃物料蒸气局部浓度过高，当达到爆炸极限时如果遇到火源或高温，则可能造成燃爆。

（4）动火作业前，如果未将作业系统与周围带有物料的设备设施完全隔离，可能存在物料异常串入系统，引发火灾爆炸事故。

（5）动火作业时系统未有效隔离。

（6）气焊作业时，氧气瓶、乙炔瓶管理不善，可能带来火灾爆炸。

（7）作业场所周边环境，给动火作业带来的风险。如在存有可燃气体的环境下使用电焊机，如果电焊机工作时产生火花，也可能引起作业点附近的气体燃爆。

（8）禁火区从事非明火作业，如使用电钻产生火花或高温，造成的风险。

（9）在设备外壁动火，会使设备自身局部受热，若设备内留有物料，有可能受热分解甚至爆炸。

（10）动火作业现场从事可能影响动火安全的其他作业，如刷漆作业、易燃物料装卸车带来的风险。

（11）作业人员技能低下、无证上岗，应急状态时处置不当等带来的风险。

动火作业过程常伴随有高处、受限空间、起重吊装、临时用电等其他风险作业，还存在潜在的其他如中毒窒息、高处坠落、物体打击、机械伤害、触电、灼烫等风险，也需要给予格外关注和防范：

（1）介质为有毒物质时，易造成作业人员中毒。

（2）介质温度高且带压，设备表面高温，易造成人员烫伤或灼伤。

（3）高处、临边动火作业时，可能造成物体打击、高空坠落。

（4）电焊过程中，更换焊条过程或者电焊设备有缺陷，临时用电接线和电气线路敷设如存在电线裸露，接线不正确，漏电保护措施不完善，绝缘不良，有发生触电的危险。

（5）电弧高温作业下，焊条和被焊金属熔化的同时产生金属烟尘和有毒气体，对呼吸系统造成损害，电弧光对人的皮肤和眼睛造成损伤。

（二）火灾爆炸事故原因分析

石油石化行业各单位的生产单元本身是一个存在着能够与空气形成爆炸性混合物的气体、蒸气、粉尘等介质环境的火灾爆炸危险场所，在该环境下实施动火作业，无论是焊接还是切割，本身就是一个明火作业的过程，存在着引发火灾和爆炸的风险。同时，多数动火作业部位所在设备、管道系统都含有易燃易爆、有毒有害介质，如果能量隔离、隔绝措施落实不到位，发生物料介质泄漏，极易导致着火、爆炸事故。

通过归纳，动火作业过程发生事故的主要原因包括但不限于以下几个方面：

1. 人的因素

（1）作业人员未接受安全教育培训，作业前安全交底不到位，人员安全意识差而带来的不安全行为导致事故的发生。

（2）动火过程涉及的电焊工、电工、起重工等特殊工种人员资质未核验，作业技能掌握不足而导致事故的发生。

（3）不尽职履责，监护人员脱离岗位或没有监护人，违章指挥、冒险作业导致事故。

2. 机具设备

（1）气焊、气割时所使用的氧气瓶、乙炔瓶都是压力容器，设备本身都具有较大的危险性，如果违反安全规定，使用不当，例如乙炔瓶放倒使用，氧气瓶、乙炔瓶没有防震胶圈，乙炔瓶横卧滚动后马上使用。乙炔瓶离动火点的安全距离不够10m，或氧气瓶与乙炔瓶之间安全距离不够5m，氧气瓶、乙炔瓶受热或漏气等，都易发生着火、爆炸事故。

（2）气焊、气割动火所用的乙炔、氧气等都是易燃、易爆气体，胶管、减压阀等器具不完好，出现泄漏，易发生燃烧和引起爆炸。

（3）焊接时，电焊机不完好或地线绝缘不好，造成与在用设备、管线发生打火现象，有时将接地线连接于在用管线、设备及相连的钢结构上，甚至有的焊工在附近其他设备、管线上引弧，造成设备、管线损伤，留下隐患。

（4）用电线路或工具绝缘不好发生漏电，或焊工不穿绝缘鞋，在容器内部或潮湿环境作业，造成人员触电，或合闸时，保险熔断产生弧光烧伤皮肤等。

3. 物料介质

（1）动火的设备、管道及所在的系统存在易燃易爆、有毒有害物质，没有进行全面彻底的吹扫、置换、蒸煮、冲洗等工艺处理，达不到动火条件，没有进行风险分析（工作前安全分析）或分析不准确，盲目实施动火作业而引发火灾爆炸、中毒窒息事故。

（2）动火的设备、管道及所在的系统未落实能量隔离或采取的能量隔离方式不当，未能达到对易燃易爆、有毒有害物质的绝对隔离，发生组分超标而引发火灾爆炸、中毒窒息事故。

4. 环境方面

（1）动火点周围存在可燃物介质，或周围的地漏、明沟、油污井、电缆沟及取样点、排污点、泄漏点未采取有效的封堵措施，遇明火发生火灾、爆炸事故。

（2）动火作业过程防范措施落实不到位，环境条件发生变化时，如在进行取样、排污或发生泄漏等情况下没有及时停工，或沟通不畅，导致危害扩大，都容易发生事故。

5. 其他方面

（1）动火作业时，无论是气割、气焊或是电焊，都要使金属在高温下熔化。熔化的液态金属火花易到处飞溅，如接火措施落实不到位，易发生燃烧和引起爆炸，或导致人员灼伤。

（2）交叉作业、高处动火作业时，安全措施落实不到位，物体打击、高空坠落带来的人身伤害事故及其他因动火作业开始前风险识别不全面，制订的风险削减措施不当会引起各类事故。

第二节 动火作业风险控制措施

燃烧必须同时具备可燃物、助燃物、引火源三个必要条件，为从源头上消除动火作业潜在的着火爆炸主要风险，在实施动火作业前，对相关的设备、管道及所在的系统采取适当的工艺处理，落实能量隔离措施，清除或隔断可燃的物料介质，通过气体检测分析的结果进行定量确认，同时运用远程视频、过程影像摄录、无人机监控等技术手段实现对作业过程风险控制措施的落实和作业安全行为的监控。

一、工艺处理

石油石化行业各单位生产装置具有高温、高压、易燃易爆的特点，设备集成度高、工艺系统复杂，介质多为易燃易爆、有毒有害物质，在日常检维修和停工大检修中，涉及大量的动火作业。为确保动火作业安全，防范动火作业过程发生着火爆炸事故，作业实施前，必须对相关的设备、管道及所在的系统采取一定的工艺处理，消除易燃易爆、有毒有害物质或使其降低至可接受范围。

（一）工艺处理方案

为将动火作业所在设备、管道等设施系统内易燃易爆、有毒有害物料介质处理干净、彻底，同时确保工艺处理过程安全受控，在进行工艺处理前应编写工艺处理方案（或操作卡）对工艺处理操作进行规范和指导。

1. 方案编制要求

工艺处理方案编制人员应熟悉工艺装置的生产运行状况，掌握各系统的工艺控制条件、工艺流程、设备结构和物料介质特性，有一定岗位操作经历和工艺处理经验。工艺处理方案编制应内容详细，考虑周全，具有可执行性。文字描述上要规范严谨，编写用语应统一规定，使方案具有通读性，所提供的控制参数必须可量化，具体工艺操作步骤描述要求简化，可以辅助以图、表等方式，为使用方案的人员提供必要的说明。

工艺处理方案编制必须坚持集体讨论，体现集体经验和智慧，应组织安全、技术、设备等相关方进行讨论，吸取各方意见，确保工艺处理方案完善，能够正确指导现场工艺处理操作。工艺处理方案编制完善后还需动火作业所在单位相关人员进行审批，只有通过审批的工艺处理方案才有效，并在实际工艺处理操作中严格执行。

工艺处理方案通过审批后，应组织相关人员及现场实际操作人员进行培训学习。目的是确保装置操作人员能正确理解和掌握工艺处理方案内容和工艺处理操作要点，熟悉操作参数、具体处置方法及落实过程控制措施等。

2. 方案主要内容和要点

工艺处理方案应包含基本情况说明、工艺处理方法和操作要点、安全提示、验收方式及标准、统筹图等主要内容和要点，其中工艺处理方法和操作要点需要进行重点阐述和说明。如果生产流程复杂、停工难度大的生产单元或一整套生产装置的停工工艺处理，还应在工艺处理方案中明确组织管理机构和各专业职责要求，从而更好地确保对整个工艺处理过程统一协调指挥、指导服务。

1）基本情况说明

通过一定篇幅的文字说明，对工艺处理过程基本情况和整体过程进行介绍，包括工艺处理的目的，工艺处理的对象，需要对哪个具体装置、生产单元或设备设施进行工艺处理，所在设备、管道等设施系统存在哪些物料介质，通过采取哪些工艺处理方法可达到处理效果。

2）处理方法和操作要点

为满足动火作业条件，石油石化行业各单位生产装置常用的工艺处理方法有物料倒空、吹扫、置换、蒸汽蒸煮、钝化、冲洗等，实际工艺处理中，不只是单一工艺处理方法，而是多种工艺处理方法的综合运用。

因此，在工艺处理方案中应对工艺处理方法和操作要点进行详细阐述和说明，充分考虑生产工艺的内在逻辑，明确不同工艺处理方法的操作顺序、稳定状态和时间节点，应将复杂而多变的工艺处理过程分解成简单的状态和简单无误的具体操作动作，突出规范操作步骤，量化工艺处理操作过程中的流量、温度、压力、液位（料位）等控制参数，统筹物料平衡和岗位协作，确保工艺处理过程安全受控。

3）安全提示

石油化工行业各单位生产装置工艺条件苛刻，介质多为易燃易爆、有毒有害物料，设备设施常处于高温高压状态，工艺处理操作过程易出现物料泄漏、互窜、超温、超压等异常情况和风险。因此，对重要的工艺处理环节和重点时间节点的工艺操作调整，在工艺处理方案中要有相应的安全提示，通常是将这些识别出的关键风险点、风险产生直接原因和具体的控制措施集合成安全提示，便于操作人员了解和获悉。

4）合格标准

工艺处理方案应明确检测方式、检测项目、检测部位和合格标准。如在气体检测方面，检测方式有色谱分析法、移动式或者便携式气体检测法，当使用移动式或者便携式气体检测报警仪进行分析时，应使用两台检测仪进行对比检测。气体检测项目要全面，取样部位应具有代表性，工艺处理的合格标准要达到动火作业的条件。例如某企业硫磺回收装置制硫炉隐患整改动火作业，工艺处理方案明确了制硫炉炉内气体检测取样指标，见表 3-6。

表 3-6 制硫炉炉内取样指标

序号	取样点位置	检测项目	单位	合格标准
1	制硫炉 F-101 人孔	硫化氢	mg/m^3	<7
2		氢气	%（体积分数）	<0.2
3		总烃	%（体积分数）	<0.2
4		氧含量	%（体积分数）	19.5～23.5

注：达到上述指标要求且制硫炉炉温降至 40℃以下，具备施工检修条件。

5）统筹图

绘制直观的统筹图（框图）也是工艺处理方案一个重要内容，通过统筹图（框图）将各系统主要工艺处理操作连接起来。这样在进行工艺处理时，一目了然脉络清晰，能够快速抓住处理要点和顺序，防止误操作。例如某企业乙烯生产装置脱甲烷塔塔顶冷凝器泄漏检修，编写工艺处理方案时，通过绘制统筹图（框图），对工艺处理操作的整体性和连贯性进行了直观展示，便于理解沟通和执行，例如脱甲烷塔顶冷凝器消漏装置工艺处理统筹图（图 3-3）。

（二）工艺处理方法

动火作业前，应对动火作业所在设备、管道等设施系统内易燃易爆、有毒有害物料介质进行工艺处理。物料倒空、吹扫、置换、蒸汽蒸煮、钝化等是石油石化生产装置常用的工艺处理方法，工艺处理实施过程必须严格执行工艺处理方案。

1. 物料倒空

装置或生产单元在物料倒空前停止进料，退出正常运行状态，调整系统压力、温度等控制参数满足安全要求，确认倒空流程畅通，下游设施具备物料接受条件。为确保工艺处理过程安全，倒空操作尽可能利用现有流程，不得随意连接如金属软管等临时管线。特殊情况下，需增加临时管线建立倒空流程或低点排放口时，应组织专项评估，制订风险削减措施。

1）倒空方式

物料倒空是通过输送设备或利用压力差将系统内物料尽可能输送转移至目标设施系统，常用的输送设备有机泵、压缩机等。根据装置和设备系统工艺特点，可通过向系统补充氮气或启动压缩机等设备维持压差，利用系统压力差进行气相（粉料）、液相等物料介质的倒空，实现介质从高压区转移至低压区。

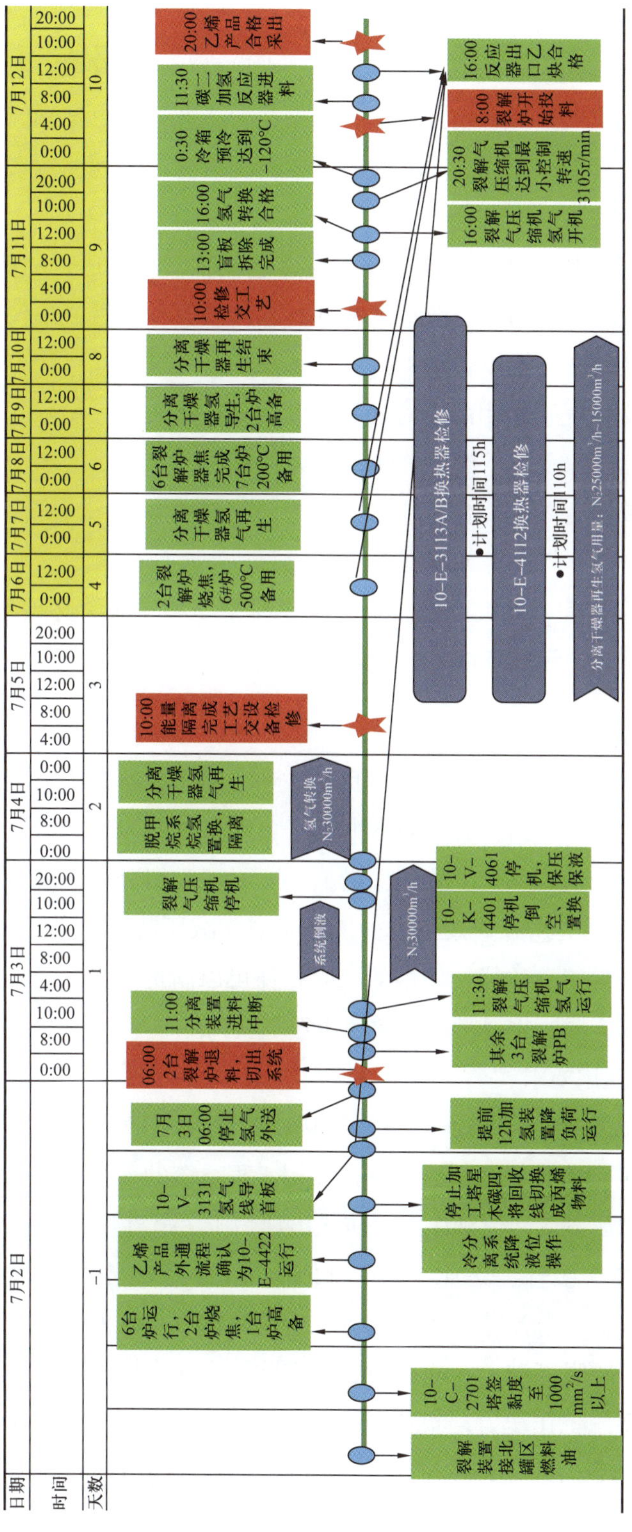

图3-3 脱甲烷塔顶冷凝器消漏装置工艺处理统筹图

2）倒空原则和注意事项

物料倒空过程遵循先高压后低压的原则，严防发生物料互窜。物料倒空操作期间，必须安排专人实时监屏、精细操作，严格执行工艺处理方案和岗位操作卡，定期巡检，防止系统超温、超压、超液位等异常情况发生。下列注意事项在物料倒空操作过程中应重点关注：

（1）物料倒空操作时，应认真确认倒空工艺流程，采取适合的能量隔离措施，编制停工盲板表，严格履行防互窜确认程序，当涉及其他装置或单位时，及时联系并得到有关方确认后方可操作。

（2）对于特殊情况下使用的临时管线，需确保连接牢靠，做好气密检测，防止临时管线超重压坏支撑及塔、罐连接件，发生泄漏。

（3）北方生产装置冬季操作时应注意防冻，物料倒空操作时应注意检查物料线伴热投用情况，防止物料发生冻堵现象。

（4）物料倒空期间，严禁随意排放，物料排空至槽车时，必须确保密封可靠，防止物料逸散至空气中污染环境，造成环境检测超标。

2. 吹扫操作

吹扫操作是生产装置工艺处理最常用的方法，停工装置在物料倒空后通过吹扫操作，将附着在管壁、设备上残余物料吹净。常用的吹扫介质有氮气、蒸汽等，具体使用哪种介质进行吹扫与装置物料组分有关，对于重组分较多的装置，通常使用蒸汽吹扫，才能达到工艺处理效果，如炼油生产常减压装置停工后进行蒸汽吹扫；如果装置物料由较轻组分构成，使用氮气吹扫便可以满足要求，如化工生产聚乙烯装置停工，聚合反应器、物料管道通常使用氮气吹扫。

1）吹扫操作通用要求

吹扫前，应做好岗位间沟通，确认现场吹扫流程正确、畅通。合理统筹优化吹扫时间和用气量，错峰吹扫，尽量保持公用工程系统的平稳。吹扫时，应精细操作，严格执行吹扫方案或岗位操作卡，防止出现超压、串料等异常情况。

吹扫顺序一般按主管、支管、疏排管依次进行。管道系统中不允许吹扫的管件，如节流阀、仪表、过滤器、止回阀等，应暂时拆下妥善保管，使用临时短管接通，待吹扫合格后再重新装上。吹扫时，要求吹扫介质高速通过管道，吹扫压力一般不得超过管道系统工作压力，吹扫期间不得动用或改变与吹扫操作无关的工艺管线和设备，吹扫结束后应立即恢复原工艺流程（例如恢复盲板、挂标识牌等），及时隔断高低压介质的连通。

随着国家对环境保护的重视，严禁危险化学品物料介质直接排空，为防止大气污染，吹扫操作一般要求密闭吹扫。当吹扫介质排放至下游流程储罐设施时，注意对介质温度和排放量的控制，严密监控接受储罐压力变化，防止超温超压；当吹扫介质进火炬系统时，必须经干、湿凝液罐沉降后排火炬系统，严禁带液排放火炬系统。特殊情况下，采取排空吹扫时，吹扫排放口应设置警戒区域范围，人员不得靠近，防止管道内飞溅物伤人，必要时排放口增加消音设备，降低噪声污染。

2）蒸汽吹扫要求

蒸汽吹扫时，除满足吹扫操作的通用要求外，还有一些特殊要求。首先应先从总气阀开始，分段进行，沿蒸汽流向将主、干管上的阀门或法兰暂时拆除一至两处，先将主、干管逐段吹净，然后再吹支管及凝结水管。吹扫时一般每次只用一个排气口，用排气管引至室外安全处，排气管管径不宜小于被吹扫管的管径。当观察排气口排出的蒸汽完全清洁或经分析检测达到合格标准停止吹扫。

应充分考虑设备、管道结构能否承受高温和热膨胀因素的影响，吹扫操作要有一个暖管排凝的过程。先向管内缓慢输入少量蒸汽，对管道系统进行预热，并注意排凝，检查管道受热延伸情况，当被吹扫管段首端和末端温度相差不大时，再逐渐加大蒸汽量，然后自然降温至环境温度，再升温、恒温进行第二次吹扫，如此反复操作。

特殊情况下，在使用蒸汽吹扫时，确保快速贯通也是关键，一方面可有效保证赶走物料介质时主路畅通，另一方面要确保蒸汽和主线温度，防止管线、设备温度降低后产生大量冷凝水，造成管道水锤风险，增加吹扫难度。

3. 置换操作

置换操作频繁运用在生产装置工艺处理中，置换操作可以进一步降低装置系统内物料介质的含量，同时也对系统有降温、干燥的作用。常用的置换介质有氮气、柴油、BTX 馏分、石脑油等，如同吹扫操作一样，具体使用哪种介质进行置换，与装置物料组分有很大关系，如果物料由较轻组分构成，使用氮气进行置换便能满足要求；而对于重组分较多的装置，通常先使用柴油、BTX 馏分、石脑油等油洗置换，随后再用蒸汽吹扫，之后再采取氮气置换，才能达到工艺处理效果。

置换操作应严格执行吹扫方案或岗位操作卡，应制订介质防互窜确认表，并严格履行确认程序，防止出现超压、串料等异常情况。置换操作严禁用较低压力的介质去置换当时较高压力的介质。

1）氮气置换

通常用于置换的氮气一般由空分空压装置分离或专用制氮机生产而来。对反应器、液化烃罐等容器类设备的置换，实际操作中常采用“涨压法”，有“泄压”“引气充压”“保持”“再泄压”四个基本步骤，需要注意的是泄压至略高于大气压力为止，防止空气进入系统，必要的保持时间可以让惰性置换气体（氮气）与易燃气体充分混合，借助气体不断扩散及扰动，起到将介质不断稀释的作用，更有利于快速达到置换效果。而对于特殊情况下一些小容积封闭容器，可采用抽真空置换，即使用抽真空机抽出系统中可燃气体，再向系统引入氮气稀释残余可燃气体，保持一定时间让气体充分混合，重复操作直至容器设备内易燃易爆、有毒有害气体介质含量降低至其爆炸下限以下或达到满足要求的指标含量。

氮气置换操作时应合理控制温度、压力、氮气用量和氮气置换速度等工艺参数。要严格控制置换氮气的温度，若氮气温度过低，一方面会影响管道的强度，甚至破坏管材，另一方面会使管道沿线的密封装置受冻收缩进而降低密封性能。氮气置换压力要控制在操作压力范围内，对工艺管道进行氮气置换时，要考虑氮气在管道内流通时，管内壁和沿线阀门组件所造成的流动阻力影响。

氮气需用量也是氮气置换时考虑的因素，根据系统总容积、置换量、富余氮气量等要素可计算出氮气需用量，以确保氮气置换期间公用工程系统的平衡。对储罐等容器氮气置换用量的计算相对较容易。对长输管道氮气置换，氮气需用量的计算通常有两种方法：

方法一：对于氮气全线置换管道来说，氮气最小需用量可按式（3-1）计算：

$$V=7.85\times10^{-4}D^2L \tag{3-1}$$

式中 V——置换用氮气最小理论需用量，单位为立方米（m^3）；

D——管道的管径，单位为米（m）；

L——置换管线的长度，单位为米（m）。

在实际应用中，氮气的实际需用量为最小理论需用量的 1.5～2.0 倍。

方法二：也可采用充压系数法进行氮气需用量计算，见式（3-2）：

$$M=(K\times V)/\mu \tag{3-2}$$

式中 M——置换用氮量，单位为千克（kg）；

K——充压系数，工程实际中一般按 1.2 进行取值；

V——置换管道的容积，单位为立方米（m^3）；

μ——氮气的比容，通常按 0.808 取值，单位为立方米每千克（m^3/kg）。

另外，氮气置换速率也是工艺管道置换期间需要考虑的一个重要参数。根据实际经验和气相动力学理论可知，置换气体处于紊流不分层流动状态时置换效率最高。置换氮气流速大小决定置换气体的流动状态。因此，通过合理控制置换氮气的流速来尽可能提高置换效率和缩短置换时间，降低置换操作人员劳动强度和确保工作进度。

氮气置换操作频繁应用在设备、管道所在系统的工艺处理中，在确保快速达到置换效果的同时，也要确保置换操作过程安全可控，下列注意事项必须引起足够重视：

（1）置换操作过程中需特别注意的是，置换气体的引入口和排放口若在设备的同一端，置换气体可能因短路直接被排除，无法有效混合；若分别位于设备相反端，置换效果更为有效。

（2）设备泄压时，尽可能多地打开排泄口或放空口以加快置换进程，必须确认系统操作的最高允许压力，并据此采用合适的置换压力以提高置换效果。

（3）氮气置换实行谁送料谁负责，逐个管线、逐个设备置换，确保置换效果，必须连续两个采样化验分析合格才算置换合格。

（4）氮气置换时，为防止环境污染和人员窒息风险，排放的气体需通过稀释罐进行稀释或排放火炬系统，严禁将储罐、塔器和管道等残余介质直接排放到大气中。

（5）氮气置换期间现场要加强警戒，设置有明显的警示标志，严禁无关人员进入作业区域。

（6）由于容器填料，吸附剂中积聚的氮气释放需要一定时间，为防止设备内可能积存大量吸附剂释放出的氮气带来窒息伤害，作业前应进行足够的通风及采取必要的防护措施。

2）柴油、石脑油置换

石油石化行业各单位部分生产装置或单元，如多数石油炼制生产装置、乙烯生产装置及汽油加氢单元等，物料介质组分重，流动性差，吹扫操作困难。因此，物料倒空操作后常使用柴油、石脑油等进行“油洗置换”，增加流动性，起到对系统内重组分置换的作用，这个过程通常也叫“顶油”操作。通过“油洗置换”，降低了吹扫难度，随后再改闭路循环清洗或直接用蒸汽、水等进行吹扫，置换合格后才能达到工艺处理效果，具备动火作业条件。

“油洗置换”操作前，需确认现场正确贯通柴油、石脑油等置换介质的流程，以及确认“油洗置换”操作后置换介质退油流程和接收设施，对于不适合“油洗置换”的催化剂等系统，需确认防介质互窜隔离措施落实到位。置换期间注意系统温度、置换介质流速等参数控制，合适的流速和温度控制可提高置换效果。另外，置换期间注意对备用泵进行切换，开启换热器等设备的副线，保证系统盲点的置换效果。

4. 蒸汽蒸煮

装置物料介质组分较重时，通过有效的蒸汽蒸煮可将重组分物料介质中可燃气体、液化烃及可燃液体等易燃易爆、有毒有害物质汽化带出。蒸汽蒸煮操作应做好以下注意事项：

（1）蒸煮操作前，应将设备呼吸阀、安全阀及其配套的阻火器、透光孔、人孔盲板等拆下，可用毛毡等进行封闭，用弹性绳索捆扎，确保在异常情况下能迅速打开。切断运行设备的电源，拆除被蒸煮设备上电气仪表等附属设备。确认与忌氧、忌水、忌高温的催化剂系统和设备能量隔离措施已实施。

（2）为了确保蒸煮效果，减少含油污水的大量产生，需严格把关各项措施落实情况，开始蒸煮前应确认物料倒空操作已完成，设备底部、管道 U 形弯等易积聚部位和死角处物料介质已尽可能彻底排净，无残留。

（3）用来蒸煮的蒸汽通常为低压或中压蒸汽。注水操作后，应稍开蒸煮线蒸汽总阀门和进设备的蒸煮线阀门，同时开启蒸汽线排凝阀进行排凝暖管，排凝阀见汽后，关闭蒸汽线排凝阀。排凝暖管操作时，阀门开度不宜过大，防止发生水击。

（4）为不污染环境，造成环境检测超标，蒸煮气体要求密闭泄放，泄放蒸汽进泄放罐或火炬系统。同样，蒸煮后的含油污水不得随意排放，应排入装置重污油罐进行沉降切水，再转入下游装置进行净化处理。

（5）蒸煮操作应严格执行工艺处理方案或岗位操作卡，蒸煮时间不得随意缩减，防止因蒸煮不透给后期检修作业带来安全隐患。蒸煮期间应密切监控温度、压力等控制参数，特别是蒸煮容积较小的设备或容器时容易出现高温，可适当在底部注水预防高温，当温度上升明显，则说明设备内水量少，应及时补水。

5. 硫铁化合物钝化处理

石油石化行业各单位生产装置加工含硫原油或处理其他含硫化学品可导致产生

具有自燃活性的硫化亚铁（FeS）。在设备打开、检维修等过程活性 FeS 遇空气容易自燃，由此引发的火灾爆炸时有发生。因此，为消除硫化亚铁（FeS）遇空气自燃的风险，在设备、管道打开前必须对系统充分地钝化处理。常用的钝化液成分有磷酸盐、亚硝酸盐、铬酸盐等，环保型钝化液有草酸、柠檬酸、葡萄糖酸等。钝化一般分气相钝化法和液相钝化法。

1）气相钝化法

气相钝化法具有成本低、钝化均匀、环保等明显优点。气相钝化是在装置停工后利用蒸汽蒸塔、吹扫过程中加入气相钝化剂，通过蒸汽加热使得钝化剂充分汽化，利用吹扫流程，充分、迅速清除 H_2S、FeS、烃类等，经过气相钝化处理，使活性 FeS 自燃反应启动步骤终止，自燃难度增加。与传统的液相钝化相比，该技术大幅降低了钝化废液的产生，缩短了装置停工时间，降低了钝化操作的工作量。

气相钝化法处理使氧分子和表层原子充分反应并取代出单质硫，使表面形成一层氧化保护膜，导致 FeS 表面的亲氧性减弱，发生氧化反应的活化能升高，进而实现自燃活性的抑制目的。热分析动力学计算证实气相钝化法能够大幅提高 FeS 氧化反应活化能，有效抑制 FeS 活性，达到本质安全的管理要求。

气相钝化的条件：

（1）钝化系统与所有不涉及钝化的设备及系统边界管线盲板隔离，以防止交叉污染。

（2）气相钝化前较为彻底地退油；并以蒸汽贯通钝化流程，同时提高待钝化设备内部的顶部、底部温度。

（3）气相钝化过程中，间断性将蒸汽凝液排出系统，并观察效果。

（4）气相钝化操作结束后，需进行短时间水淋洗后再打开设备人孔。

气相钝化操作与蒸汽吹扫、蒸汽煮塔同步进行，因此未对整体停工进度产生影响。而液相钝化操作需在各塔蒸汽吹扫、蒸汽煮塔结束后进行，要额外占用停工时间。气相钝化不需要额外用水，产生钝化废水量相对少，减轻了环保处理压力。图 3-4 是某企业装置采用气相钝化处理完毕，换热器、罐、塔等设备内部均很干净，打开时均未发生硫化亚铁自燃现象，钝化效果较好。

2）液相钝化法

液相钝化法也普遍应用在炼化企业生产装置工艺处理中。液相钝化在蒸塔、洗塔结束后进行，采用循环加浸泡的方式，可利用装置已有工艺流程或配合临时连接管线建立液相钝化清洗流程。

图 3-4　塔盘、换热器管束钝化清洗后效果

液相钝化步骤和注意事项：

（1）使用钝化槽和离心泵连接临时管线向需钝化的设备中加入新鲜水，对设备缓慢降温后开始替换钝化液，建立清洗流程，以喷淋、循环、浸泡方式进行装置塔器设备钝化。

（2）注水注药液循环过程中检查确定流程与流向无误，临时管线无窜、漏、跑、冒等情况。

（3）钝化方式：塔、容器设备采用充满循环方式或喷淋循环方式进行，小型容器设备不能形成循环的采用浸泡方式。

（4）被钝化设备内载体水的温度在 40℃左右时（注入清洗用水即可满足），在钝化槽内计量分批加入钝化剂，配置后用离心泵将钝化液注入设备系统。

（5）钝化时视装置加工介质硫含量和内部结构（如填料、破沫网等）等因素，调整采用浸泡或者加喷淋方式，从而保证钝化的良好效果，并定期检测钝化液 pH 值、温度和比色等值。

（6）钝化后的废水各项指标经检测合格后，排入装置地池或收集罐，确保送至污水处理装置时不会对正常生产造成冲击。

石油石化行业各单位生产装置部分设备受结构或加工介质影响，硫化物积存较为严重，须重点钝化处置。如常减压装置减压塔通常设计为填料塔，长周期运行后硫化亚铁在填料层富集，在停工时易发生填料层温度升高，甚至硫化亚铁自燃的问题，采用液相钝化的方法可将硫化亚铁充分钝化，满足钝化效果。乙烯装置在经过长周期运行后，汽油分馏塔内部填料上也会积存大量的硫化物，这些硫化物在常温空气中极易自燃，并引燃塔内部的聚合物，不利于停工检修期间的安全，同样采用液相钝化的方法可将硫化亚铁充分钝化。乙烯装置钝化操作一般是安排在急冷油系统倒空、油洗、水洗、蒸煮完毕，满足钝化要求后进行。

总体来说，装置系统所涉及设备越多，流程越复杂，物料黏度越高，倒空就越复杂，工艺处理难度就越大，需要结合运用多种工艺处理方法才能达到处理效果。如乙烯装置急冷系统，整个过程就包括油洗、蒸汽吹扫、煮塔、水冲洗、置换等多个工艺处理步骤。要特别关注高点、U 形弯频现，管道走向复杂物料介质的倒空置换，一旦留有死角，检修时打开设备、管道就有可能出现跑油、检测超标的情况。

二、能量隔离

动火作业实施中因没有完全释放的危险能量（如化学能、电能、热能等）意外释放而导致的生产安全事故时有发生。有数据表明，石油石化企业各类严重事故中，因能量隔离不当而引发的占大多数。如 2018 年 7 月 14 日，某石化公司尼龙厂醇酮车间 U83 装置复工检修，因未将无法退出的物料与检修设施进行完全盲板隔离，动火作业过程中，发生储罐爆炸泄漏并引起火灾，造成人员 1 死 1 伤。2020 年 11 月 2 日，某 LNG 公司在实施二期工程项目贫富液同时装车工程施工时，因采取的隔离方式不当、动火作业条件确认不到位发生着火事故，事故造成 7 人死亡，2 人重伤，直接经济损失 2029.30 万元。

因此，动火作业实施前，必须全面识别所在设备、管道等设施系统存在的危险能量，采取可靠隔离措施，规范能量隔离操作流程，落实能量隔离确认和测试，对危险能量进行有效控制和隔离，消除动火作业中能量失控风险，避免由此引起着火、爆炸和人身伤害事故的发生。

（一）基本概念

石油石化行业各单位生产中涉及多种形式能量介质，再加上动火作业所需的其他能量，导致系统固有能量和临时引入能量相互交错，能量管控难度较大，须系统、规范地分类管控。

1. 危险能量

可能造成人员伤害或财产损失的工艺物料或设备设施所含有的能量。主要是指电能、机械能（移动设备、转动设备）、热能（机械或设备、化学反应）、势能（压力、弹簧力、重力）、化学能（毒性、腐蚀性、可燃性）、辐射能及潜在或存储的其他能量。

2. 能量隔离

将潜在的、可能失控而造成人身伤害、环境损害、设备损坏、财产损失的危险能量进行有效的控制、隔离和保护，以有效防止其意外释放。

3. 绝对隔离

通过可靠的物理隔断方式将危险物料和区域彻底隔断，常见的方式包括加装盲板、铲板、盲法兰或拆除部分管道等。

4. 隔离设施

防止危险能量和物料传递或释放的机械设备设施，包括电路隔离开关、断开电源或保险开关、管道阀门、盲板、机械阻塞或用于阻塞、隔离能源的类似设备设施。

（二）隔离类型和方式

1. 隔离类型

能量隔离类型主要有工艺隔离、机械隔离、电气隔离、仪表隔离及放射源隔离等，实际一项检修作业往往不仅涉及一种隔离类型，而是同时涉及几种隔离类型，通过落实不同隔离类型措施，才能达到所在设备、管道等设施系统能量的彻底隔离。

（1）电气隔离：如断开开关，拉开关闸刀等，包括必要的测试及上锁挂签。

（2）工艺隔离：如阀门的开启和关闭及上锁挂签等。

（3）机械隔离：如加装盲板、铲板或拆除部分管道。

（4）仪表隔离：如联锁摘除、切断仪表动力源等。

（5）放射源隔离：如屏蔽或拆离装置、设备设施的相关放射源。

2. 隔离和控制能量的方式

隔离和控制能量的方式，即在隔离实施过程中通过运用各种隔离设施，达到检修作业所在设备、管道等设施系统能量的有效隔离和控制，常见的有：

（1）移除管线或加盲板。

（2）双切断阀关闭、双阀之间的倒淋常开。

（3）切断电源或对电容器放电。

（4）移除放射源或距离间隔。

（5）锚固、锁闭或阻塞。

（6）切断蒸汽、气源、仪表风等驱动。

（三）隔离选择和原则

1. 隔离选择

动火作业前，需辨识作业所在设备系统所有危险能量的来源，评估危险能量所产生的影响和危害，根据能量源（物料）、工况选择相应的电气隔离、工艺隔离、机械隔离、仪表隔离和放射源隔离措施。

2. 隔离原则

（1）采取的隔离措施能将物料及能量源隔断，设备系统需泄压倒空，确保隔离有效。

（2）采取的隔离措施必须安全可靠，如盲板材质、厚度和加装位置，有可视断开点，放射源隔离的技术措施及有效距离限制等。

（3）隔离点落实上锁挂标签原则，如工艺、电气隔离需上锁和挂签，加装盲板隔离需挂盲板牌等。

（四）隔离方式的适用范围

石油石化行业各单位生产装置流程错综复杂，工艺管线纵横交错。为防止气体、液体、粉料等流体介质发生泄漏、互窜，采取最多的是工艺隔离和机械隔离措施，且通常是多个隔离方式结合运用，才能达到设备系统能量的彻底隔离，常用到的危险能量隔离方式见表 3–7。

隔离方式的适用范围与危险能量和物料介质的特性有关，必须坚持最优隔离方式的原则。炼化企业生产装置中动火作业最优的隔离方式是考虑加装盲板、盲法兰或拆除一段管线的绝对隔离及双阀—倒淋（双切断阀关闭、双阀之间的倒淋常开）的双重隔离，使动火部位与设备、管道等设施内的危险介质完全隔离开。

1. 盲板隔离

采用关闭设备、设施及装置进出口的隔离阀，同时排空管线中的介质，并加装盲板达到设备隔离的目的，是一种实现绝对隔离的方式，见图 3–5。适用于易燃易爆、有毒有害介质的隔离，如燃料油、甲醇、液化石油气、烃类等介质的隔离。

表 3-7　危险能量隔离方式

编号	类别	隔离方式	特点	图示
1	物理隔离	单隔离阀和盲法兰	优势：可靠性高，可验证隔离有效性 缺点：安装盲法兰本身有风险	工艺侧 作业侧
2		单隔离阀和盲板	优势：可靠性高 缺点：不可验证隔离有效性，安装盲板本身有风险	工艺侧 作业侧
3	可验证双重隔离	两个隔离阀和控制排放	优势：可靠性较高，可验证隔离是否有效 缺点：并非物理隔离，隔离阀可能失效	工艺侧 作业侧
4		有排放口双重隔离阀	功能和特点同上，两个隔离阀安装在同一阀体(OSHA DBB)，并非API 6D标准定义的DBB和DIB阀门	工艺侧 作业侧
5		两个隔离阀和监控加压	优势：可靠性较高，可验证隔离是否有效 缺点：情况较为复杂，两个隔离阀之间加压气体进入两侧风险必须解决	工艺侧 作业侧
6	双重隔离	两个隔离阀	优势：简单易行 缺点：可靠性中等，不可验证隔离是否有效	工艺侧 作业侧
7	单项隔离	单隔离阀	优势：最简单 缺点：可靠性低，不可验证隔离是否有效	工艺侧 作业侧
8	其他隔离	工艺固化塞	需要专业人员评估并使用专业设备	
9		各种管道塞		

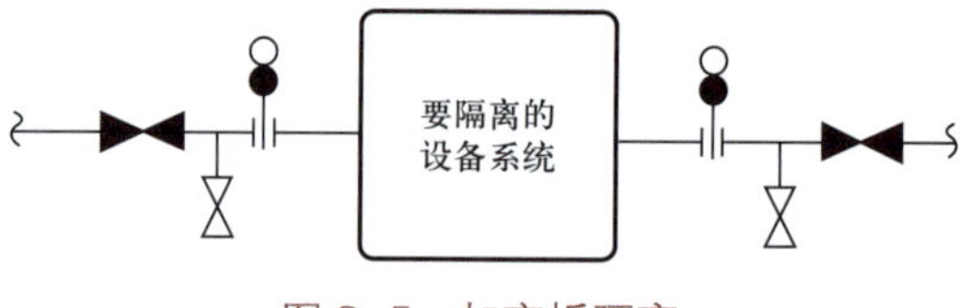

图 3-5　加盲板隔离

2. 管线拆卸隔离

将与动火部位所在的设备系统相连的管线拆除一段短管，与潜在危险源绝对分开，也是一种实现绝对隔离的方式，适用于易燃易爆、有毒有害介质的隔离，见图 3-6。注意，在拆除管线时物理断口应尽可能靠近容器或设备一端，如果可能，将所有管线的开口端用正确规格的盲板法兰封闭，连接设备系统的所有排放口（如果安装有的话）应完全切断，并用盲板法兰封闭开口端。

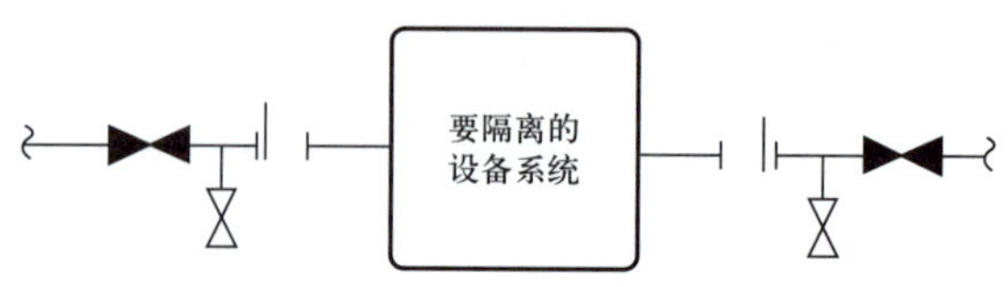

图 3-6　管线拆卸隔离

3. 双阀加倒淋排空隔离

采用关闭设备、设施及装置进出口的双重隔离阀，同时打开两个隔离阀间放空来排放双阀之间介质的一种隔离方法，通常称作“双阀—倒淋”（双切断阀关闭、双阀之间的倒淋常开）的双重隔离，多适用于无毒、非刺激性及低毒的易燃易爆介质的隔离，见图 3-7。注意，采用该方式必须要确认双阀的密封性，双阀必须可关严，不得有泄漏，且在动火作业实施前双阀之间的倒淋排空口气体分析必须合格。

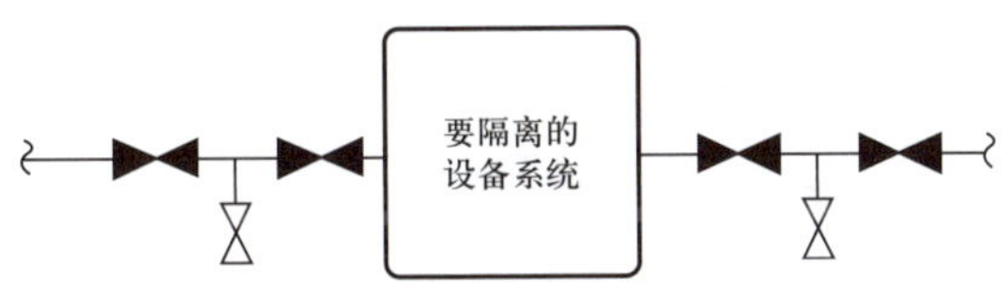

图 3-7　双阀加倒淋排空的双重隔离

不得通过单阀隔离代替盲板。单阀隔离因阀门可能存在内漏缺陷，不适用于易燃易爆、有毒有害介质的隔离，仅适用于伴热水、循环水、消防水、仪表气（≤1MPa）等介质的隔离。特殊情况下如果必须使用单截止阀、控制阀进行隔离，应制定专门的操作规程确保隔离安全。如某 LNG 公司“11·2”着火事故，就是在液化气管道上动火作业时，仅用仪表逻辑控制阀隔离，未采用可靠的隔离方式，误操作后隔离失效造成物料介质释放着火。“发展决不能以牺牲人的生命为代价，这是一条不可逾越的红线”，对于因设计缺陷不具备双重隔离的老旧生产装置，需逐步改造或淘汰。

2019 年，中华人民共和国应急管理部组织制定了《危险化学品企业安全风险隐患排查治理导则》，导则中明确规定，对设备预防性维修隐患排查要求“在涉及易燃、易爆、有毒介质设备和管线的排放口、采样口等排放部位，应通过加装盲板、丝堵、管帽、双阀等措施，减少泄漏的可能性”。GB 30871—2022《危险化学品企业特殊作业安全规范》亦明确规定，火灾爆炸危险场所中生产设备上的动火作业，应将上述设备设施与生产系统彻底断开或隔离，不应以水封或者仅关闭阀门代替盲板作为隔断措施。由此可见，安全可靠的绝对隔离和双重隔离的隔离方式是企业安全生产发展的趋势。

（五）能量隔离实施

能量隔离实施的基本流程步骤包括危害识别、风险评估和隔离选择、隔离措施实施、测试隔离有效性和解除隔离措施。能量隔离实施时，必须确保每一个流程步骤准确执行、落实到位。能量隔离实施流程见图 3-8。

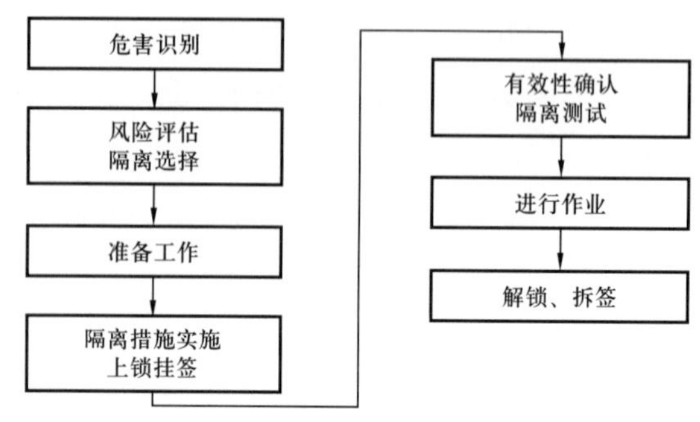

图 3-8　能量隔离实施流程框图

1. 辨识与选择

能量隔离实施前，作业所在单位应辨识动火作业过程中所有危险能量的来源及类型。危害辨识时可结合运用工作前安全分析（JSA）、工艺危害分析（HAZOP）等危害因素辨识工具，确保能量源识别全面。根据识别出的能量性质及隔离方式选择相匹配的隔离措施，并填写“能量隔离清单”，必要时编制能量隔离专项方案。

2. 隔离实施

能量隔离实施应根据现场实际情况和涉及的风险作业开具作业许可证或执行操作卡、动作卡等，并按“能量隔离清单”逐项完成隔离措施。隔离措施必须执行到位，隔离状态必须得到确认。隔离时严格落实风险控制措施，确保隔离实施过程安全。

1）工艺隔离

对涉及工艺阀门关闭、开启及上锁挂签等工艺隔离的实施，由动火作业所在单位熟悉现场工艺流程的工艺人员到现场完成；且需按流程位置图操作，确保阀门位置正确，阀门开启、关闭要到位，防止阀门关闭切断不到位造成介质互窜；倒淋、排空阀的开启，需验证是否存在堵塞、不通的情况。

2）机械隔离

对抽堵盲板或拆除部分管道等机械隔离的实施，必须开具管线打开（盲板抽堵）作业许可证。作业前需确认设备、管道物料已倒空，系统无压力，核验隔离点流程上下游阀门已进行有效隔离并上锁挂签。必须按位置图作业，并对每个盲板进行标识，标牌编号与盲板位置图上的盲板编号一致，逐一确认并做好记录。盲板应加在有物料来源阀门的另一侧，盲板两侧均需安装合格垫片，所有螺栓必须紧固到位。

管线打开（盲板抽堵）时，人员应当在上风向作业，不应正对被打开管线的介质或者能量释放部位。通风不良的作业场所应采取强制通风措施，防止可燃气体、有毒气体积聚。必要时在受管线打开影响的区域设置路障或警戒线，防止无关人员进入。

在火灾爆炸危险场所实施抽堵盲板或拆除部分管道等隔离措施时，应使用防爆工具。依据作业现场及被打开管线介质的危险特性等，穿戴防静电工作服、工作鞋，采取防酸碱化学灼伤、防烫及防冻伤等个人防护措施；在涉及硫化氢、氯气、氨气、一氧化碳及氰化物等毒性气体的管线、设备上作业时，除满足上述要求外，还应佩戴移动式或者便携式气体检测仪，必要时佩戴正压式空气呼吸器。

3）电气隔离

电气隔离是在配电源头（即系统的主配电箱）对所要输送的电气系统线路进行切断，同时为防止隔离点被意外移动而导致隔离失败，应对隔离点挂锁并悬挂禁止送电的标识牌。设备在进行断电隔离前，由动火作业所在单位作业负责人提出申请，电气专业人员核对设备位号，确认无误后在配电室对该设备实施断电操作，应使电源至设备线路有一个明显的断开点，并检查开关实际位置是否到位。

实际电隔离实施中，在完成电隔离操作后，现场必须有一个“验电”的程序，例如机泵检修作业，作业前必须对机泵电机进行断电，当所有隔离措施完成后（包括电气隔离），应在现场将机泵启动按钮打到“ON”的位置，看机泵是否运转。

通过切断仪表动力源实现仪表及控制信号隔离，本质上属于电气隔离的特殊形式，类似的还有远程探测、感应及驱动等信号源的隔离及旁通也要可靠落实隔离。

注意：电气隔离操作本身也存在人员触电的风险，电气隔离作业过程必须满足国家相关电力作业规程，落实相应风险控制措施，如使用防触电绝缘工具、绝缘垫，穿戴绝缘鞋、绝缘手套，操作过程实行唱票复诵制，确保电气隔离操作准确无误。

4）放射源隔离

为确保动火作业环境安全，应当将作业所在设备和系统的放射源通过断电或移除，达到放射源的隔离。如聚乙烯装置料仓安装有铯 137 料位计，在该环境下实施动火作业时，作业前应由专业人员将放射源关进铅屏蔽装置，并切断放射源投用的动力源，可靠实现放射源隔离。在进行放射源隔离时，必须佩戴个人防护用品、个人计量计及报警式计量计等。

3. 上锁挂签

上锁是指从物理上对机器或设备控制装置加锁，挂签是指在锁定装置上挂贴信息标签，标明该设备所处状态和上锁人信息。应选择合适的并满足现场安全要求的锁具，填写“危险！禁止操作”标签，应对所有隔离点上锁、挂标签。锁具与钥匙应当一一对应标明编号，备用钥匙应设专人管理，且只能在非正常解锁时使用。

1）基本要求

为避免设备设施或系统区域内蓄积能量或危险物料的意外释放，对所有能量和危险物料的隔离设施均应上锁挂牌。作业前，参与作业的每一个人员都应确认隔离已到位并已上锁挂牌，并及时与相关人员进行沟通，且在整个作业期间应始终保持上锁挂签。必须保证安全锁和标签置于正确的位置上，动火作业所在单位与作业单位人员都应对隔离点执行上锁。

当一个隔离点同时涉及多个作业项目时，每个作业项目方都要对此隔离点上锁挂签，以确保各作业方人员的人身安全。任何作业人员对隔离、上锁的有效性有怀疑时，都可要求对所有的隔离点再做一次测试。上锁时应当按照“先电气，后工艺”和“先高压，后低压”的顺序进行，正确使用上锁挂签，以防止误操作的发生，应建立程序明确规定安全锁钥匙的管理，上锁同时应挂签，标签上应有上锁者姓名、日期和单位的简短说明。

2）单个隔离点上锁

单个隔离点上锁有单人单个隔离点上锁和多人单个隔离点的上锁两种情形。单人单个隔离点上锁时，作业区域所属单位操作人员和作业人员用各自个人锁对隔离点进行上锁挂签；多人共同作业对单个隔离点的上锁时，所有作业人员和作业区域所属单位操作人员将个人锁具锁在隔离点上，或者使用集体锁对隔离点上锁，集体锁钥匙放置于锁具箱内，所有作业人员和作业所属单位操作人员用个人锁对锁具箱上锁。

3）多个隔离点上锁

使用集体锁对所有隔离点进行上锁挂签，集体锁钥匙放置于锁箱内，所有作业人员和作业区域所属单位操作人员用个人锁对锁具箱进行上锁。

4）电气隔离上锁

电气隔离因其危险性，应确认所有涉及电源得到控制，上锁人员应有能力进行电气危害评估和处理，对可能进行的带电作业或在带电设备附近作业，上锁时要采取附加的安全措施，电气专业人员在隔离电源点上锁挂签及测试后，将钥匙放入集体锁箱，作业人员在确认隔离点上锁挂牌后，对集体锁具箱上锁。

电气上锁，还应注意以下方面：

（1）主电源开关是电气驱动设备主要上锁点，附属的控制设备，如现场启动/停止开关不可作为上锁点。

（2）若电压低于220V，拔掉电源插头可视为有效隔离，若插头不在作业人员视线范围内，应对插头上锁挂牌，以阻止他人误插。

（3）采用保险丝、继电器控制盘供电方式的回路，无法上锁时，应装上无保险丝的熔断器并加警示标牌。

（4）若必须在裸露的电气导线或组件上工作时，上一级电气开关应由电气专业人员断开或目视确认开关已断开，若无法目视开关状态时，可以将保险丝拿掉或拆线来替代。

（5）具有远程控制功能的用电设备，不能仅依靠现场的启动按钮来测试和确认电源是否断开，远程控制端必须置于“就地”或“断开”状态，并上锁挂签。

4. 确认和测试

在正式作业前或作业中隔离改变时，双方作业负责人应对作业相关隔离措施的完整性和有效性共同进行检查和验证，以确保隔离措施按要求落实到位，能量处于受控状态。

1）隔离确认

能量隔离的状态确认按照“谁主管”“谁负责”的原则进行。当隔离措施、上锁挂签实施后，动火作业所在单位应与作业单位共同确认能量已隔离或去除，当有一方对上锁、隔离的充分性、完整性有任何疑虑时，均可要求对所有的隔离再做一次检查。可采用以下方式进行隔离确认：

（1）在释放或隔离能量前，应先观察压力表或液面计等仪表处于完好工作状态。通过观察压力表、视镜、液面计、低点导淋、高点放空等多种方式，综合确认贮存的能量已被彻底去除或已有效地隔离。

（2）目视确认连接件已断开、设备已停止转动。

（3）电气隔离，应有明显的断开点，并经测试无电压存在。

2）隔离测试

测试是对能量隔离状态和有效性的进一步确认，有条件进行测试时，动火作业所在单位应在作业单位在场的情况下对设备系统进行测试，常见的如电气隔离测试，按下启动按钮或开关，确认设备不再运转。注意：测试时应排除联锁装置或其他会妨碍验证有效性的因素。

如果测试隔离无效，应由动火作业所在单位采取相应措施确保作业安全。当作业期间临时启动设备的操作（如试运行、试验、试送电等），恢复作业前，动火作业所在单位测试人员需要再次对能量隔离进行确认、测试，重新填写“能量隔离清单”。如果作业单位人员提出再测试确认要求时，需经动火作业所在单位相关负责人确认、批准后实施再测试。

3）隔离变更

能量隔离实施必须坚持最优隔离方式的原则。实际隔离实施中，隔离方式的变更常常意味着隔离的可靠度下降，必须谨慎实施。如果必须进行能量隔离方式的变更，应开展充分的评估，制订专项应对方案并经审批后实施，确保能量隔离全程受控。

5. 解锁、拆签

动火作业结束后，经所在单位确认设备、系统符合运行要求后，按照“能量隔离清单”进行现场解锁、拆签工作，解锁、拆签工作按照先解锁、后拆标签的原则进行。如图 3-9 所示。一般要求动火作业所在单位在确认所有作业单位解锁后，再解除其隔离锁。涉及电气隔离解锁时，由电气专业人员进行解锁，解锁应确保人员和设施的安全，并应通知上锁、挂标签的相关人员。当多个作业涉及某个共同隔离点时，按照作业完成顺序依次解除对应隔离锁具。只有当所有相关作业都完成并解除所有锁具后才允许改变隔离点状态。

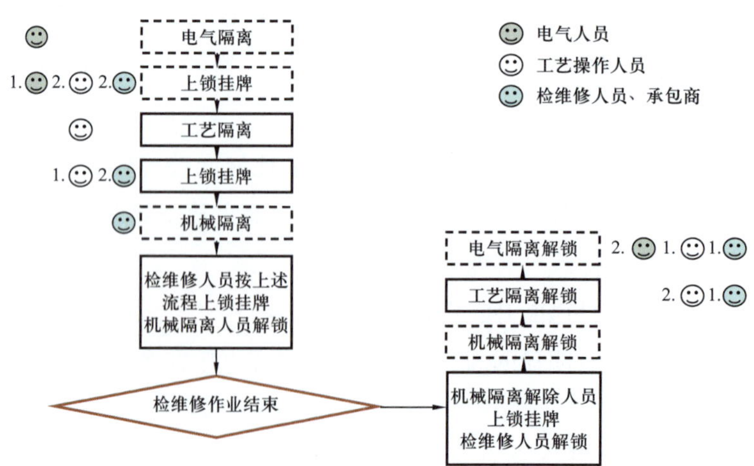

图 3-9 上锁挂签和解锁拆签流程示意图

三、气体分析

动火作业前，必须通过对可燃气体、有毒有害气体进行检测分析，对易燃易爆、有毒有害处理效果进行定量确认，确保作业安全。动火作业根据作业位置与环境不同，气体检测分析的方式也不相同，主要有采样分析和仪器检测两种方式。

（一）动火作业气体分析要求

由于作业位置与周围环境的不同，动火作业过程的安全管控措施也不相同，对于在现场空旷环境及临近设备外部的动火作业，使用便携式气体检测报警仪进行测量分析方便快捷，便于提高作业效率。对于受限空间的动火分析可以使用采样分析和仪器检测两种方式，要考虑作业空间环境所含介质的危害特性来选择合适的检测方式。

动火作业气体检测时间不宜过早，应在动火前的30min内进行。GB 30871—2022《危险化学品企业特殊作业安全规范》规定特级、一级动火作业中断时间超过30min，二级动火作业中断时间超过60min，应重新进行气体分析；《中国石油天然气集团有限公司作业许可安全管理办法》（质安〔2022〕22号）规定气体分析取样时间与作业开始时间间隔超过30min或者作业中断时间超过30min，应当重新进行检测，高于国标要求；每日动火前均应进行气体分析；特级动火作业期间应连续进行气体监测。在较大的设备内动火，应对上、中、下（左、中、右）各部位进行检测分析；在管道、储罐、塔器等设备外壁上动火，应在动火点10m范围内进行气体分析，同时还应检测设备内气体含量；在设备及管道外环境动火，应在动火点10m范围内进行气体分析。

（二）动火作业气体分析方法

可燃气体火灾爆炸事故的发生可能存在以下几种情况：泄漏或者挥发性可燃气（或蒸气）与环境中的空气形成爆炸性气体，遇明火爆炸；空气进入可燃气（液）的容器内部形成爆炸性混合气，遇明火爆炸；在检修过程中设备内残余的可燃气（蒸气）与空气混合，遇明火爆炸；可燃液体在一定的环境条件下自燃、闪燃、引起火灾；可燃性气体与其他物质发生发热反应，温度压力升高，发生爆炸；可燃气（液）容器发生设备故障引起爆炸。

上面提到的前3项的爆炸类型都是在工作中经常可以遇到的情况，此时，及时有效地对动火作业环境中的可燃气和氧气的含量进行检测，就可以预防事故发生。

在这里还要特别提到“受限空间”监测的重要性，因为受限空间中的危险不仅体现在可燃气体的爆炸，更存在着有毒气体对于工人的生命和健康的威胁。

1. 动火气体检测方式

动火作业气体检测的方式分为采样分析、仪器检测两种方式。

采样分析是最准确的气体检测方法，多用于工厂内的动火和受限空间进入前的危险判定。首先寻找出采样地点，通过采样袋采取一定量的气体样品，然后在实验室通过奥氏法和色谱法确定可燃气的含量。这种方法的可靠性和准确度很高，但方法繁琐，特别是由于采样和分析的时间周期限制，无法快速给出实时的数据，因此仅适合于环境条件变化不大的可燃气测量。

仪器检测是指通过使用便携式或移动式气体检测报警仪进行实时监控（如在受限空间进入前进行可燃气体检测，要求必须同时检测氧气浓度）。此时既要有个体防护用的扩散式仪器，也需要可以远程检测的泵吸式仪器对现场进行连续实时监测，从而跟踪可燃气体的浓度变化，及时采取处理措施。

在检测可燃气体与有毒气的过程中，有多种气体检测技术可以选择，选择合适的检测方式需要考虑和兼顾各种各样的因素，鉴于危险化学品行业生产过程中的危险性，以及多种危险化学品混合存在的复杂环境，为保证在设备容器内部动火时作业人员的安全，要求首次动火作业前必须使用采样分析，经色谱分析确认作业环境内可燃气体含量合格后才能实施动火。

2. 气体检测仪与色谱分析仪的区别

在使用仪器进行检测之前，应当对所监测环境中的气体有一个大致的了解，结合作业环境中存在的危害来正确选择是采用气体检测仪还是色谱分析仪。

1）气体检测仪

气体检测仪是利用传感器将气体本身的物理或者化学性质通过光电技术检测，再转化成间接电信号，电信号经过处理、放大、传输，最后通过数学的方法被转化成“浓度”信号，在仪器上直接读取浓度值。因此传感器被看成是一种“相对”的检测技术，传感器的制造技术越来越精致，但由于传感器本身技术原理的局限，便携式气体检测报警仪还无法达到色谱等分析仪器能够达到的精确分析的性能指标。即使是检测特定气体（如一氧化碳、硫化氢）的检测仪，其检测结果还可能被环境中其他的共存气体组分所干扰、影响，从而得到有误差，甚至是错误的检测结果。这些都是使用现场气体检测仪器时需要关注的问题。气体检测仪的优点是传感器响应速度快、寿命较长，便携式仪器操作方便，体积小巧携带方便，能满足各种环境下的实际需求。气体检测仪的缺点是存在测量误差，需要经常性的测试和校准。

使用气体传感器制造的便携式或者固定式气体检测设备，它们所给出的气体“浓度”的读数只能用于指出所在场所气体的浓度范围，相关的数据仅可用于现场警示和报警，而不能作为现场有毒有害气体浓度的“最终”判定结果，一旦需要权威的、具有法律效力的气体检测数据，还是要使用色谱分析仪器来精确分析鉴定。

2）色谱分析仪

色谱分析仪是一种分离分析仪器，主要用于复杂的多组分混合物的分离、分析，它应用色谱法分析技术对物质进行定性、定量分析，以及研究物质的物理、化学特性。

（1）色谱分析原理：

气相色谱分析技术是一种多组分混合物的分离、分析技术。以气体作为流动相（载气），当样品被送入进样器并气化后由载气携带进入填充柱或毛细管柱，由于样品中各组分的沸点、极性及吸附系数的差异，使各组分在柱中得到分离，然后由接在柱后的检测器根据组分的物理化学特性，将各组分按顺序检测出来，将转换后的电信号送至色谱工作站，由色谱工作站将各组分的气相色谱图记录并进行分析，从而得到各组分的分析结果。

（2）色谱分析的优缺点：

分离效率高，几十种甚至上百种性质类似的化合物可在同一根色谱柱上得到分离，能解决许多其他分析方法无能为力的复杂样品分析。分析速度快，一般而言，色谱法可在几分钟至几十分钟的时间内完成一个复杂样品的分析。检测灵敏度高，随着信号处理和检测器制作技术的进步，不经过预浓缩可以直接检测 10^{-9}g 级的微量物质。如采用预浓缩技术，检测下限可以达到 10^{-12}g 数量级。样品用量少，一次分析通常只需数纳升至数微升的溶液样品。选择性好，通过选择合适的分离模式和检测方法，可以只分离或检测感兴趣的部分物质。多组分同时分析，在很短的时间内（20min 左右），可以实现几十种成分的同时分离与定量。易于自动化，现在的色谱仪器已经可以实现从进样到数据处理的全自动化操作。缺点是价格偏高，仪器机构复杂，需要专业人员维护，使用环境要求高。

因为气体检测仪受环境影响的干扰大，检测值略有偏高，所以在受限空间作业时从保护人的生命安全角度来考虑，选择色谱分析最准确；从使用便捷、分析数据迅速的角度来考虑，选择两台气体检测仪进行对比测量分析也能达到要求。

（三）动火分析合格标准

动火分析合格判定标准为：当被测气体或蒸气的爆炸下限大于或等于 4% 时，其被测浓度应不大于 0.5%（体积分数）；当被测气体或蒸气的爆炸下限小于 4% 时，其被测浓度应不大于 0.2%（体积分数）。

不论何时，一旦气体检测仪读数超过 10%LEL，都意味着可能存在燃烧的危险或者非正常情况，10%LEL 是检测可燃气体和混合物的最保守的（或最高可以接受的）报警设置点。绝对安全的环境一定是 0%LEL。

四、视频监控

特级动火作业由作业区域所在单位和作业单位实施作业现场“双监护”。特级动火作业应当采集全过程作业影像，且作业现场使用的摄录设备应当为防爆型。作业过程影像记录应当至少保存一个月。

视频设备、安装布局和数量应满足对重点部位运行状况实时监控的要求，所有作业现场视频监控均应在项目开工前完成安装、调试、接入等工作。视频监控的设置与安装宜满足监控视野实时覆盖工地每个单位工程所有结构主体操作面，所有摄像头的位置前方应无遮挡物，能水平或俯视作业现场，如无法满足作业现场全覆盖，可适当增加摄像头。所有视频监控摄像头均应使用高清摄像头，可实现 360°全方位巡查，以保证监控画面能获取有效信息。有防爆要求的作业区域内，应安装具有防爆功能的摄像头。

当前科学技术的飞速发展，为远程视频、过程影像摄录设备的选择和应用提供了技术条件。危险化学品企业应当完善现有的固定视频监控设施，配备满足需要的移动式视频监控设施，积极探索推广移动布控球、无人机监控等新兴技术手段在动火作业现场管理中的应用，实现对动火作业风险控制措施落实和作业安全行为的全过程智能化监控。

第三节 动火作业个人防护

动火作业是石油石化行业各单位检修作业过程中采用较多的作业类型，在作业过程中，如果个人防护措施落实不到位容易发生人员伤害事故。因此，动火作业时，进入作业现场的人员应正确佩戴满足 GB 39800.1—2020《个体防护装备配备规

范 第1部分：总则》要求的个体防护装备。个体防护装备到使用期限前或者出现损坏不完好时要立即更换新的个体防护装备。

一、个人防护装备

个体防护装备（Personal Protective Equipment，PPE）就是人在生产和生活中为防御物理（如噪声、振动、静电、电离辐射、非电离辐射、物体打击、坠落、高温液体、高温气体、明火、恶劣气候作业环境、粉尘与气溶胶、气压过高、气压过低）、化学（有毒气体、有毒液体、有毒性粉尘与气溶胶、腐蚀性气体、腐蚀性液体）、生物（细菌、病毒、传染病媒介物）等有害因素伤害人体而穿戴和配备的各种物品的总称。

个体防护装备即劳动防护用品。作业场所中存在职业性危害因素和危害风险，个体防护装备应符合国家标准和行业标准。动火作业的方式主要有焊接、切割、打磨等，使用的防护用品有普通防护用品和专用防护用品两类。

（一）普通防护用品

劳动防护用品是直接保护劳动者人身安全与健康，防止伤亡事故和职业病的防护性装备。按其防护部位可大略分为：头部防护用品、呼吸性防护品、眼面部防护用品、听力防护用品、防护服、防护手套、防护鞋（靴）、防坠落劳动防护用品、劳动护肤品等。也可按照工伤事故和预防职业病分为两大类，一类是用于防止伤亡事故，称为安全劳动防护用品，如防火隔热服、防坠落劳动防护用品（安全网、安全带、安全绳）、防冲击劳动防护用品（安全帽、防冲击护具）、绝缘防静电用品、防机械外伤劳动防护用品（防刺、割、绞、磨损的服装、鞋、手套等）、防酸碱劳动防护用品等。另一类是用于预防职业病，称劳动卫生护具，如防尘用品（防尘、防微粒口罩等）、防毒用品（防毒面具、防毒衣等）、防放射性用品、防辐射用品、防噪声用品等。还有一些防护用品兼有防止工伤事故和预防职业病的双重功能。

劳动用品按防护部位可以划分为以下几种类型。

1. 头部防护用品

是以保护头部防撞击、挤压伤害的护具。安全帽按性能分为普通型（P）和特殊型（T），普通型安全帽是用于一般作业场所，具备基本防护性能的安全帽产品；特殊型安全帽是除具备基本防护性能外，还具备一项或多项特殊性能的安全帽产品，适用于与其性能相应的特殊作业场所。焊工用的安全帽应符合 GB 2811—2019《头部防护　安全帽》中安全帽的要求（图 3-10）。

图 3-10　安全帽

2. 眼面部防护用品

图 3-11　防护眼镜

用以保护作业人员的眼面部，防止异物、紫外线、电辐射、酸碱溶液的伤害。焊接作业的主要眼面护具有焊接眼面护具面罩、焊接眼面护具滤光片及眼镜（图 3-11）、防冲击眼护具等。

3. 防护手套

用于保护手和臂的护具。焊接作业的主要防护手套有焊工手套、耐温防火手套、电工绝缘手套及各类袖套等，见图 3-12、图 3-13。

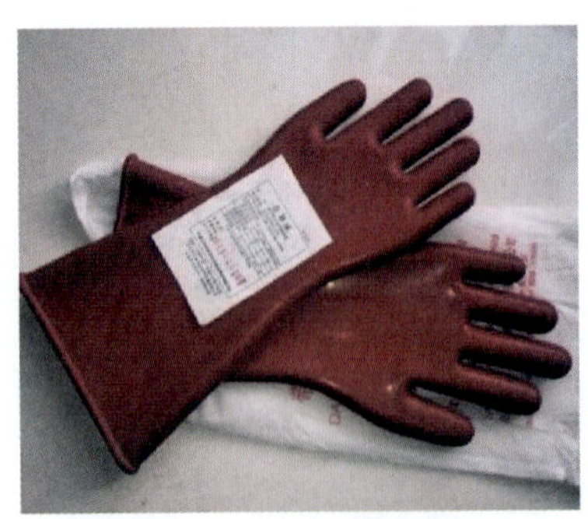

图 3-12　电工绝缘手套

图 3-13　耐温防火手套

4. 防护服

用于保护作业者免受环境有害因素的伤害。焊接作业的主要防护服有防静电工作服、隔热防护服等（图 3-14）。

5. 防护鞋（靴）

用于保护足部免受各种伤害的护具。焊接作业中涉及的主要防护鞋有护足趾安全鞋（靴）（图 3-15）、胶面防砸安全靴、电绝缘鞋、防刺穿鞋、导电鞋、耐高温鞋等。

图 3-14　隔热服

图 3-15　安全鞋

6. 听力防护用品

用于保护听力、降低噪声的护具，长时间工作在噪声环境下，会导致听力减弱，强的噪声可以引起耳部的不适，如耳鸣、耳痛、听力损伤。耳塞是插入外耳道内，或置于外耳道口处的护耳器。耳罩是由压紧每个耳廓或围住耳廓四周而紧贴在头上遮住耳道的壳体所组成的一种护耳器。焊接作业的主要听力护具有耳塞、耳罩等，见图 3-16、图 3-17。

图 3-16　泡沫塑料耳塞

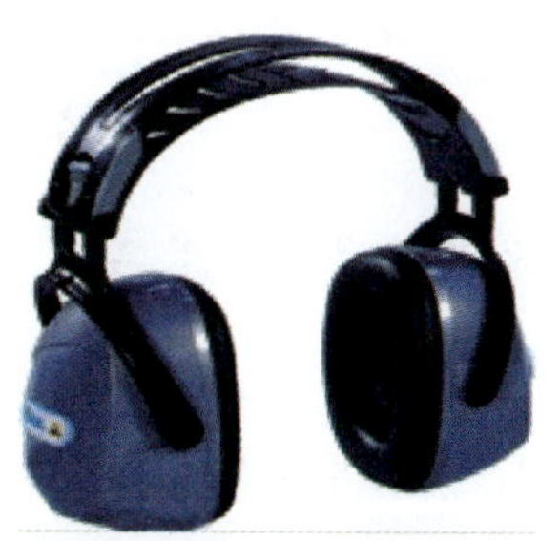

图 3-17　耳罩

7. 呼吸性防护用品

呼吸防护装备是指防御缺氧空气和空气污染物进入呼吸系统的防护用品，分为过滤式和隔绝式两种，按防护用途分为防尘、防毒和供氧三类。焊接作业中涉及的主要呼吸护具有自吸过滤式防尘口罩、过滤式防毒面具、空气呼吸器等，见图 3-18、图 3-19、图 3-20。

图 3-18　防尘口罩

图 3-19　过滤式防毒面具

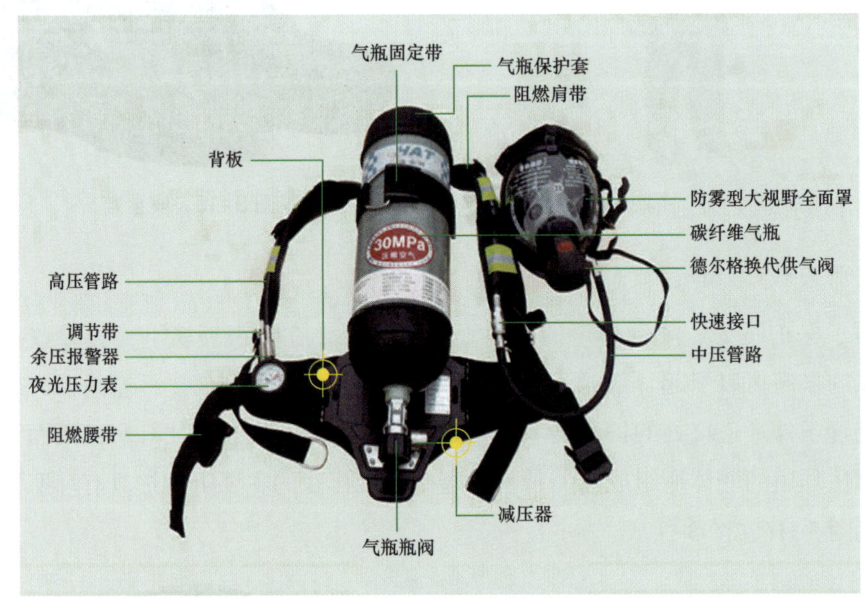

图 3-20　正压式空气呼吸器

8. 防坠落劳动防护用品

用于保护高处作业人员，防止坠落事故发生，主要防坠落护具有安全带（图 3-21）、安全绳和安全网。

图 3-21　安全带

（二）专用防护用品

动火作业方式不同采用的防护用品也不同，石油石化行业各单位动火作业中最常用的动火方式是焊接与气割，焊接作业除穿戴普通防护用品外，针对作业场合，还应该佩戴专用防护用品。焊接作业主要的职业病危害有粉尘、有毒气体、电弧光辐射、高频电磁场、高温、噪声等，其中以电焊烟尘、有毒气体、电弧光辐射最为常见，危害也最广泛。为避免焊接工作中弧光、焊接烟尘及有害气体对人体健康造成的危害，必须采取有效的个人防护措施：如佩戴电焊面罩、呼吸防护用品等，来有效地防止焊接时产生的有毒气体和粉尘的危害。穿电焊工作服，尽量避免皮肤外露。焊接防护用品必须定期进行保养维护，以便员工合理安全地使用焊接防护用品。

1. 焊接防护面罩

防止焊接弧光和火花烫伤的危害，应根据 GB/T 3609.1—2008《职业眼面部防护　焊接防护　第 1 部分：焊接防护具》的要求，选用符合作业条件的滤光镜片。焊工用面罩有手持式和头戴式两种，面罩和头盔的壳体应选用难燃或不燃的且不刺激皮肤的绝缘材料制成，罩体应遮住脸面和耳部，结构牢靠，无漏光。头戴式电焊面罩，用于各类电弧焊或登高焊接作业，除去镜片、安全帽等附件外其重量不大于 500g。焊工用 ABS 材质焊工专用安全帽，安全帽由盔壳、面罩、披肩、缓冲层等部分组成，半盔式设计，款式新颖，具备防尖锐物品冲击、防热辐射、防泼溅、防刺穿、防紫外线、防强光、隔热等性能（图 3-22）。

图 3-22　焊接防护面罩

辅助焊工应根据工作条件，选戴遮光性能相适应的面罩和防护眼镜。气焊、气割作业，应根据焊接、切割工件板的厚度，选用相应型号的防护眼镜片。焊接、切割的准备清理工作，如打磨焊口，清除焊渣等，应使用镜片不易破碎成片的防渣眼镜。敲焊渣，打磨焊缝时，需要佩防护眼镜或防护面屏。

2. 电焊工工作服

焊工使用的防护服应根据焊接与切割工作的特点选用。棉帆布工作服广泛用于一般焊接、切割工作。气体保护焊在紫外线作用下，有产生臭氧等气体时应选用粗毛呢或皮革等面料制成的工作服，以防焊工在操作中被烫伤或体温增高。全位置焊接工作的焊工应配用皮制工作服。手把焊仰焊时，需要佩戴披肩，盖脚布；在仰焊切割时，为了防止火星、熔渣从高处溅落到头部和肩上，焊工应在颈部围毛巾，穿着用防燃材料制成的护肩、长袖套、围裙和鞋盖等。焊工穿用的工作服不应潮湿，工作服的口袋应有袋盖、上身应遮住腰部，裤长应罩住鞋面，工作服上不应有破损，孔洞和缝隙，不允许沾有油、脂。焊接与切割作业的工作服，不能用一般合成纤维织物制作（图 3−23）。

图 3−23　电焊工工作服

3. 电焊工手套

焊工手套应选用耐磨、耐辐射热的皮革或棉帆布和皮革合制材料制成，其长度不应小于 300mm，要缝制结实，焊工不应戴有破损和潮湿的手套。焊工在可能导电的焊接场所工作时，所用的手套应该用具有绝缘性能的材料（或附加绝缘层）制成，并经垂直电阻试验合格后，方能使用（图 3−24）。

4. 电焊工防护鞋

焊工防护鞋应具有绝缘、抗热、不易燃、耐磨损和防滑性能的绝缘鞋。在易燃易爆场合焊接时，鞋底不应有鞋钉，以免产生摩擦火星。

图 3-24 电焊工手套

5. 其他防护用品

电焊、切割工作场所，由于弧光辐射、溶渣飞溅、影响周围视线、应设置弧光防护室或护屏，护屏应选用不燃材料制成，其表面应涂上黑色或深灰色油漆，高度不应低于 1.8m，下部应留有 25cm 流通空气的空隙。焊工登高或在可能发生坠落的高处场所进行焊接、切割作业时需要戴好安全带，所用的安全带应符合 GB 6095—2021《坠落防护 安全带》安全带的要求，安全带上安全绳的挂钩应挂牢。受限空间电焊作业，需要佩戴氧气分析仪，做好通风措施或佩戴自送风式焊工面罩；焊工使用的工具袋、桶应完好无孔洞，焊工常用的手锤渣铲，钢丝刷等工具应连接牢固。焊工所用的移动式照明灯具的电源线，应采用 YQ 或 YQW 型橡胶套绝缘电缆，导线完好无破损，灯具开关无漏电，电压应根据现场情况确定或用 12V 的安全电压，灯具的灯泡应有金属网罩防护。

二、气体检测设备

从气体监测和检测仪器的发展历史上看，矿工可能是最早认识到需要一种检测危险气体装置的工人。1815 年，著名化学家、英国人亨福瑞·戴维（Humphry Davy）发明了可以在矿井瓦斯环境中使用的安全矿灯——Davy 安全矿灯。Davy 灯的出现，不仅排除了因蜡烛或火把照明引起的煤矿内瓦斯爆炸的危险，同时它也是一种间接检测瓦斯和氧气的设备。

1926 年，加利福尼亚的标油（Standard Oil）公司开始研制、开发可燃气体直读指示器的工作。1927 年，Oliver W.Johnson 发明了便携式可燃气体传感器。1939 年，日本理研（Riken）公司发明了利用光衍射原理的用于检测汽油蒸气和甲烷的干涉式气体检测计。1960 年，第一代电化学氧气传感器出现，被应用于便携氧气检测仪器之中。1968 年，金属氧化物传感器出现。1981 年，英国 City 公司工业化地推出氧气和多种其他有毒气体的电化学传感器，从而促进了现场气体检测仪器的大规模普及，也诞生了众多的气体检测仪器生产厂家，例如德国的德尔格、法国欧德姆、美国的英思科和华瑞、英国的科尔康、日本的理研等，国产的有保时安、希玛、深达威、逸云天、艾科思、爱德克斯等。

气体检测仪是一种气体泄漏浓度检测的仪器仪表工具，主要利用气体传感器来检测环境中存在的气体成分和浓度，包括：便携式气体检测报警仪、手持式气体检测报警仪、固定式气体检测报警仪、在线式气体检测报警仪等。所有使用气体传感器仪器都必须经常用具有确定浓度值的标准气体进行标定，从而保证其检测的"准确度"。

下面简单介绍一下气体检测仪器的分类、使用场合和工作原理。

（一）气体检测仪的选用和分类

使用各种检测原理的气体传感器制造出来的各种形式的现场气体检测仪，适用于不同的生产场合和检测要求，应该根据现场情况选择符合要求的气体检测方式和检测仪。在实际使用中所面临的问题是如何根据特定的工作环境选择合适的气体检测仪。

气体检测仪按使用方式可分为固定式气体检测报警仪和便携式气体检测报警仪，按可检测的气体数量可分为单一式气体检测报警仪和复合式气体检测报警仪，按气体传感器的原理可分为红外线气体检测报警仪、热磁气体检测报警仪、电化学式气体检测报警仪、半导体式气体检测报警仪、紫外线气体检测报警仪等。

1. 按使用方式分类

（1）固定式气体检测报警仪：是工业生产和装置中使用相对较多的检测仪器，是安装在固定监测点对某一固定气体进行检测的仪器，由电路、传感器、报警装置共同完成气体的监测，并且根据气体的密度选择传感器安装的高度位置。固定式仪器可长时间监控，但一次安装定位，无法根据实际情况改变监控区域（图 3–25）。

（2）便携式气体检测报警仪：便携式气体检测仪体积轻小，可以轻松携带到不同的环境场合，由于其供电采用碱性电池供电，工作时间更长，所以应用越来越广泛，是最常见的气体检测仪器。便携式气体检测报警仪是气体检测仪器的最为重要的组成部分，在实际应用中发挥着越来越大的作用。便携式仪器可以随意移动检测，但却无法进行长时间监控（一次工作最长 20h）（图 3-26）。

图 3-25　固定式气体检测报警仪

图 3-26　便携式气体检测报警仪

2. 按可检测的气体数量分类

（1）单一式气体检测报警仪：是只能测量单一种类的气体检测仪，比如常见的硫化氢气体检测报警仪等，单一式气体检测报警仪更适合于固定岗位工作的人员使用。这些岗位的有毒有害气体的种类和浓度范围、危害水平都已经经过了严格的监控。此时，工人只需佩戴单一的气体检测仪即可在工作过程中得到充分的保护。单一式气体检测报警仪主要用于工作人员的个体防护，因此大都体积小巧，一般应当将这类仪器佩戴在个人的呼吸区域附近，比如领口、上衣口袋、安全帽之上。当仪器报警时，就意味着工人处于一种危险的状态，需要立即进行处置（图 3-27）。

图 3-27 单一式气体检测报警仪

（2）复合式气体检测报警仪：是将多种气体传感器放到一个仪器中，从而达到一次检测多种气体的目的。目前大多数的复合式仪器都可以同时安装最多 6 个传感器，包括电化学式氧气传感器、催化燃烧式可燃气体传感器、用于检测特定毒气的电化学检测器，还包括宽带检测的 MOS 传感器和光离子化式传感器，检测二氧化碳和甲烷的红外传感器等。目前，有的复合式气体检测仪已经可以没有限制地任意安装各类气体传感器（图 3-28）。

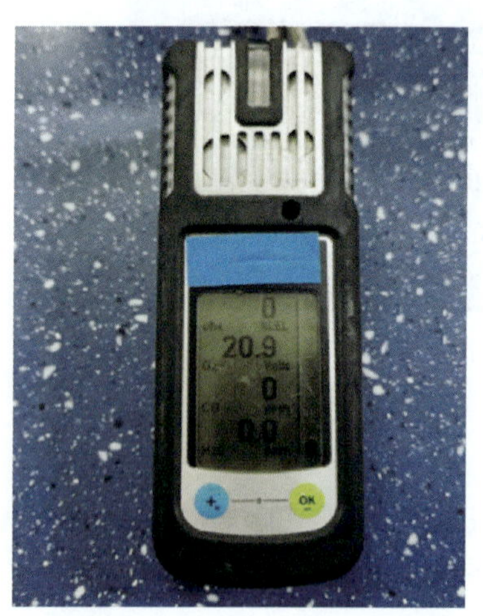

图 3-28 复合式气体检测报警仪

3. 按气体传感器的原理分类

（1）红外气体检测报警仪：全称为红外光学气体检测报警仪，它是一种根据朗伯—比耳（Lambert-Beer）定律原理来工作的，基于不同气体分子的近红外光谱选择吸收特性，利用气体浓度与吸收衰减强度关系（朗伯—比耳，Lambert-Beer 定律）来鉴别气体浓度成分。红外吸收式检测仪的特点同催化燃烧式传感器一样，红外吸收式检测器在实际应用中也大多用来检测可燃性气体，但催化燃烧式传感器是一种可以广泛应用于各类可燃气体的检测方法，而红外检测器只能用于检测烷烃类（1～20 个碳）化合物，因此，红外吸收式检测器更适合于石化工厂、天然气管道等可能出现的烷烃类、煤矿等（瓦斯）的检测。

（2）电化学式气体检测报警仪：原理是利用电化学反应来检测气体的存在。电化学反应是指在电极上发生的化学反应，它可以通过电流来控制和测量。电化学式气体检测仪中，通常使用的是氧化还原反应。当气体进入检测仪时，它会与电极上的反应物发生反应，产生电流信号，这个信号可以被放大和处理，最终转化为气体浓度的读数。电化学式气体检测仪具有灵敏度高、响应速度快、精度高等优点。同时，它也有一些局限性，如对环境温度和湿度的敏感性较高，需要进行定期校准等。

（二）气体检测仪的使用场合

气体检测仪通常是对有毒有害或者可燃气体的检测，对于不同行业不同场合下的检测标准是不一样的，而对于不同气体的检测标准也不尽相同。在选择气体检测仪器时，要根据其使用的目的和环境来选择合适的检测仪。

首先，要确定所要检测气体的种类，在选择哪一种气体检测仪之前确定检测的是何种气体。其次，判断这种气体比较适合存在的浓度范围是多少，还要考虑所有可能会发生的状况。最后，如果该环境中可能混合存在各种气体，那么最好还是选择复合式检测仪。例如，甲烷或者其他毒性较小的烷烃类的气体比较多的环境，可以选择 LEL 检测仪；而一氧化碳和硫化氢等有毒气体的环境则要保证测试人员及环境中工作人员的人身安全，最好选择特定的气体检测仪。

（三）气体检测仪的工作原理、分级报警

随着科技的发展，仪器厂家在不断推出各种检测原理的气体传感器来制造各种形式的气体检测仪器，使用户可以选择更多适合自己要求的气体检测方式，所面临的问题就是如何根据特定的工作环境选择合适的气体检测仪。

1. 气体检测仪的工作原理

由于不可能有一种传感器可以检测所有的气体，因此各种气体和各种环境使用的传感器也不一样，它们大致可以分为用于检测可燃气体的爆炸浓度的传感器和用于检测有毒气体浓度的传感器。

检测可燃气体浓度的传感器大多采用催化燃烧传感器，它的使用寿命在3～5年。催化燃烧式气体传感器利用其催化燃烧特性检测空气中可燃气含量，是可燃气体专用传感器。由于它的性能好、成本低，是当前国内外使用最多最广泛的可燃气传感器。

测量有毒气体浓度的传感器大多采用电化学传感器，它是基于电化学原理工作的传感器，影响其寿命的主要因素是电解液，一般的传感器在2～3年之后，电解液就消耗得不能再正常工作了，所以电化学传感器的使用寿命是2～3年。

气体检测仪的使用寿命主要取决于它的主要元件传感器，传感器是将空气中的有害气体含量转化为电信号的器件。传感器产生的电信号经电子线路处理、放大和转换后，实现有害气体含量的显示和报警。可见，传感器是有害气体检测报警仪的基础核心部件，它的优劣决定了有害气体检测报警仪的质量和功能指标。

2. 报警值的设置与选择

气体检测仪的主要用途是在危险情况下警告人员采取行动。通常，这种行动就是立即离开危险场所，或者在环境中有毒有害气体浓度超过预设值后发出警报后，人员采取措施选择合适的个人防护设备（PPE）。

1）爆炸下限

爆炸下限（LEL）是可燃气体、蒸气或薄雾在空气中形成爆炸性气体混合物的最低浓度。可燃气体泄漏或者易燃液体挥发并与空气混合后，一旦可燃性气体的浓度达到爆炸下限以上，形成爆炸性混合气，遇明火就会发生爆炸，因此，在某个场合里，只要可燃性混合气体浓度达到爆炸下限，其爆炸程度或者危险程度就是100%。当可燃气体的浓度只达到爆炸下限10%，或者一般讲的10%LEL时，表明这个区域已经具有了爆炸的危险，程度只为10%。实际上只要能够检测到可燃气体的任何浓度，都证明这个环境中存在着潜在的危险。

显然，空气中可燃气体的浓度越大，越接近爆炸下限，则爆炸的危险程度越高，另外，可燃气体的爆炸下限越低，其爆炸的危险性也越大。因此在很多情况下，我们都采用了测量可燃气体LEL的百分数，即%LEL的方法，来表明环境的危险程度。

2）职业接触限值

职业接触限值（OEL）指劳动者在职业活动过程中长期反复接触，不会对绝大多数接触者的健康引起有害作用的容许接触水平。化学有害因素的职业接触限值包括时间加权平均容许浓度、短时间接触容许浓度和最高容许浓度三种。

时间加权平均容许浓度（PC-TWA）：以时间为权数规定的 8h 工作日、40h 工作周的平均容许接触浓度。短时接触容许浓度（PC-STEL）：在遵守 PC-TWA 前提下容许短时间（15min）接触的浓度。最高容许浓度（MAC）：在一个工作地点、每一个工作日内、任何时间有毒化学物质均不应超过的浓度。直接致害浓度（IDLH）：在工作地点，环境中空气污染物浓度达到某种危险水平，如可致命或永久损害健康，或使人立即丧失逃生能力。

如果是长时间在一个存在有毒气体的环境中工作，TWA 值可能是最合理的报警设置。此时，仪器可以保证正常 8h 工作，环境浓度不会超过国家规定的 TWA。而如果短时间工作，则设定 STEL 值比较适合。

3）报警设定值

当使用气体检测仪作为环境应急事故或者泄漏检查时，则要设定最大值和最小值警报，以警告工作人员此时环境浓度的情况。

报警值设定应符合下列规定：

可燃气体的一级报警设定值应小于或等于 25%LEL，可燃气体的二报警设定值应小于或等于 50%LEL。

有毒气体的一级报警设定值应小于或等于 100%OEL，有毒气体的二级报警设定值应小于或等于 200%OEL。当现有探测器的测量范围不能满足测量要求时，有毒气体的一级报警设定值不得超过 5%IDLH，有毒气体的二级报警设定值不得超过 10%IDLH。

环境氧气的过氧报警设定值宜为 23.5%（体积分数），环境欠氧报警设定值宜为 19.5%（体积分数）。

（四）使用气体检测仪时需要注意的问题

气体检测仪必须在使用分析仪器确认了环境中气体种类和浓度范围后，才能用于保证人员的生命安全。如果对仪器性能一知半解，对传感器知识一无所知，看着仪器上显示的数字更不知所云，那也不会知道如何用这个仪器来保护自己的生命和健康。

1. 外壳防护

由于便携式仪器要同使用人员一道进入到各种各样的危险场所，因此外壳就显得十分重要。除了保证安全防爆、防火、防水等基本要求外，还要求防止滑跌、碰撞等物理因素对仪器的损坏，使用前应检查仪器是否完好。

2. 电池电量

电池可以被看成是便携式仪器的心脏，电池决定了仪器的体积和重量，也决定了仪器的使用时间。目前大部分便携式仪器既可以使用充电电池，也可以使用碱性电池供电。充电电池的优点是长期使用费用低，碱性电池的特点是应急使用方便。因此，便携式检测仪应当具备两种供电方式的更换功能。目前便携式仪器上使用的充电电池包括镍氢电池和锂离子电池，特别是充电式锂离子电池是各类便携式检测仪的首选电源，最常见的锂离子充电电池可以支持检测仪工作 20h 左右。

由于催化燃烧式传感器需要在测量的过程中持续加热，因此，催化燃烧式传感器的耗电比较大，一般可以达到 50mA（24V 直流供电），所以在便携式仪器中常常需要采用充电电池来提供整个检测仪的供电。一般电化学传感器的耗电量极低，我们常用的干电池可以为单一有毒气体便携式仪器供电 1000～2000h，这时使用充电电池反而得不偿失。为确保便携式气体检测仪能连续正常工作，使用前要开机检查便携式气体检测仪的电池电量，电量不足要及时充电或者更换。

3. 测试和校准

气体检测仪也同其他的分析检测仪器一样，都是用相对比较的方法进行测定的：先用一个零气体和一个标准浓度的气体对仪器进行标定，得到标准曲线储存于仪器之中，测定时，仪器将待测气体浓度产生的电信号同标准浓度的电信号进行比较，计算得到准确的气体浓度值，因此，经常对检测仪进行校零、测试、校准，都是保证测量准确的必不可少的工作。

4. 检测干扰

一般而言，每种传感器都对应一个特定的检测气体，但任何一种气体检测仪也不可能是绝对特效的。因此，在选择一种气体传感器时，都应当尽可能了解其他气体对该传感器的检测干扰，以保证它对于特定气体的准确检测。

氧气含量不足对用催化燃烧传感器测量可燃气浓度会有很大的影响，这就是一种干扰。因此，在测量可燃气的时候，一定要测量伴随的氧气含量。

5. 使用培训

每个气体检测仪生产厂家都有着不同的操作菜单和设置参数的过程，这完全取决于这个厂家的设计习惯和经验积累，因此了解仪器使用的最基本手段就是研究仪器的随机操作手册。加强培训是提高检测仪使用效率、获得正确检测结果的重要保证。检测仪在使用过程中，由于环境因素或仪表本身的原因可能会导致零点发生偏移，因此检测仪需要定期标定，根据《中华人民共和国计量法》要求，气体检测仪属于国家强制检定的计量器具，需要使用单位定期检定，校验周期一般不超过一年。

第四节 动火作业环境安全条件

动火作业前，凡是可能存在缺氧、富氧、有毒有害气体、易燃易爆气体和粉尘的环境，都应进行气体或者粉尘浓度检测，并确认检测结果合格。作业环境不同，动火作业的要求也不一样，应根据规范要求选择合适的检测方式、检测时间、检测频次和安全措施。

一、自然环境

动火作业前应依据自然环境与天气特征，以及项目特点和项目条件，针对环境与天气方面的风险，落实安全预防和应急处置措施。

雨天作业时，对有防雨、防潮要求的器材进行覆盖保护，对于易锈蚀的机具应进行防锈处理，进行电气设备及线路的检查与维护，对防雷装置进行接地电阻测定。雷电、暴雨时应停止室外作业，作业人员撤离到安全地点，并切断现场电源。

暑季作业时，应做好防暑降温工作，宜适当避开中午前后的高温作业时间，长时间露天作业场所应采取防晒措施，如有条件时，可搭设防晒棚；氧气瓶、乙炔气瓶等应有防晒设施，不得在烈日下暴晒。

大风天气进行动火作业时，如遇五级风以上（含五级风）天气，禁止露天动火作业。因生产确需动火，动火作业应当升级管理。

动火作业人员应当在动火点的上风向作业，并采取隔离措施控制火花飞溅。高处动火作业使用的安全带、救生索等防护装备应当采用防火阻燃材料，必要时使用自动锁定连接，并采取防止火花溅落措施。

潮湿环境作业时，作业人员应当站在绝缘板上，同时保证金属容器接地可靠。潮湿环境是指空气相对湿度大于 95% 的环境、施工场地积水的环境和泥泞的环境。

二、爆炸性气体环境

爆炸性气体环境是指在大气条件下，气体或蒸气可燃物质与空气的混合物引燃后，能够保持燃烧自行传播的环境。

（一）爆炸危险区域划分

爆炸性气体环境是根据爆炸性气体混合物出现的频繁程度和持续时间分为 0 区、1 区、2 区，分区应符合下列规定：

0 区应为连续出现或长期出现爆炸性气体混合物的环境；1 区应为在正常运行时可能出现爆炸性气体混合物的环境；2 区应为在正常运行时不太可能出现爆炸性气体混合物的环境，或即使出现也仅是短时存在的爆炸性气体混合物的环境。

符合下列条件之一时，可划为非爆炸危险区域：没有释放源且不可能有可燃物质侵入的区域；可燃物质可能出现的最高浓度不超过爆炸下限值的 10%；在生产过程中使用明火的设备附近，或炽热部件的表面温度超过区域内可燃物质引燃温度的设备附近；在生产装置区外，露天或开敞设置的输送可燃物质的架空管道地带，但其阀门处按具体情况确定。

（二）释放源的分级

释放源应按可燃物质的释放频繁程度和持续时间长短分为连续级释放源、一级释放源、二级释放源，释放源分级应符合下列规定：

1. 连续级释放源

连续释放源应为连续释放或预计长期释放的释放源。下列情况可划为连续级释放源：没有用惰性气体覆盖的固定顶盖贮罐中的可燃液体的表面；油、水分离器等直接与空间接触的可燃液体的表面；经常或长期向空间释放可燃气体或可燃液体的蒸气的排气孔和其他孔口。

2. 一级释放源

一级释放源应为在正常运行时，预计可能周期性或偶尔释放的释放源。下列情况可划为一级释放源：在正常运行时，会释放可燃物质的泵、压缩机和阀门等的密封处；贮有可燃液体的容器上的排水口处，在正常运行中，当水排掉时，该处可能会向空间释放可燃物质；正常运行时，会向空间释放可燃物质的取样点；正常运行时，会向空间释放可燃物质的泄压阀、排气口和其他孔口。

3. 二级释放源

二级释放源应为在正常运行时，预计不可能释放，当出现释放时，仅是偶尔和短期释放的释放源。下列情况可划为二级释放源：正常运行时，不能出现释放可燃物质的泵、压缩机和阀门的密封处；正常运行时，不能释放可燃物质的法兰、连接件和管道接头；正常运行时，不能向空间释放可燃物质的安全阀、排气孔和其他孔口处；正常运行时，不能向空间释放可燃物质的取样点。

（三）现场通风条件

当爆炸危险区域内通风的空气流量能使可燃物质很快稀释到爆炸下限值的 25% 以下时，可定为通风良好，并应符合下列规定：

通风良好场所一般为：露天场所；敞开式建筑物，在建筑物的壁、屋顶开口，其尺寸和位置保证建筑物内部通风效果等效于露天场所；非敞开建筑物，建有永久性的开口，使其具有自然通风的条件；对于封闭区域，每平方米地板面积每分钟至少提供 0.3m³ 的空气或至少 1h 换气 6 次。

当采用机械通风时，下列情况可不计机械通风故障的影响：封闭式或半封闭式的建筑物设置备用的独立通风系统；当通风设备发生故障时，设置自动报警或停止工艺流程等确保能阻止可燃物质释放的预防措施，或使设备断电的预防措施。

（四）爆炸危险区域的确定

爆炸危险区域的划分应按释放源级别和通风条件确定，存在连续级释放源的区域可划为 0 区，存在一级释放源的区域可划为 1 区，存在二级释放源的区域可划为 2 区，并应根据通风条件按下列规定调整区域划分：当通风良好时，可降低爆炸危险区域等级；当通风不良时，应提高爆炸危险区域等级；局部机械通风在降低爆炸性气体混合物浓度方面比自然通风和一般机械通风更为有效时，可采用局部机械通风降低爆炸危险区域等级；在障碍物、凹坑和死角处，应局部提高爆炸危险区域等级；利用堤或墙等障碍物，限制比空气重的爆炸性气体混合物的扩散，可缩小爆炸危险区域的范围。爆炸危险区域的划分示意图见图 3-29。

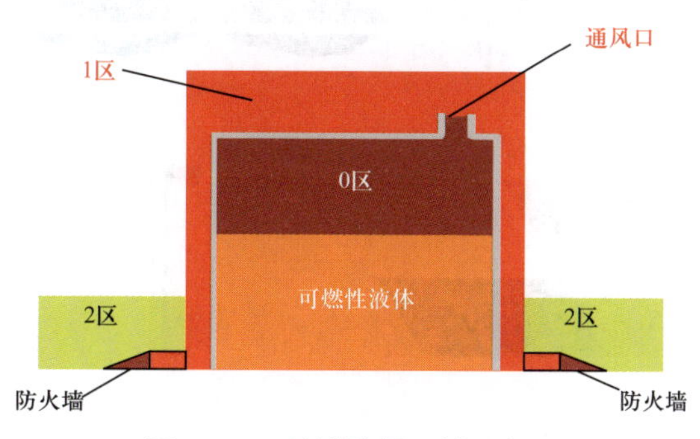

图 3-29 储罐防爆区域示意图

三、爆炸性粉尘环境

爆炸性粉尘环境是指在大气环境条件下，可燃性粉尘与空气形成的混合物被点燃后，能够保持燃烧自行传播的环境。涉及可燃性粉尘环境的动火作业应当符合GB 15577—2018《粉尘防爆安全规程》，并满足以下要求：

动火前，应清除作业现场15m范围内的可燃粉尘；动火作业的区段应当与其他区段有效隔断；动火作业期间和作业完成后的冷却期间，应当采取措施，防止粉尘进入明火作业现场；动火作业后应当全面检查现场，确保设备内外部无热熔渣遗留，防止粉尘阴燃。

四、作业现场的隔离

为保护作业安全，防止无关人员进入危险区域，并限制作业人数，需按照作业类型，对作业现场设置警示标志、警戒区，对施工作业现场进行有效隔离，通常分为警示性隔离和保护性隔离两种。

（一）警示性隔离

警示性隔离，顾名思义只能起到警示性作用，不能提供有效的身体保护。在动火作业、高处作业、吊装作业等危险性作业（或大检修局部）区域，临时使用安全警戒带对危险作业区域进行隔离，警告无关人员注意危险、禁止进入危险区域。另外，安全警示标识、警示灯等也都属于警示性隔离（图3-30）。

图3-30　安全警示标识、警戒带尺寸与示例

（二）保护性隔离

保护性隔离，顾名思义此类措施除具备警告作用外，还能够提供有效的身体保护。如容易造成人员坠落区域设置钢管围栏；对于挖掘作业或因作业性质需要，采用彩钢板或使用钢管、安全网隔离作业区域（图 3-31）。

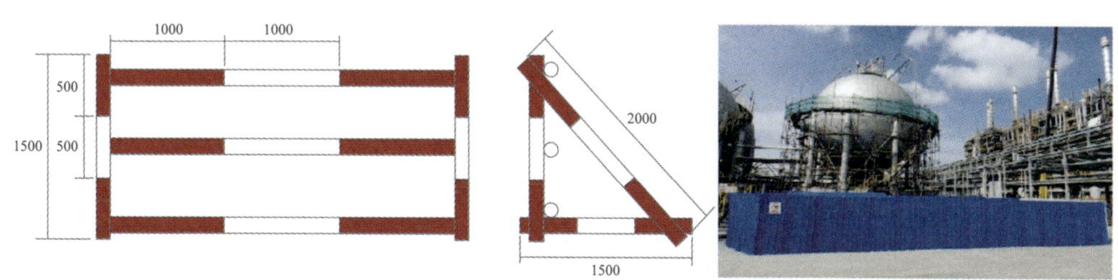

图 3-31　钢管围栏尺寸与彩钢板隔离示例

五、作业现场的标识

（一）安全警示标签

作业单位应根据作业现场的危险状况，用安全隔离带或围栏隔离出不同工作区域，提示有危险，禁止入内或进入时需注意。隔离区域采取悬挂安全警示标签的方式，明确显示隔离区域的相关信息，并在标签上填注隔离的理由与日期。

对于隔离区，当所挂标签为红色（禁止）时，见图 3-32。只有在此工作的人员可以进入隔离区，其他人员必须经过在隔离区内工作的人或是其主管授权才可进入；工作交接班时，接班人必须检查隔离安全状况。

对于隔离区，当所挂标签为黄色（危险）时，见图 3-33。凡是欲进入隔离区者，必须谨慎查看安全状况，确认没有危险后方可进入。

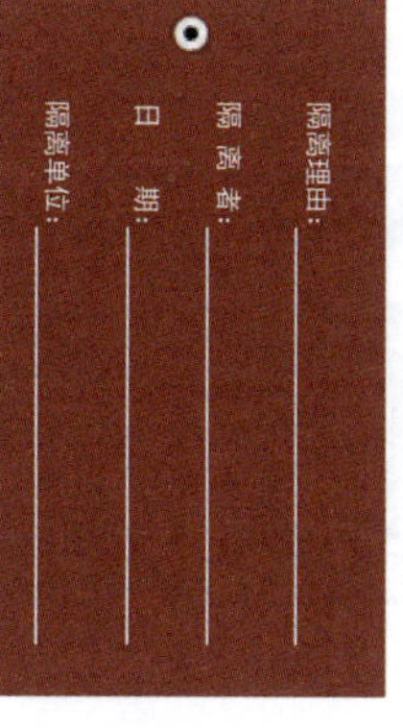

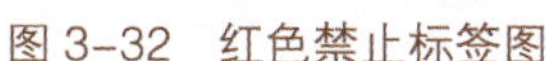
图 3-32　红色禁止标签图

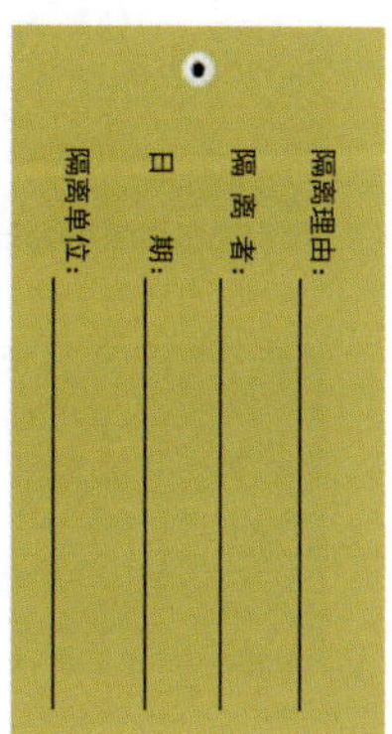

图 3-33　黄色危险标签

（二）安全警示标志

安全标志是指用于表达禁止、警告、指令、提示四大类型特定安全信息的标志，由图形符号、安全色、几何形状（边框）或文字构成。禁止标志为禁止人们不安全行为；警告标志为提醒人们对周围环境引起注意，以避免可能发生危险；指令标志为强制人们必须做出某种动作或采用防范措施；提示标志为向人们提供某种信息，如标明安全设施或场所等。

施工作业现场安全标志设置应执行 GB 2894—2008《安全标志及其使用导则》，并应注意设置具有针对性，设在醒目的地方和它所指示的目标物附近，并应保证在夜间清晰可辨，见图 3–34。施工作业现场安全标志应根据各区域安全要求或危险提示进行对应性设置，可设成单体或多联体。多个安全标识牌在一起放置时，应按照禁止、警告、指令、提示的顺序，先左后右、先上后下排列（图 3–34）。

图 3–34　安全标志示例

参考文献

[1]何永春. 天然气球罐氮气置换技术探究[J]. 化工管理，2017(12).

[2]康俊鹏，贺亚维. 输气管道氮气置换技术及工艺参数研究[J]. 工业加热，2019，48(3)：4.

[3]公维伟. 高效气相钝化剂在连续重整装置的应用[J]. 化工管理，2017(27)：1.

[4]刘晓伟，刘雪芝. 丙烷脱沥青装置钝化清洗方案[J]. 山东化工，2021，50(14)：2.

[5]中国化学品安全协会. 化工企业能量隔离实施指南：T/CCSAS 013—2022[S]. 北京：中国标准出版社，2022.

[6]中华人民共和国应急管理部. 危险化学品企业特殊作业安全规范：GB 30871—2022[S]. 北京：中国标准出版社，2022.

[7]中华人民共和国应急管理部. 个体防护装备配备规范：GB 39800.1—2020[S]. 北京：中国标准出版社，2020.

[8]国家安全生产监督管理总局. 职业眼面部防护 焊接防护 第1部分：焊接防护具：GB/T 3609.1—2008[S]. 北京：中国标准出版社，2008.

[9]国家安全生产监督管理总局. 焊工防护手套：AQ 6103—2007[S]. 北京：煤炭工业出版社，2007.

[10]施文. 有毒有害气体检测仪器原理和应用[M]. 北京：化学工业出版社，2009：5-9.

[11]国家卫生健康委员会. 工业场所有害因素职业接触限值 第1部分：化学有害因素：GBZ 2.1—2019[S].

[12]住房和城乡建设部. 石油化工可燃气体和有毒气体检测报警设计标准：GB/T 50493—2019[S]. 北京：中国计划出版社，2019.

[13]中国化学品安全协会. 气体检测报警仪安全使用及维护规程：T/CCSAS 015—2022[S]. 北京：中国标准出版社，2022.

[14]住房和城乡建设部. 爆炸和火灾危险环境装置电力设计规范：GB 50058—2014[S]. 北京：中国计划出版社，2014.

第四章　动火作业实施

签发的动火安全作业票本身并不能保证作业的安全，最重要的是每个人都必须严格遵照程序要求去做，清楚所从事作业的风险，严格落实风险管控措施，确保许可程序有效运行，才能真正确保作业的安全。作业许可审批应以落实安全技术措施，确保持续的安全作业为前提条件。当审批人在许可证上签字时，表示作业现场的所有安全措施已经全部落实到位，具备了安全作业条件。

第一节　动火作业实施过程管理

作业单位和作业区域所在单位按要求办理了动火安全作业票、创建了临时的动火安全区域、转移了可燃物和易燃物、落实了隔离措施、做好作业时间计划和预约，避开了危险时段。作业人员可按照动火安全作业票、作业方案的要求，实施动火作业，监护人员按规定实施现场监护。

一、界面交接

动火作业前，作业区域所在单位应当组织属地单位与作业单位进行作业界面的交接，属地单位对界面交接工作负责。

对设备、管线内介质有安全要求的作业，在采取倒空、隔绝、清洗、置换等方式处理合格后，属地单位与作业单位在执行工作界面交接时，应对照能量隔离方案，共同确认各类能量已隔离或去除，关键部位已经上锁挂牌。

涉及易燃易爆、高温高压、有毒有害介质及低温、负压（真空）、富氧、缺氧环境等作业，应在盲板抽堵点、法兰拆卸点、动火开口点、管线割断点、管线接续（碰头）点、设备打开点、电缆切割点等作业部位，及拟拆除的废旧管线全线设置醒目标识。

作业区域所在单位应当尽量减少特殊、非常规作业现场人员，并设置警戒线，无关人员严禁进入。进入作业现场的人员应当正确佩戴满足相关标准要求的个体防护装备。

二、技术交底

动火作业前，作业区域所在单位应当组织参加作业的人员进行安全技术交底。安全技术交底内容主要包括：

——有关动火作业的安全规章制度。

——动火作业方式、作业内容、作业条件、技术措施。

——作业现场和作业过程中可能存在的危险有害因素及所采取的有效安全措施与应急措施。

——组织作业人员到作业现场，熟悉现场环境、应急疏散通道、应急救援器材的位置及分布，核实安全与应急措施的可靠性。

——作业过程中所需要的人员防护用品的使用方法与注意事项。

——事故的预防、避险、逃生、自救、互救等知识。

——相关事故案例和经验、教训。

三、施工安全措施

在带有易燃易爆、有毒有害介质的设备和管道上动火时，应当制订有效的作业方案及应急预案，采取可行的风险控制措施，经气体检测合格，达到安全动火条件后方可动火。

——动火作业人员应当在动火点的上风向作业，位于避开油气流可能喷射和封堵物等飞出的方位，并采取隔离措施控制火花飞溅。

——动火作业过程中，作业监护人应当在有效安全距离对动火作业实施全过程现场监护，一处动火点至少有一人进行监护，严禁无监护人动火。

——动火场所应通风良好，在坑池等受限空间通风不畅环境应安装强制通风设施（防爆）。

——动火作业过程中，应当根据动火作业许可证或者作业方案中规定的气体检测时间、位置和频次进行检测，间隔不应当超过 2h，记录检测时间和检测结果，结果不合格时应当立即停止作业。

——如果动火作业中断超过 30min，继续动火作业前，作业人员、作业监护人应当重新确认安全条件。

——在易燃易爆生产场所进行的特级动火作业和存在有毒有害气体场所进行的动火作业，以及有可燃气体产生或者溢出可能性的场所进行的动火作业，应当进行连续气体监测。

——使用气焊、气割动火作业时，乙炔瓶应当直立放置，氧气瓶与之间距不应小于 5m，二者与作业地点间距不应当小于 10m，并应当设置防晒和防倾倒设施。

——在受限空间内实施焊割作业时，气瓶应当放置在受限空间外面；使用电焊时，电焊工具应当完好，电焊机外壳应当接地。采用电焊进行动火施工的储罐、容器及管道等应在焊点附近安装接地线，其接地电阻应小于 10Ω。

——企业专职消防队负责特级动火作业的消防条件确认审批和现场监护，对其他等级的动火作业进行监督检查。

——在有毒有害气体的环境中作业时，备有空气呼吸器、安全带等救生器材，在酸碱等腐蚀性较强的环境中作业时，要备有大量清水。在易燃易爆的环境中作业时，应备有灭火器、水带、蒸汽带等消防器材及物资，必要时消防车和专业消防人员在现场待命。

——特级动火作业现场安装使用视频监控（满足现场安全要求），监控范围至少应覆盖动火作业区域，影像清晰可见。视频监控由动火作业现场负责人负责，应从动火作业相关人员入场前开始至动火作业许可证关闭后结束，完整记录整个动火作业过程。视频记录至少保存 1 个月。

当作业环境中空气含有有害气体和含有铅、锌等有毒有害烟尘时，应佩戴具备隔离或过滤等功能的呼吸防护用品。在对不锈钢或镀层钢材进行焊接时应特别注意产生的有毒的含铬烟雾。此外，金属表面含铅油漆也可产生有毒气体。如果焊接金属的表面是用含氯溶剂进行清洗的，在焊接过程中也可产生有毒气体。

四、作业监护要求

动火监护人负责对作业人员进行安全监护，及时纠正作业人员的不安全行为，发现安全措施不完善或其他异常情况，可能危及作业人员安全时，应立即制止作业并迅速撤离，作业单位应立即通知属地单位。

——特殊、非常规作业应当设专人监护，作业现场监护人员由作业单位指派。

——特级动火作业、特殊情况受限空间作业、一级吊装作业、Ⅳ级高处作业，以及情况复杂、风险高的非常规作业，由作业区域所在单位和作业单位实施作业现场“双监护”和视频监控。

各企业应当完善现有的固定式视频监控设施，配备满足需要的移动式视频监控设施。对所有的特殊、非常规作业场所推广使用视频监控和违章行为智能识别技术，实现作业过程全过程智能化监控。

五、属地监督

属地监督为属地单位现场监督人员，一般由作业场所属地主管担任，也可由上级指派人员担任，按照职责分工对作业现场进行监督检查。监督检查中发现的问题，应当立即整改，达到安全作业条件后，方可继续作业。监督检查包括但不限于以下内容：

——核实进入现场作业人员身份。确认申请人、项目负责人、安全监护等相关人员是否到场。

——作业方案、作业许可是否经过批准并在有效期内，是否与现场实际相符。

——相关人员是否坚守现场并履责，资格是否符合要求，劳保护具是否符合要求。

——能量隔离、防护、通风、气体检测、警戒、消防、应急等措施是否落实，相邻设施防护与临近作业控制措施是否落实。

——施工设备、机具是否符合要求。

——涉及其他特殊作业是否办理作业许可，管控措施是否落实。

——是否按作业方案作业，作业过程是否有违章行为。

——作业许可关闭前作业现场是否清理和恢复，是否经过相关人员确认。

第二节 焊接与气割

焊接是指两个或两个以上的零件（同种或异种材料），通过局部加热或加压达到原子间的结合，造成永久性连接的工艺过程。气割是利用可燃气体与氧气混合燃烧的预热火焰将金属加热到燃烧点，并在氧气射流中剧烈燃烧而将金属分开的加工方法。

一、作业主要风险

（一）焊接与气割

按照焊接过程中焊缝金属所处的状态及工艺特点，可以将焊接方法分为熔化焊、压力焊和钎焊三大类，施工作业现场常用的基本为熔化焊。熔化焊是利用局部加热的方法将连接处的金属加热至熔化状态而完成焊接的方法。通过加热，增强了焊缝金属原子的动能，促进原子间的相互扩散，当加热至熔化状态形成液态熔池时，原子之间就可以充分扩散和紧密接触，因此冷却凝固后，可形成牢固的焊接接头。常见的气焊、电弧焊、电渣焊、气体保护焊、等离子弧焊等均属于熔化焊方式。

1. 气焊

气焊是利用可燃气体（乙炔）与助燃气体（氧气）混合燃烧的火焰，去熔化工件接缝处的金属和焊丝而达到金属间牢固连接的方法。气体火焰加热并熔化焊件和填充金属，形成熔池，气体火焰还保护熔池金属，隔绝空气，随着气体火焰向前移去，熔池金属冷却凝固，形成焊缝。利用的是化学能转化为热能的方法，优点是设备简单，操作方便，实用性强；缺点是热影响区域大，容易引发火灾与爆炸。

气焊最常用的气体就是乙炔。乙炔具有易燃易爆的危险性，无色气体，略溶于水，易溶于丙酮。其分子不稳定，容易分解成氢和碳，并放出大量的热，如果分解是在密闭空间进行，由于温度升高，压力急剧增大，就可能发生爆炸。乙炔能与铜、银、汞等化合生成爆炸性化合物，与氯化合生成爆炸性的乙炔基氯。

2. 焊条电弧焊

焊条电弧焊是各种电弧焊方法中发展最早，目前仍然应用最广的一种焊接方法，见图 4-1。它是以外部涂有涂料的焊条作电极和填充金属，电弧是在焊条的端部和被焊工件表面之间燃烧。涂料在电弧热作用下一方面可以产生气体以保护电弧，另一方面可以产生熔渣覆盖在熔池表面，防止熔化金属与周围气体的相互作用。熔渣的更重要作用是与熔化金属产生物理化学反应或添加合金元素，改善焊缝金属性能。

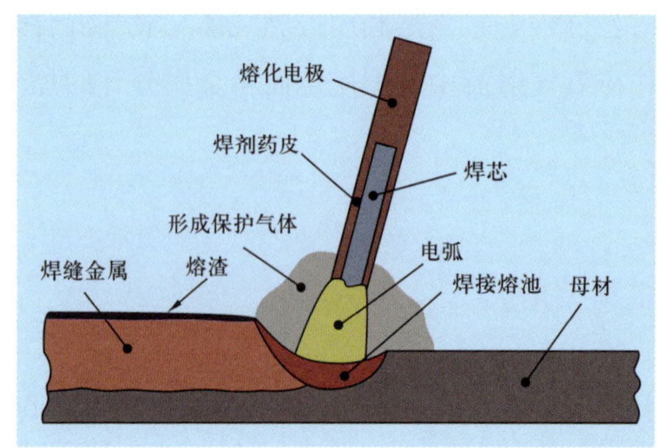

图 4-1　焊条电弧焊示意图

焊条电弧焊安全操作技术注意事项如下：

——焊机应有良好的绝缘和可靠的保护接零或保护接地措施，其裸露的带电部分应有安全防护罩。

——焊机电源线应有足够的导电截面积和良好绝缘，电源线不宜过长，一般不应超过 3m。如确需较长，则应架空高 2.5m 以上或有明显标识。铁壳开关的外壳和焊机的接地线，要联接牢固。

——焊机接地回路应采用焊接电缆线，且接地回路应尽量短。软线绝缘应良好，焊钳绝缘部分应完好。

——操作行灯电压应采用 36V 以下的安全电压。

——在狭小舱室或容器内焊接时，应加强绝缘措施。采取有效通风措施，以防止有害气体和烟尘对人体的侵害。作业时舱室（容器）外应有专人监护。

——焊接作业处应离易燃易爆物 10m 以外或有可靠的隔离措施。严禁在有压力和有残留可燃液体和气体的容器、管道上进行焊接作业。

——在场内或人多的场所焊接，应设置遮光挡板，以防他人受弧光伤害。

——雨天无安全措施禁止露天作业。

——焊接作业应正确穿戴和使用劳动保护用品，上装不应束在裤腰里。清除焊渣应戴防护眼镜。

——登高作业时，脚手架应牢固，安全带应“高挂低用”，挂接应牢靠。作业点下方不得有其他人员，焊件下方须放遮板，以防火星落下，引起事故。作业过程中，禁止乱抛焊条头等物，下面不得放置任何易燃易爆物。

——工作结束后，应将焊钳放在与线路绝缘的地方并卷好焊接电缆线，及时切断电源，检查周围场地是否有火灾隐患。

3. 埋弧焊（自动焊）

埋弧焊也是利用电弧作为热源的焊接方法。埋弧焊时电弧是在一层颗粒状的可熔化焊剂覆盖下燃烧，电弧光不外露。埋弧焊由此得名，所用的金属电极是不间断送进的裸焊丝，见图 4-2。

埋弧焊的安全操作技术注意事项如下：

——埋弧焊自动焊机的小车轮子要有良好绝缘，导线应绝缘良好，工作过程中应理顺导线，防止扭转及被熔渣烧坏。

——控制箱和焊机外壳的接线板罩壳必须盖好。

图 4-2　埋弧焊现场示意图

——焊接过程中应注意防止焊剂突然停止供给，而发生强烈弧光裸露灼伤眼睛。

——埋弧焊时钢板不要直接靠在水泥地上，以免焊穿时造成水泥爆裂。

4. CO_2 保护电弧焊

二氧化碳气体保护电弧焊（简称 CO_2 焊）的保护气体是二氧化碳。它在应用方面操作简单，适合自动焊和全方位焊接，见图 4-3。但焊接时抗风能力差，只适合室内作业。由于它成本低，二氧化碳气体易生产，广泛应用于各大小企业。

图 4-3　二氧化碳气体保护电弧焊现场示意图

二氧化碳气体保护焊的安全操作技术注意事项如下：

——二氧化碳气体保护焊接时，电弧光辐射比手工电弧焊强，因此应加强防护（可选择深度护目镜片并穿防护皮衣）。

——二氧化碳气体保护焊接时，飞溅较多，尤其是粗丝焊接，更会产生大颗粒飞溅，焊工应有完善的防护用具，防止人体灼伤。

——二氧化碳气体在焊接电弧高温下会分解生成对人体有害的一氧化碳气体，焊接时还排出其他有害气体和烟尘，特别是在容器内施焊，更应加强通风，且容器外应有人监护。

——二氧化碳气体预热器所使用的电压不得高于36V。

——当二氧化碳以液态充装在气瓶内，并以瓶装供应使用时，二氧化碳气瓶必须遵守《气瓶安全监察规程》的规定。

——大电流粗丝二氧化碳气体保护（气电立焊）焊接时，应防止焊枪水冷系统漏水破坏绝缘，发生触电事故。

5. 氩弧焊

TIG焊（氩弧焊或钨极惰性气体保护焊）是一种不熔化极气体保护电弧焊，是利用钨极和工件之间的电弧使金属熔化而形成焊缝的，见图4-4和图4-5。焊接过程中钨极不熔化，只起电极的作用。同时由焊炬的喷嘴送进氩气或氦气作保护。还可根据需要另外添加金属。

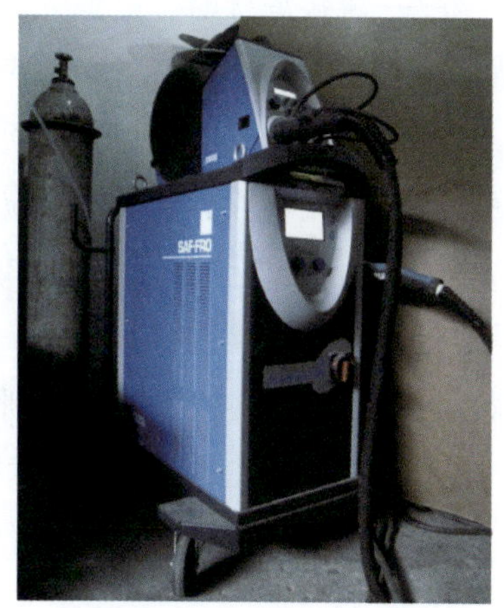

图4-4 氩弧焊设备

MIG/MAG焊是利用连续送进的焊丝与工件之间燃烧的电弧作热源，由焊炬喷嘴喷出的气体保护电弧来进行焊接的。以氩气或氦气为保护气时称为熔化极惰性气体保护电弧焊（简称为“MIG焊”）；以惰性气体与氧化性气体（O_2，CO_2）混合气为保护气体时，或以CO_2气体或CO_2+O_2混合气为保护气时，统称为熔化极活性气体保护电弧焊（简称为“MAG焊”）。熔化极气体保护电弧焊的主要优点是可以方便地进行各种位置的焊接，同时也具有焊接速度较快、熔敷率高等优点。

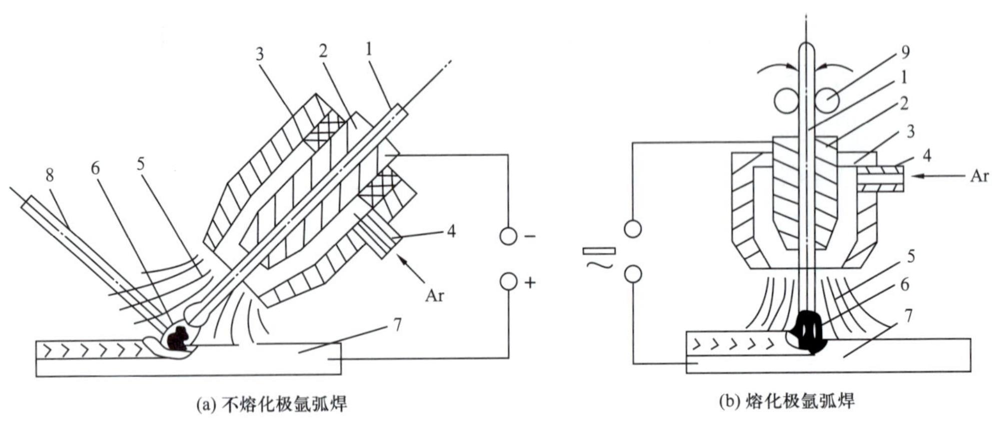

图 4-5 氩弧焊示意图

氩弧焊的安全操作技术注意事项如下：

——氩弧焊产生臭氧和氮氧化物等有害气体及金属粉尘。因此，作业场地应加强自然通风，固定作业台可安装固定的通风吸尘装置。

——氩弧焊接时，电弧光的辐射很强，产生的紫外线与红外线的强度比较高。因此，焊工操作时应加强防护措施。

——采用交流电弧焊时，须接入高频引弧器。脉冲高频电流对人体有危害，为减少高频电流对人体的影响，应有自动切断高频引弧装置。工件要良好接地，接地点离工作场地越近越好。焊炬和焊接电缆线要用金属编结线屏蔽。

——若采用钍钨棒作电极，会产生放射性。在大量存放钍钨棒时，放射性剂量很大，故应存放在铅盒内。磨削钍钨棒时，砂轮机罩壳应用吸尘装置，操作人员应戴口罩、手套，并遵守安全技术操作规程。砂轮机必须装抽风装置。

——氩气瓶的使用应遵守《气瓶安全监察规程》的规定。

6. 气割

气割是利用可燃气体与氧气混合燃烧的火焰热能将工件切割处预热到一定温度后，喷出高速切割氧流，使金属剧烈氧化并放出热量，利用切割氧流把熔化状态的金属氧化物吹掉，而实现切割的方法，见图 4-6。气割的过程包括预热、燃烧和排渣三个阶段。氧气切割的实质是金属在高纯度的氧气中燃烧，并用氧气吹力将熔渣吹除的过程，而不是金属熔化的过程。

1）气割的条件

——金属在氧气中的燃点应低于其熔点。

图 4–6 气割现场示意图

——金属氧化物的熔点要低于金属本身的熔点。

——金属在氧气中燃烧释放的燃烧热要大。

——金属导热（散热）不能太快。

——熔渣的流动性要好。

能够完全满足上述条件的，只有纯铁、低碳钢、中碳钢和低合金钢，其气割性能较好，广泛应用气割；其他常用金属如铸铁、不锈钢、铝和铜等不具备气割条件，均不能用一般气割方法进行切割，目前都采用等离子弧切割。

2）气割的特点

（1）气割具有如下优点：

——设备是便携式的，可在现场使用，切割速度比刀片移动式机械切割工艺快，对于机械切割法难于产生的切割形状和达到的切割厚度，气割可以很经济地实现。

——切割过程中，可以在一个很小的半径范围内快速改变切割方向；通过移动切割器而不是移动金属块来现场快速切割大金属板。

（2）气割的缺点包括：

——尺寸公差要明显低于机械工具切割。

——预热火焰及发出的红热熔渣对操作人员可能造成着火和烧伤的危险，燃料燃烧和金属氧化需要适当的烟气控制和排风设施。

——切割高合金钢铁和铸铁需要对工艺流程进行改进。

——切割高硬度钢铁可能需要割前预热、割后继续加热来控制割口边缘附近钢铁的金相结构和机械性能。

——气割不推荐用于大范围的远距离切割。

（二）主要风险与防范

金属焊接与切割作业的特点决定了其主要安全风险来自于触电、火灾、爆炸三种伤害方式。主要职业危害主要为粉尘、有毒气体、电弧光辐射、高频电磁场、高温等。

1. 触电原因及防范

1）焊接时发生触电事故的原因

发生直接触电事故的原因。手或身体的某部位接触到电焊条或焊钳的带电部分，而脚或身体的其他部位对地面又无绝缘，特别是在金属容器内、阴雨潮湿的地方或身上大量出汗时，容易发生这种电击事故。在接线或调节电焊设备时，手或身体某部位碰到接线柱、极板等带电体而触电。登高焊接时，触及或靠近高压电网路引起的触电事故。

发生间接触电事故的原因。电焊设备漏电，人体触及带电的壳体而触电。造成电焊机漏电的常见原因是潮湿而使绝缘破坏；长期超负荷运行或短路发热使绝缘性能下降，电焊机安装的地点和方法不符合安全要求等。电焊变压器的一次绕组与二次绕组之间绝缘损坏，错接变压器接线，即将二次绕组接到电网上去，或将采用220V的变压器接到了380V的电源上，手或身体某一部分触及二次回路或裸导体。触及绝缘损坏的电缆、胶木闸盒、破损的开关等。贪图一时方便，利用厂房的金属结构、管道、轨道、天车吊钩或其他金属物作为焊接回路而发生触电。

2）预防触电事故的安全措施

（1）对设备电源的安全要求：

焊接电源必须有足够的容量和单独的控制装置，如熔断器或自动断电装置。控制装置应能可靠地切断设备的危险电流，并安置在操作方便的地方，周围留有1m的通道。焊机所有外露带电部分必须有完好的隔离防护装置，如防护罩、绝缘隔离板等。焊机各个带电部分之间，及其外壳对地之间必须符合绝缘标准的要求，其电阻值均不小于1MΩ。焊机的结构要合理，便于维修，各接触点和连接件应牢靠。

（2）对焊接切割设备的保护接零：

一般油气生产场所使用的380V低压电网路为三相四线制，零线接地，若设备不接零线，当一相碰壳后又和人体接触时，通过人体的漏电电流就会超过安全电流，但该电流又不足以切断焊机的熔断器，因此会造成触电事故。

焊机采用保护性接零后可避免人体触电。保护性接零的原理：用导线的一端接到外壳上，另一端接到零线上，一旦焊机绝缘损坏导电体接触到外壳时，绝缘损坏的一相就与零线短路，产生强大的短路电流，使该相保险丝熔断，外壳带电现象立刻终止，起到了保护作用。

（3）对焊接切割设备的保护接地：

在不接地的低压系统中，当一相碰壳时，人体接触带电设备，电流经过人体、电网对地绝缘电阻、漏电电阻形成回路。若电网对地绝缘很好，电阻非常大，漏电电流就很小，危险性不大；但是当电网绝缘性能下降时，对地电压可能上升到危险程度。因此为了确保安全，应采取接地措施。

（4）保护接零和保护接地的安全要求：

在低压系统中，焊机的接地总电阻不得大于4Ω，焊机的接地极入地深度不小于1m、接地板的电阻不大于4Ω。焊接变压器的二次线圈与焊件相连的一端必须接零（或接地），注意与焊钳相连的一端不能接零（或接地）。

用于接地和接零的导线，必须满足容量的要求；中间不得有接头，不得装设熔断器，连接时必须牢固。几台设备的接零线（或接地线），不得串联接入零干线或接地体，应采用并联方法接零线（或接地体）。接线时，先接零干线或接地体，后接设备外壳，拆除时进行反向操作。

万一发生触电事故，现场人员不要慌乱，要沉着冷静地采取抢救措施。触电急救的第一步是使触电者迅速脱离电源，第二步立即进行现场救护。触电急救必须争分夺秒，据统计资料，触电者在3min之内实施有效的急救，成功率可达到90%以上。6min内才实施急救措施，救活率仅有10%左右。12min之后抢救的，救活率几乎为零。所以，对救护者的要求是救护及时，方法正确。

2. 火灾的原因及防范

1）熔渣、火星引发火灾及防范

焊割过程中溶渣、火星会四处飞溅，特别是在有风或高处作业时，溶渣、火星会飞得很远，一旦落入有可燃、易燃物堆积的地方，就容易引发火灾。在焊割作业过程中，除严格遵守作业场地（自边缘起）5m以内不得有可燃易燃物的规定外，还要注意特殊情况下的低处，或下风方向等更远的距离内有无引发火灾的隐患。

2）焊条头引发火灾及防范

有的焊工在作业过程中有乱扔焊条头的不良习惯。这种做法一是容易烫伤人，二是容易引发火灾。每一个焊工应养成随时将剩余的焊条头投入专用收集筒内的好习惯。这样一方面能够保证安全，另一方面也是清洁现场，厉行节约的好办法。

3）余热引发火灾及防范

焊缝、割口余热也是引发火灾的一个重要危险源。特别是焊件、割件大量堆积的情况下，稍不注意就容易引发火灾。所以焊缝、割口余热作为引发火灾的隐患也应引起焊割作业人员的注意。有焊缝、割口的工件尽量不要堆积在一起。焊割件未完全冷却前，不能有任何可燃、易燃物覆盖在上面，以防发生火灾。

4）意外因素引发火灾及防范

焊割用气瓶的导管、电源设备、电缆一般都不在作业人员的注意力范围之内，而这些远离作业人员视力之外的因素有时也会发生意外。如气瓶、导管发生泄漏，设备、电缆接头处接触不良，或别的原因造成短路，都有引发火灾甚至爆炸的可能。每天开始作业前，应在接通电源、开启阀门之后，沿管路、电路检查各接头、阀门是否处于正常状态。发现问题立即纠正。防止专注于工作的过程中发生了异常情况却浑然不觉，以致酿成火灾。

3. 爆炸的原因及防范

焊接切割作业时，尤其是气体切割时，由于所用压缩空气或氧气流的高速喷射力，使火星、熔珠和铁渣四处飞溅（较大的熔珠、熔渣能飞溅到距操作点 5m 以外的地方），当作业环境中存在易燃易爆物时，就可能引发爆炸事故。

此外，产生爆炸的原因还有：气焊、气割的工作过程中未按规定的要求放置气瓶；工作前未按要求检查焊（割）炬、橡胶管路和气瓶的安全装置；乙炔、氧气等气瓶的制造、保管、运输、使用方面存在不足，违反安全操作规程等，使用中未及时发现气体泄漏等隐患；焊补燃料容器和管道时，未按要求采取相应处理措施；或置换清洗不彻底，留有隐患；或在实施带压不置换焊补时因压力不够，使外部明火导入等。

由于发生火灾和引起爆炸的原因在许多情况下是基本一致的，所以防爆炸的安全措施可参照前述防火灾措施执行。另外须强调以下两点：

1）防范焊割设备发生爆炸

焊割作业常用的氧气瓶、乙炔气瓶、液化石油气瓶、乙炔发生器等易燃易爆物，是焊割作业人员必须时刻注意防范的重点。能够引发这些设备爆炸的原因主要有：意外泄漏、倾倒、碰撞、曝晒、通道堵塞、保险阀、仪表失灵等。因此针对这些可能发生的情况，一是注意保护，如设置防护栏、加盖防护棚等。二是平时经常检查、保养。如各管道、接口是否发生堵塞或泄漏，保险阀、仪表是否工作正常等。只要这些日常保护、检查、保养措施得到保证，意外情况就能及时发现、及时处理，避免爆炸事故的发生。

2）防范作业对象发生爆炸

尽管焊割用各种气体十分危险，但由于人们的重视和严密防范，并未因此发生过多少事故。而对于各种焊割作业对象，由于人们对它的陌生和疏忽，发生了不少爆炸事故。发生这些事故，重要原因是焊割人员对这些作业对象原来的用处，以及使用过程中所埋藏下的危险因素缺乏基本的了解。如果他们知道面对的是一个随时可能发生爆炸的危险物，是绝不会冒险作业的。因此，扩大焊割作业人员的知识面，提高他们对陌生物体的作业警惕性十分重要。

二、作业安全技术要求

（一）作业现场的要求

——在焊割工作场所附近，必须备有足够完好的消防器材。在封闭容器、罐、桶、舱室中焊接、切割，应先打开施焊工作物的孔、洞，使内部空气流通，以防焊工中毒、烫伤。

——工作完毕和暂停时，焊、割炬和胶管等都应随人进出，禁止放在工作地点，焊接、切割现场禁止把焊接电缆、气体胶管、钢绳混绞在一起。焊接、切割用的气体胶管和电缆应妥善固定，禁止缠在焊工身上使用。

——在金属容器内，在潮湿的地方，除手和脚必须绝缘保护外，照明电源的电压不应超过 12V。在已停车的设备内进行焊接与切割，必须彻底切断设备（包括主机、辅机、运转机构）的电源和气源，锁住启动开关。并应设置安全警示标志或由专人负责看守。

——直接在水泥地面上切割金属材料，可能发生爆裂，应有防火花喷射造成烫伤的措施。对悬挂在起重机吊钩上的工件和设备，禁止电焊或切割，如必须这样做应采取可靠的安全措施，并经批准才能进行。

——气体保护焊接使用的压缩气瓶应小心轻放竖立固定，防止倾倒，气瓶与热源距离应大于 3m。切割后的热件不得插入含油的污水沟、下水井内冷却，防止着火爆炸。

——在光线不足的环境下工作时，必须使用手提工作行灯。一般环境，使用的照明灯电压不得超过36V。在潮湿、金属容器内等危险环境下，照明行灯电压不得超过12V。

（二）作业人员的要求

——焊工属于特种作业人员，必须经过安全培训，执有特种作业操作证件，杜绝无证作业。

——焊接时，操作人员必须戴耐辐射热的皮革或棉帆布和皮革合制材料的手套，穿绝缘鞋，焊条电弧焊工作服应为帆布工作服，氩弧焊工作服应为毛料或皮革工作服。焊工在多层结构或高空构架上进行交叉作业时，应佩戴有符合有关标准规定的安全带。

——电焊设备的安装、接线、修理和检查，需由专业电工进行，焊工不得自行检查和修理焊接切割设备。临时施工用电在办理用电手续后，由电工接通电源，焊工不得自行处理。

——改变焊接切割设备接头，更换焊件需改变接二次回路时，转移工作地点，必须切断电源后进行。推拉闸刀开关时，必须戴绝缘手套，并将头部偏向一边，以防电弧灼伤。

——更换焊条或焊丝时，必须使用焊工手套。焊工手套应保持干燥、绝缘可靠。对于空载电压和焊接电压较高的焊接操作和在潮湿环境下操作时，焊工应使用绝缘橡胶衬垫，确保焊工与焊件绝缘。

——在金属容器内或狭小的工作场地焊接时，必须采用专门防护措施，如采用绝缘橡胶衬垫、穿绝缘鞋、戴绝缘手套，以保障焊工身体与带电体的可靠绝缘。

——电焊工不要携带电焊把钳进出设备，带电的把钳应由外面的配合人递进递出；工作间断时，把钳应放在干燥的木板上或绝缘良好处，焊接地点转移时，应把电焊钳拿在手中拉线，不能拖拉钳把，以免掩击其他设备物件时打火。

——在梯子上只能进行短时间不繁重的焊接工作，禁止登在梯子上的最高梯阶上进行焊接作业。清理焊渣时应戴防护镜，并避免在对着人的方向敲打焊渣。施焊完毕后应及时拉开电源刀闸，移动焊接设备时必须切断电源。

三、作业工具设备

（一）气瓶使用安全要求

气瓶是指生产作业活动中使用的可搬运的钢质压缩气瓶，如氧气瓶、乙炔气瓶和氮气瓶。应从具有气瓶生产或气瓶充装许可证的厂家采购或充装气瓶，接收前应进行检查验收，对检查不合格的气瓶不得接收。使用单位应委托具有气瓶检验资质的机构对气瓶进行定期检验，检验合格的气瓶，应按规定打检验钢印，涂检验色标。

1. 运输与装卸要求

装运气瓶的车辆应有“危险品”的安全标志；车辆上除司机、押运人员外，严禁无关人员搭乘，司乘人员严禁吸烟或携带火种。

——运输气瓶的车辆停靠时，驾驶员与押运人员不得同时离开；运输气瓶的车不得在繁华市区、人员密集区附近停靠；不应长途运输乙炔气瓶。

——气瓶必须配戴好气瓶帽、防震圈，当装有减压器时应拆下，气瓶帽要拧紧，防止摔断瓶阀造成事故。

——气瓶应直立向上装在车上，妥善固定，防止倾斜、摔倒或跌落，见图 4-7，车厢高度应在瓶高的三分之二以上。

图 4-7 气瓶运输车辆

——所装介质接触能引燃爆炸，产生毒气的气瓶，不得同车运输。易燃品、油脂和带有油污的物品，不得与氧气瓶或强氧化剂气瓶同车运输。

——夏季运输时应有遮阳设施，适当覆盖，避免暴晒；运输可燃或有毒气体气瓶的车辆应备有灭火器材和防毒面具。

——装卸气瓶应轻装轻卸，避免气瓶相互碰撞或与其他坚硬的物体碰撞，不应用抛、滚、滑、摔、碰等方式装卸气瓶。

——用人工将气瓶向高处举放或需把气瓶从高处放落地面时，应两人同时操作，并要求提升与降落的动作协调一致，轻举轻放，不应在举放时抛、扔或在放落时滑、摔。

——装卸气瓶时应配备好瓶帽，注意保护气瓶阀门，防止撞坏。

——卸车作业时，要在气瓶落地点铺上铅垫或橡皮垫；应逐个卸车，严禁溜放。

——装卸作业时，不应将阀门对准人身，气瓶应直立转动，不准脱手滚瓶或传接，气瓶直立放置时应稳妥牢靠。

——装卸氧气瓶时，工作服、手套和装卸工具、机具上不应沾有油脂。

2. 现场搬运要求

——搬运气瓶时，要旋紧瓶帽，以直立向上的位置来移动，注意轻装轻卸，禁止从瓶帽处提升气瓶。

——近距离（5m 内）搬运气瓶，凹形底气瓶及带圆形底座气瓶可采用手扶瓶肩倾斜转动的方式搬运，应使用手套。

——移动距离较远时，应使用专用稳妥、省力的小车搬运，距离较远或路面不平时，应使用特制机械、工具搬运，并用铁链等妥善加以固定。

——禁止用身体搬运高度超过 1.5m 的气瓶到手推车或专用吊篮等里面，不应用肩扛、背驮、怀抱、臂挟、托举或二人抬运的方式搬运。

——用机械起重设备吊运散装气瓶时，应将气瓶装入集装格或集装篮中，并妥善加以固定。不应使用链绳、钢丝绳捆绑或钩吊瓶帽等方式吊运气瓶。

——不应使用翻斗车或铲车搬运气瓶，叉车搬运时应将气瓶装入集装格或集装篮内。

——在搬运途中发现气瓶漏气、燃烧等险情时，搬运人员应针对险情原因，进行紧急有效的处理。

——气瓶搬运到目的地后，放置气瓶的地面应平整，放置时气瓶应稳妥可靠，防止倾倒或滚动。

3. 现场使用要求

使用气瓶前使用者应对气瓶进行安全状况检查，应检查减压器、流量表、软管、防回火装置是否有泄漏、磨损及接头松懈等现象，并对盛装气体进行确认。检查不合格的气瓶不能使用。

1）使用基本要求

——气瓶应在通风良好的场所使用。如果在通风条件差或狭窄的场地里使用气瓶，应采取强制通风和气体检测等对应的安全措施，以防止出现氧气不足，或危险气体浓度加大的现象。

——气瓶的放置地点不得靠近热源，应与办公、居住区域保持 10m 以上，气瓶在夏季使用时，应防止气瓶在烈日下暴晒、雨淋、水浸，应采取遮阳等措施降温。

——氧气瓶和乙炔气瓶使用时应分开放置，至少保持 5m 间距，安放气瓶的地点周围 10m 范围内，不应进行有明火或可能产生火花的作业（高空作业时，此距离为在地面的垂直投影距离）。盛装易发生聚合反应或分解反应气体的乙炔气瓶，应避开放射源。

——气瓶使用时，应立放，严禁卧放，并应采取防止倾倒的措施。乙炔气瓶使用前，必须先直立 20min 后，然后连接减压器使用。

——气瓶及附件应保持清洁、干燥，防止沾染腐蚀性介质、灰尘等。不应敲击、碰撞气瓶。

——使用氧气气瓶，其瓶体、瓶阀不应沾染油脂或其他可燃物。使用人员的工作服、手套和装卸工具、机具上不应沾有油脂。

——禁止将气瓶与电气设备及电路接触，以免形成电气回路。与气瓶接触的管道和设备要有接地装置，防止产生静电造成燃烧或爆炸。

——在气、电焊混合作业的场地，要防止氧气瓶带电，如地面是铁板，要垫木板或胶垫加以绝缘。乙炔气瓶不得放在橡胶等绝缘体上。

——气瓶投入使用后，不得对瓶体进行挖补、焊接修理。不应在气瓶上进行电焊引弧。不应用气瓶做支架或其他不适宜的用途。

——使用单位应做到专瓶专用，不应擅自更改气体的钢印和颜色标记。不应将气瓶内的气体向其他气瓶倒装；不应自行处理瓶内的余气。

2）气瓶开启 / 关闭

——气瓶瓶阀或减压器有冻结、结霜现象时，不得用火烤，可将气瓶移入室内或气温较高的地方，用温水或温度不超过 40℃热源解冻，再缓慢地打开瓶阀。

——开启或关闭瓶阀时，应用手或专用扳手，不应使用锤子、管钳、长柄螺纹扳手等其他工具，以防损坏阀件。装有手轮的阀门不能使用扳手。如果阀门损坏，应将气瓶隔离并及时维修。

——开启或关闭瓶阀的转动速度应缓慢，特别是盛装可燃气体的气瓶，以防止产生摩擦热或静电火花。打开气瓶阀门时，人站的位置要避开气瓶出气口。

——在安装减压器或汇流排时，应检查卡箍或连接螺帽的螺纹完好。用于连接气瓶的减压器、接头、导管和压力表，应涂以标记，用在专一类气瓶上。

——乙炔气瓶使用过程中，开闭乙炔气瓶瓶阀的专用扳手应始终装在阀上。暂时中断使用时，必须关闭焊、割工具的阀门和乙炔气瓶瓶阀，严禁手持点燃的焊、割工具调节减压器或开、闭乙炔气瓶瓶阀。

——乙炔气瓶瓶阀出口处必须配置专用的减压器和回火防止器。使用减压器时必须带有夹紧装置与瓶阀结合。正常使用时，乙炔气瓶的放气压降不得超过0.1MPa/h，如需较大流量时，应采用多只乙炔气瓶汇流供气。

——气瓶使用完毕后应关闭阀门，释放减压器压力，并配戴好瓶帽。

——瓶内气体不得用尽，必须留有余压。压缩气体气瓶的剩余压力应不小于0.05MPa，液化气体气瓶应留有不少于0.5%～1.0%规定充装量的剩余气体，并关紧阀门，防止漏气，使气压保持正压。

——在可能造成回流的使用场合，使用设备上必须配置防止回流的装置，如单向阀、止回阀、缓冲器等。

——发现瓶阀漏气、或打开无气体、或存在其他缺陷时，应将瓶阀关闭，并做好标识，返回气瓶充装单位处理。

4. 气瓶存储要求

气瓶的储存应有专人负责管理。入库的空瓶、实瓶和不合格瓶应分别存放，并有明显区域和标志。

1）出入库管理

——应建立并执行气瓶出入库制度，并做到瓶库账目清楚，数量准确，按时盘点，账物相符，做到先入先出。

——气瓶出入库时，库房管理员应认真填写气瓶出入库登记表，内容包括：气体名称、气瓶编号、出入库日期、使用单位、作业人等。

——气瓶入库后，应将气瓶加以固定，防止气瓶倾倒。

2）存储要求

——气瓶宜存储在室外带遮阳、雨篷的场所。存储在室内时，建筑物应符合有关标准要求。气瓶存储室不得设在地下室或半地下室，也不能和办公室或休息室设在一起。

——气瓶储存单位应将空瓶与实瓶分开放置，并设置明显标志，库内不得存放其他物品，储存量不得超过有关规定的要求。

——气瓶在库房内应摆放整齐，分类存储，并设置标签。数量、号位的标志要明显。要留有可供气瓶短距离搬运的通道。

——气瓶在室内存储期间，特别是在夏季，应定期测试存储场所的温度和湿度，并做好记录。存储场所最高允许温度应根据盛装气体性质而定，必要时可设温控报警装置，储存场所的相对湿度应控制在 80% 以下。

——存储场所应通风、干燥，严禁明火和其他热源，不得有地沟、暗道和底部通风孔，并且严禁任何管线穿过。

——氧气或其他氧化性气体的气瓶应该与燃料气瓶和其他易燃材料分开存放，间隔至少 6m。氧气瓶周围不得有可燃物品、油渍及其他杂物。严禁乙炔气瓶与氧气瓶、氯气瓶及易燃物品同室储存。毒性气体气瓶或瓶内介质相互接触能引起燃烧、爆炸、产生毒物的气瓶应分室存放，并在附近配备防毒用具和适当的灭火器材。

——对于装有易燃气体的气瓶，在储存场所的 15m 范围以内，禁止吸烟、从事明火和生成火花的工作，并设置相应的警示标志。

——使用乙炔气瓶的现场，乙炔气的存储不得超过 $30m^3$（相当 5 瓶，指公称容积为 40L 的乙炔瓶）。乙炔气的储存量超过 $30m^3$ 时，应用非燃烧材料隔离出单独的储存间，其中一面应为固定墙壁。

——气瓶应直立存储，用栏杆或支架加以固定或扎牢，见图 4-8，禁止利用气瓶的瓶阀或头部来固定气瓶。支架或扎牢应采用阻燃的材料，同时应保护气瓶的底部免受腐蚀。

图 4-8 气瓶储存时防倾倒集装篮

——气瓶（包括空瓶）存储时应将瓶阀关闭，卸下减压器，戴上并旋紧气瓶帽，整齐排放。

——盛装容易发生聚合反应或分解反应气体的气瓶，如乙炔气瓶，必须规定存储期限，根据气体的性质控制储存点的最高温度，并应避开放射源。气瓶存放到期后，应及时处理。

——气瓶必须储存在不会遭到物理损坏或使气瓶内存储物温度超过 40℃的地方。

3）检查与应急处置

——应定期对存储场所的用电设备、通风设备、气瓶搬运工具和栅栏、防火和防毒器具进行检查，发现问题及时处理。

——存储可燃、爆炸性气体气瓶的库房内照明设备必须防爆，电器开关和熔断器都应设置在库房外，同时应设避雷装置。禁止将气瓶放置到可能导电的地方。

——浓度超标，应强制换气或通风，并查明危险气体浓度超标的原因，采取整改措施。

——存储毒性气体或可燃性气体气瓶的室内储存场所，必须监测储存点空气中毒性气体或可燃性气体的浓度，设置相应气体的危险性浓度检测报警装置。

——如果气瓶漏气，首先应根据气体性质做好相应的人体保护，在保证安全的前提下，关闭瓶阀，如果瓶阀失控或漏气点不在瓶阀上，应采取相应紧急处理措施。

图 4-9　气瓶颜色标识

5. 气瓶目视化

应使用外表面涂色、警示标签及状态标签对压缩气瓶进行目视管理，同时应用状态标签标明气瓶的使用状态（满瓶、空瓶、使用中、故障）。

1）表面涂色

气瓶外表面的颜色、字样和色环，必须符合 GB/T 7144—2016《气瓶颜色标志》的规定，并在瓶体上以明显字样注明产权单位和充装单位。石油石化行业施工作业现场常见气瓶见表 4-1 和图 4-9。

2）警示标签

气瓶警示标签的式样、制作方法及应用应符合 GB/T 16804—2011《气瓶警示标签》的规定。警示标签由面签和底签两个部分组成，面签上印有图形符号，见

图 4–10，来表示气瓶的危险特性；底签上印有瓶装气体的名称及化学分子式等文字，并在其上粘贴面签。面签和底签可以整体印刷，也可以分别制作，然后贴在气瓶上。

表 4–1 石油石化行业常用气瓶颜色标志

序号	充装气体	化学式	瓶色	字样	字色	色环
1	乙炔	C_2H_2	白	乙炔 不可近火	大红	
2	氧	O_2	淡（酞）蓝	氧	黑	P=20，白色单环 P=30，白色双环
3	氮	N_2	黑	氮	淡黄	
4	氢	H_2	淡绿	氢	大红	P=20，淡黄色单环 P=30，淡黄色双环
5	二氧化碳	CO_2	铝白	液化二氧化碳	黑	P=20，黑色单环
6	氨	NH_3	淡黄	液化氨	黑	
7	氯	Cl_2	深绿	液化氯	白	
8	氟	F_2	白	氟	黑	
9	甲烷	CH_4	棕	甲烷	白	P=20，淡黄色单环 P=30，淡黄色双环
10	乙烷	C_2H_6	棕	液化乙烷	白	P=15，淡黄色单环 P=20，淡黄色双环

图 4–10 气瓶面签和底签

图 4-11 气瓶状态标识

3）状态标识

应用状态标签标明气瓶的使用状态，空瓶上应标有“空瓶”标签；已用部分气体的气瓶，应标有“使用中”标签；未使用的满瓶气瓶，应标有“满瓶”标签，见图 4-11。新充装完成后，使用前挂上，使用时将“满瓶”撕掉，全部使用完后（带有余压），将“使用中”撕掉，任何时间出现故障时，将其他标签全部撕掉，只留“故障”标签。对有缺陷的气瓶，应与其他气瓶分开，并及时更换或报废。气瓶使用场地应设有空瓶区、满瓶区，并有明显标识。

6. 气瓶减压器

在氧气和乙炔气瓶等的使用过程中，由于气瓶内压力较高，而气焊和气割的气体使用所需的压力却较小，所以需要用减压器来把储存在气瓶内的较高压力的气体降为低压气体，工作压力应持续稳定。总之，减压器是将高压气体降为低压气体，输出气体的压力和流量持续稳定不变的调压设备，见图 4-12。

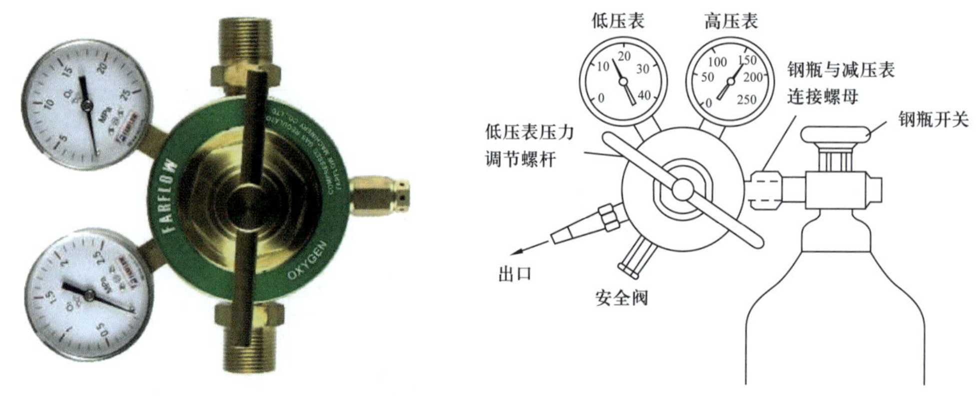

图 4-12 气瓶减压器示意图

动火作业施工现场常见的减压器有氧气减压器、乙炔减压器、氮气减压器、氩气减压器、氢气减压器、氨气减压器、二氧化碳减压器、天然气减压器和含有腐蚀性质的不锈钢减压器等，按构造不同可分为单级式和双级式两类，按任务原理不同可分为正效果式和反效果式两类。气瓶减压器工作原理示意见图 4-13。减压器是将气瓶内的高压气体降低后供使用的减压装置。减压器在输入压力和出口流量发生变化的工作条件下，能保持稳定的输出压力。气瓶使用减压器应遵守下列规定：

（1）不同气体的减压器严禁混用，减压器出口接头与胶管应扎紧，减压器冻结时应采用热水或蒸汽解冻，严禁火烤。安装减压器前应进行检查，减压器不得沾有油脂。打开氧气阀门时必须慢慢开启，不得用力过猛，禁止带压拧紧螺扣。减压器发生自流或漏气现象时，必须迅速关闭气阀，卸下减压器修理。禁止用棉、麻绳或一般橡胶等易燃物作为氧气减压器的密封垫圈。

（2）氧气瓶放气或敞开减压器时动作一定要缓慢。若是阀门敞开速度过快，减压器局部的气体因受绝热紧缩而温度大大提高，这样有可能使有机材料制成的零件如橡胶填料、橡胶薄膜纤维质衬垫着火烧坏，并可使减压器彻底烧坏。另外，由于放气过快引发的静电火花及减压器有油污等，也会引起着火烧坏减压器零件。

（3）减压器安装前及敞开气瓶阀时的注重事项：安装减压器之前，要略翻开气瓶阀门，吹除污物，以防尘埃和水分带入减压器。在打开气瓶阀时，瓶阀出气口不得对准操作者或别人，以防高压气体冲出伤人。减压器出气口与气体橡胶管接头处必须用卡箍拧紧，避免送气后脱开引发危险。

（4）减压器装卸及工作时的注意事项：卸减压器时注意避免管接头螺纹滑牙，避免旋装不牢而射出。在工作过程中必须注意观察任务压力表的压力数值。停止工作时应先松开减压器的调压螺钉，再封闭气瓶阀，并把减压器内的气体渐渐放尽，确保绷簧和减压活门免受损坏。任务完毕后，应从气瓶上取下减压器，加以妥善保管。

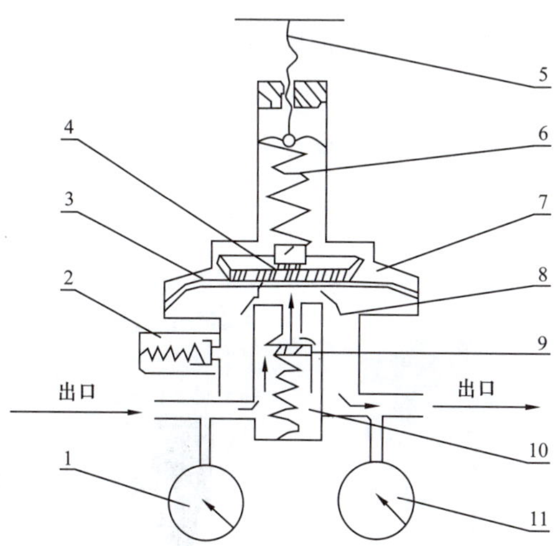

1—高压表；2—安全阀；3—薄膜；4—调节螺杆；5—调节螺杆；6—调节弹簧；7—顶杆；8—低压室；9—活门；10—活门弹簧；11—低压表

图 4-13 气瓶减压器工作原理示意图

（5）减压器必须定时维修，压力表必须定时检验。这样做是为了保证调压的可靠性和压力表读数的准确性。在运用中如发现减压器有漏气现象、压力表针显示不灵等，应及时修理。减压器必须保持清洁，不得沾染油脂、污物，如有油脂，必须在擦洗洁净后才能使用。

（二）现场临时照明

——工作场所和通道照明应满足所在区域安全作业亮度、防爆、防水等要求，根据施工现场环境条件设计并应选用防水型、防尘型、防爆型灯具。在有爆炸危险环境，应使用防爆灯具；在有粉尘的场所，应采用防尘型照明器；在潮湿环境，应采用封闭型或防潮型照明器，必要时应备应急照明。

——使用合适灯具和带护罩的灯座，防止意外接触或破裂，使用不导电材料悬挂导线。行灯灯泡外部有金属保护罩。

——手持式灯（行灯）应采用Ⅲ类灯具和不超过36V安全特低电压系统（SELV）。照明变压器应使用双绕组型安全隔离变压器，严禁采用普通变压器和自耦变压器；安全隔离变压器严禁带入金属容器或金属管道内使用。

——在潮湿和易触及带电体场所、受限空间作业的照明电源电压不得大于12V。

——安全隔离变压器的外露可导电部分应与PE线相连做保护接零，二次绕组不得接地或接零。行灯的外露可导电部分不得直接接地或接零。安全隔离变压器应有防水措施，并不得带入受限空间内使用。

——行灯灯体及手柄绝缘应良好、坚固、耐热、耐潮湿，灯头与灯体应结合紧固，灯泡外部应有金属保护网、反光罩及悬吊挂钩，挂钩应固定在灯具的绝缘手柄上，见图4-14和图4-15。

图4-14　防爆型悬挂式和手提式行灯

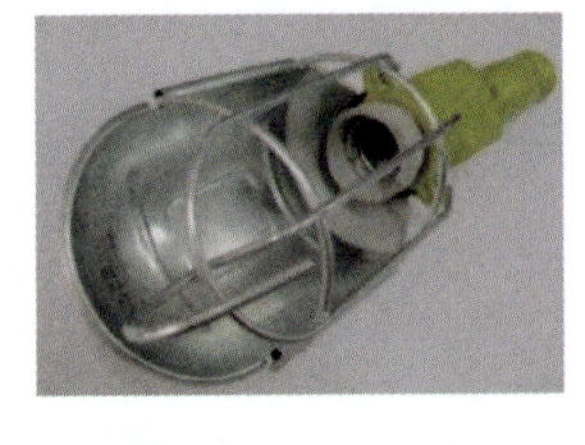

图4-15　普通型手握式（反光）行灯

——动力和照明线路应分路设置。严禁利用额定电压220V的临时照明灯具作为行灯使用。大型工业炉辐射室、大型储罐内的工作照明可采用1∶1隔离变压器供电。

——作业现场可能危及安全的坑、井、沟、孔洞等周围，夜间影响车辆、人员等安全通行的施工部位或设施、设备，夜间应设置红色警示灯。

（三）气焊与气割

气焊与气割之中，日常最常用的易燃易爆气体就是乙炔、液化石油气。乙炔具有易燃易爆的危险性，无色，易溶于丙酮。乙炔分子不稳定，容易分解成氢和碳，并放出大量的热。如果分解是在密闭空间进行，由于温度升高，压力急剧增大，就可能发生爆炸。因此作业中必须注意以下事项：

——焊接与切割中使用的氧气胶管为蓝色，乙炔胶管为红色，乙炔胶管与氧气胶管不能相互换用，不得用其他胶管代替，见图4-16。

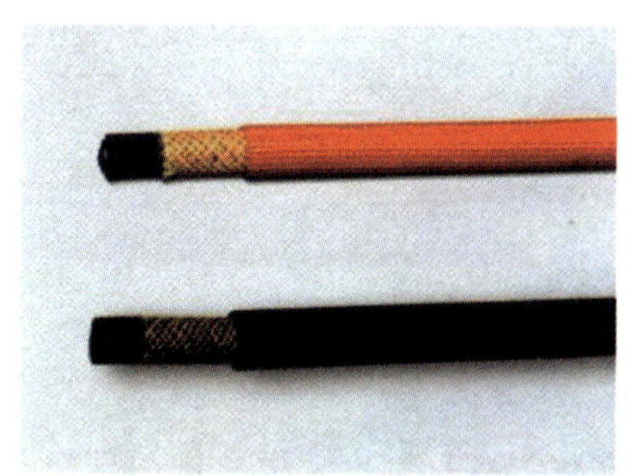

图4-16　胶管示例

——氧气瓶和乙炔瓶放置位置要离开各种火源、电源，不得放置在管排下、容器设备底部、下水井附近、高空用火正下方和人员集中地点。

——各类气瓶、容器、管道、仪表等连接部位，应采用涂抹肥皂水方法检漏，严禁使用明火检漏。

——乙炔发生器、回火防止器、氧气和液化石油气瓶、减压器等均应采取防止冻结措施，一旦冻结应用热水解冻，禁止采用明火烘烤或用棍棒敲打解冻。

——乙炔瓶严禁卧放，防止瓶内的丙酮随乙炔流出。乙炔瓶不能受剧烈震动和撞击，禁止横卧滚动，以免瓶内多孔性填料下沉而形成空洞，影响乙炔的储存。

——乙炔减压器与瓶连接必须牢固可靠，严禁在漏气情况下使用，如发现瓶阀、减压器、易熔塞着火时，用干粉灭火器或二氧化碳灭火器扑救，禁用四氯化碳灭火器扑救。

——点火时，焊割枪口不准对人，正在燃烧的焊、割炬不得放在工件和地面上。在金属容器或大口径管道内焊接或切割时，应有良好的通风和排除有毒烟尘的装置。

（四）电焊机

电焊是利用电弧放电时产生的热量熔化接头而实现焊接的，是一种危险性很大的作业，电弧放电可产生6000℃的高温，产生烟尘和有毒气体及电弧光，存在着触电、火灾、爆炸、中毒、窒息、灼烫、高处坠落、物体打击、弧光辐射、噪声等多种危害，同时如果焊接质量不好或有隐患，还会导致意外事故或二次事故发生。

1. 手动电焊机

电焊机应有完整的防护外壳，一次、二次导线接线柱处应有保护罩。电焊机必须绝缘良好，其绝缘电阻不得小于0.5MΩ。电焊机外壳必须接地良好，电源的装拆应由电工进行。电焊机外壳应有良好的保护接地或接零，接地线、导线无损坏，见图4–17。

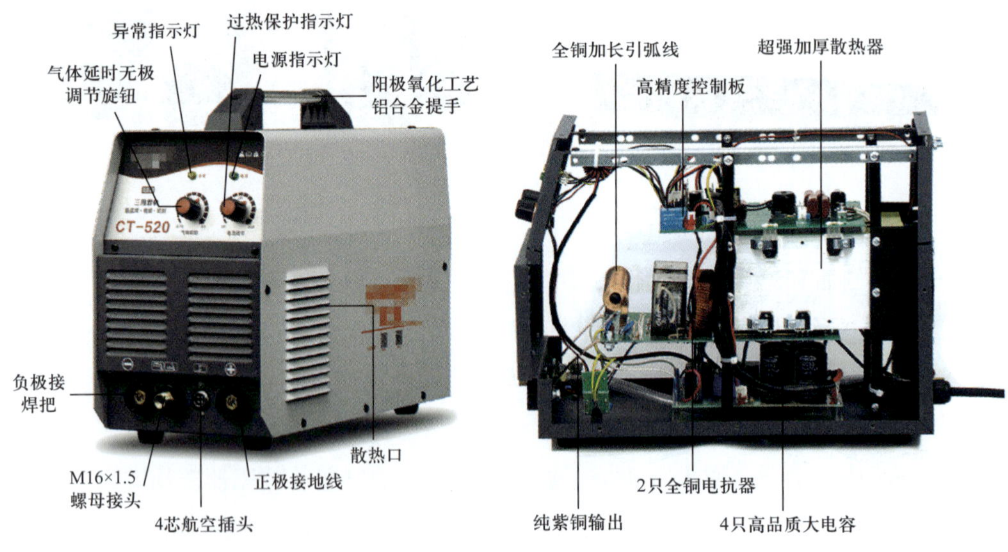

图4–17 电焊机结构示意图

电焊机与配电箱的连接导线要保证绝缘，其长度在2.5～3m，一般不超过5m，确需使用长导线时，必须将其架高距地面2.5m以上，并尽可能沿墙布设，并在焊机旁架设专用开关，不许将导线随意拖于一地面。

严禁将导线搭在气瓶、乙炔发生器或其他易燃物品的容器和材料上，禁止利用厂房的金属结构、轨道、管道、暖气设施或其他金属物体搭接起来作为焊接电源回路，禁用氧气管道和易燃易爆气体管道作为接地装置的自然接地极，防止由于产生电阻热或引弧时冲击电流的作用，产生火花而引爆。

连接焊机、焊钳和工件的焊接回路导线，一般不超过 30m，过长则会增大电压降并使导线发热。导线有接头不超过两个，要用绝缘布包好，横过铁路或道路的一次线、二次线都应采用架空方式或穿入用土埋好的金属管内。

2. 自动电焊机

储罐自动焊机使用前应对电源线、操作线、电源控制箱、电源设备接地进行检查并确认完好。储罐自动焊接机架在使用前应对行走轮、防护挡板、机架门的完好状况进行检查确认。储罐自动焊机应平稳固定在机架上，并设置上下通道，操作平台应安装防护栏杆，见图 4-18。

管道自动焊机的旋转部件应平稳、可靠，无剧烈摆动和脱落的缺陷。管道自动焊机的液压部件应密封良好无泄漏，见图 4-19。

图 4-18　储罐自动焊机

图 4-19　管道自动焊机

1）现场操作要求

使用电焊机作业时，电焊机不应放置在运行的生产装置、罐区和具有火灾爆炸危险场所内，否则按照动火作业的要求进行动火分析。

在焊接工作场所附近，必须备有足够完好的消防器材。在封闭容器、罐、桶、舱室中焊接、切割，应先打开施焊工作物的孔、洞，使内部空气流通，以防焊工中毒、烫伤。

两台及以上的电焊机集中使用时，应摆放在高度距离地面不小于 300mm 的支架上，且应搭设防雨棚、配备消防器材。

电焊机应专人操作，设置单独开关，设备外壳应设置接零或接地保护。电焊机移动或焊接中突然停电，应先切断电源。

工作完毕和暂停时，焊、割炬和胶管等都应随人进出，禁止放在工作地点；焊接、切割现场禁止把焊接电缆、气体胶管、钢绳混绞在一起。焊接、切割用的气体胶管和电缆应妥善固定，禁止缠在焊工身上使用。

在金属容器内，在潮湿的地方，除手和脚必须绝缘保护外，照明电源的电压不应超过 12V。在已停车的机器内进行焊接与切割，必须彻底切断机器（包括主机、辅机、运转机构）的电源和气源，锁住启动开关；并应设置“修理施工禁止转动”的安全标志或由专人负责看守。

直接在水泥地面上切割金属材料，可能发生爆裂，应有防火花喷射造成烫伤的措施。对悬挂在起重机吊钩上的工件和设备，禁止电焊或切割，如必须这样做应采取可靠的安全措施，并经批准才能进行。

气体保护焊接都使用压缩气瓶，盛装保护气体的高压气瓶应小心轻放竖立固定，防止倾倒。切割后的热件不得插入含油的污水沟、下水井内冷却，防止着火爆炸。

2）电焊人员要求

电焊设备的安装、接线、修理和检查，需由专业电工进行，施工用电在办理临时用电许可手续后，由电工接通电源，焊工不得自行处理。

焊接时，操作人员必须戴耐辐射热的皮革或棉帆布和皮革合制材料的手套，穿绝缘鞋。焊工在多层结构或高空构架上进行交叉作业时，应佩戴符合有关标准规定的安全带。

电焊工不要携带电焊把钳进出设备，带电的把钳应由外面的配合人递进递出；工作间断时，把钳应放在干燥的木板上或绝缘良好处，焊接地点转移时，应把电焊钳拿在手中拉线，不能拖拉钳把，以免掩击其他设备物件时打火。

清理焊渣时，应戴防护镜，并避免在对着人的方向敲打焊渣。施焊完毕后应及时拉开电源刀闸，移动焊接设备时必须切断电源。

（五）其他注意事项

——使用砂轮机时作业人员要戴防护眼镜，身体要站在砂轮片侧面。

——配合焊工固定焊件或对口时，管工必须戴手套，面部不要对着电弧。

——所用材料和工具不许乱扔乱放，扛管及抬阀门时两人动作要协调一致，严禁说笑打闹。

——在吹扫管线时，管线堵头处不得站人。

——当管路中有压力时，严禁在管路和管件上（阀门、法兰等）进行检修作业（热紧除外）。

——在拆盲板及法兰时，应先搞清楚管线内部是否有压力。拆松最后一个螺栓前，要以对角线的形式保留四个或以上的松动螺栓，用撬棍先撬一下，如果有压力可起泄压作用，同时注意头部或身体不要对着撬开口，以防伤人。

——组对结构物件时，必须将下部垫平，安装时上部要用拉筋拉牢。组对单扇物件时，要用顶柱将两侧顶牢。筒体、罐体组对时，首先要设好支撑，以免错落伤人。高空组对时，螺栓要准备好，对好物件及时把紧。

——钻眼或打锤时，不得戴手套作业。进行剪切、滚板等操作时，物料要垫平、把稳，操作人员的衣袖、裤脚要扎紧，帽子要戴好。材料切断时，不准立着切断，以免倒塌伤人。

——所用材料及工具不许放在交通线、易燃物、电器附近。堆放时，应放平放稳、排列整齐，以免倒落伤人。

——使用电动工具要加装漏电保护器，按照规定穿戴绝缘手套和绝缘鞋，防止发生触电事故。

四、职业危害因素

金属材料在焊接过程中的有害因素可分为金属烟尘、有毒气体、高频电磁场、射线、电弧辐射和噪声等几类。出现哪类因素，主要与焊接方法、被焊材料和保护气体有关，而其强烈程度受焊接规范的影响。

（一）焊尘

1. 焊尘的形成

焊接电弧的温度在3000℃以上，而弧中心温度高于6000℃，气焊时氧炔火焰的焰心温度也高于3000℃。可见电气焊接在如此高温下进行，必然引起金属元素的蒸发和氧化，这些金属元素来源于被焊金属和焊材。在电气焊接过程中都产生有害烟尘，包括烟和粉尘。被焊材料和焊接材料熔融时产生的蒸气在空气中迅速氧化和冷凝，从而形成金属及其化合物的微粒。直径小于0.1μm的微粒称为烟，直径在0.1～10μm的微粒称为粉尘。这些微粒飘浮在空气中就形成了焊尘。

焊接黑色金属材料时，烟尘的主要成分是铁、硅、锰。焊接其他不同材料时，烟尘中尚有铝、氧化锌、钼等。上述成分中主要有毒物是锰。使用低氢型焊条的手工电弧焊接，粉尘中含有极毒的可溶性氟。

2. 焊尘的危害

焊工长期接触金属烟尘，如果防护不良，吸进过多的烟尘，将引起头痛、恶心、气管炎、肺炎，甚至有患焊工尘肺、金属热和锰中毒的危险。焊尘还能引起肺粉尘沉着症、支气管哮喘、过敏性肺炎、非特异性慢性阻塞性肺病，有些放射性粉尘还有致癌作用，有毒粉尘的吸入还可引起全身性中毒症状。

1）焊工尘肺

尘肺是指由于长期吸入超过规定浓度的粉尘，引起肺组织弥漫性纤维化的病症。现代研究指出，焊接区周围空气中除了大量氧化铁和铝等粉尘之外，尚有许多种具有刺激性和促使肺组织纤维化的有毒因素。例如硅、硅酸盐、锰、铬、氟化物及其他金属氧化物。还有臭氧、氮氧化物等混合烟尘和有毒气体。目前一般认为：由于长期吸入超过允许浓度的上述混合烟尘和有毒气体，在肺组织中长期作用就形成混合性尘肺。

人体对进入呼吸道的粉尘具有一定的自我防御能力，有以下几种防御形式：鼻腔里的黏液分泌物等可以使大于 10μm 的尘粒沉积下来，而后被导出体外。直径在 2～10μm 的尘粒深入呼吸道进入各级支气管后，流速减缓而沉积，黏着在各支气管管壁上，其中大多数通过黏膜上皮的纤毛运动伴随黏液向外移动、传出，通过咳嗽反射到体外。进入肺泡的粉尘一部分会随呼气排出体外，一部分沉降于肺内，被巨噬细胞吞噬，但其中部分可能进入肺泡周围组织，沉积于局部或进入血管和支气管旁的淋巴管，进而引起病变。

焊工尘肺的发病一般比较缓慢，有的病例是在不良条件下接触焊接烟尘长达 15～20 年以上才发病的。表现为呼吸系统的症状，如气短、咳嗽、胸闷和胸痛，有的患者呈现出无力、食欲不振、体重减轻及神经衰弱等症状。

2）锰中毒

焊工长期使用高锰焊条及焊接高锰钢，如果防护不良，则锰蒸气氧化而成的氧化锰及四氧化三锰等氧化物烟尘，就会大量被吸入呼吸系统和消化系统，侵入机体。排不出体外的余量锰及其化合物则在血液循环中与蛋白质相结合，以难溶盐类形式积蓄在脑、肝、肾、骨、淋巴结和毛发等处，并影响末梢神经系统和中枢神经系统，引起器质性的改变，造成锰中毒。

锰中毒发病很慢，大多在接触了3～5年后甚至长达20年才逐渐发病。早期症状为乏力、头痛、头晕、失眠、记忆力减退及植物神经功能紊乱。中毒进一步发展，神经、精神症状均更加明显，表现为动作迟钝、困难，甚至走路左右摇摆，书写时震颤等。

3）焊工金属热

焊接金属烟尘中的氧化铁、氧化锰微粒和角化物等物质容易通过上呼吸道进入末梢细支气管和肺泡，再进入体内，引起焊工“金属热”反应。手工电弧焊时，碱性焊条比酸性焊条容易产生金属热反应。其主要症状是工作后寒颤，继之发烧、倦怠、口内金属味、恶心、喉痒、呼吸困难、胸痛、食欲不振等。据调查在密闭罐、容器、船舱内使用碱性焊条焊接的焊工，当通风措施和个人防护不力时，容易得此症状。

（二）有毒气体

在电气焊接区的周围空间形成多种有毒气体，特别是电弧焊接中在焊接电弧的高温和强烈紫外线作用下，形成有毒气体的程度尤为严重。有毒气体成分及量的多少与焊接方法、焊接材料、保护气体和焊接规范有关。所形成的有毒气体中主要有臭氧、氮氧化物、一氧化碳和氟化氢等。气焊和气割过程中产生的有毒气体相对电弧焊来说少一些，主要是一氧化碳和氮氧化物。但当使用含有氟化物的溶剂时，还产生氟化氢有毒气体。

1. 臭氧

空气中的氧在短波紫外线的激发下，被大量地破坏而生成臭氧（O_3），臭氧是一种淡蓝色的有毒气体，具有刺激性气味。明弧焊可产生臭氧，氩弧焊和等离子弧焊更为突出。臭氧浓度与焊接材料、焊接规范、保护气体等有关。一般情况下，手工电弧焊时的臭氧浓度较低。

2. 氮氧化物（NO，NO_2）

由于焊接高温作用，引起空气中氮、氧分子离解，重新结合而成为氮氧化物。其中主要是二氧化氮（NO_2），因为其他氮氧化物如一氧化氮等均不稳定，易转变为二氧化氮，因此常以测定二氧化氮的浓度来表示氮氧化合物的存在情况。

氮氧化合物是属于具有刺激性的有毒气体，主要表现为对肺的刺激作用。高浓度的二氧化氮被吸入肺泡后，由于肺泡内湿度大，反应加快，在肺泡内约可阻留80%，逐渐与水作用形成硝酸与亚硝酸。

硝酸与亚硝酸对肺组织产生强烈刺激及腐蚀作用，引起中毒。慢性中毒的主要症状是神经衰弱，如失眠、头痛、食欲不振、体重下降。高浓度的氮氧化合物能引起急性中毒，其中轻者仅发生急性支气管炎；重度中毒时，引起咳嗽剧烈、呼吸困难、虚脱、全身软弱无力等症状。

3. 一氧化碳（CO）

各种电气焊都能产生一氧化碳有毒气体，二氧化碳保护焊产生的一氧化碳浓度最高。电弧焊时一氧化碳的来源，一是由二氧化碳气体在高温作用下发生分解而形成，二是由电气焊时二氧化碳与熔化了的金属元素发生反应生成一氧化碳。气焊氧炔火焰也产生一氧化碳。

一氧化碳是一种窒息性气体，经呼吸道进入体内，由肺泡吸收进入血液，与血红蛋白结合成碳氧血红蛋白，阻碍了血液带氧能力，使人体组织缺氧而表现出症状，严重的能中毒窒息。焊接中一般不会发生较重的一氧化碳中毒现象，只有在通风不良的条件下，焊工血液中的碳氧血红蛋白才高于常人。

4. 氟化氢（HF）

氟化氢主要产生于手工电弧焊。使用碱性焊条时，焊条药皮里常含有萤石（CaF_2），在电弧的高温作用下形成氟化氢气体。

氟化氢为无色气体，极易溶于水形成氢氟酸，其腐蚀性很强，毒性剧烈。吸入较高浓度的氟化氢气体，可立即引起眼、鼻和呼吸道黏膜的刺激症状，严重时发生支气管炎、肺炎等。

还需指出，烟尘与有毒气体存在着一定的内在联系。电弧辐射越弱，则烟尘越多，有毒气体浓度越低。反之，电弧辐射越强，有毒气体浓度就越高。

（三）弧光辐射

电弧放电时，在产生高热的同时会产生弧光辐射。据测定 CO_2 保护焊的弧光辐射强度是手工电弧焊的2～3倍，氩弧焊是5～10倍，而等离子弧焊割比氩弧焊更强烈。焊接弧光辐射主要包括可见光线、红外线和紫外线。弧光辐射作用到人体上被体内组织吸收，引起组织的热作用、光化学作用或电离作用，造成人体组织急性或慢性的损伤。

1. 紫外线

焊接电弧产生的强烈紫外线可引起皮炎、皮肤上出现红斑甚至出现小水泡、渗出液和浮肿，有烧灼、发痒的感觉。紫外线对眼睛的短时照射会引起急性角膜结膜炎，称为电光性眼炎，这是明弧焊工和辅助工人一种常见的职业眼病。同时，焊接电弧的紫外线辐射对纤维的破坏能力也很强，其中以棉织品损伤最严重。由于白色织物反射性强，因此耐紫外线辐射能力较强。

2. 红外线

红外线对人体的危害主要是引起组织的热作用。焊接过程中眼部受到强烈的红外线辐射，立即会感到强烈的灼伤和灼痛，发生闪光幻觉，长期接触还可能造成红外线白内障，视力减退，严重时能导致失明。此外还可造成视网膜灼伤。

3. 可见光线

焊接电弧的可见光线的光度比肉眼正常承受的光度要大到一万倍以上。受到照射时，眼睛有疼痛感，一时看不清东西，通常叫电焊“晃眼”，在短时间内失去劳动能力，但不久即可恢复。

（四）噪声

在等离子弧喷枪内，由于气流间压力的起伏、振动和摩擦，并从喷枪口高速喷射出来，就产生了噪声。噪声的强度与成流气体的种类、流动速度、喷枪的设计及工艺性能有密切关系。等离子弧喷涂和等离子弧切割因工艺要求有一定的冲击力，因而噪声强度高，等离子弧喷涂时声压级可达 123dB（A）。切割厚度增加，所需功率相应提高，因此噪声强度亦有提高。

人体对噪声最敏感的是听觉器官。在无防护情况下，强烈的噪声可以引起听觉障碍、噪声性外伤、耳聋等症状。长期接触噪声，还会引起中枢神经系统和血管系统失调，出现厌倦、烦躁、血压升高、心跳过速等症状。此外，噪声还可能影响内分泌系统，有些敏感的女工可能发生月经失调、流产和其他内分泌腺功能紊乱现象。

（五）放射性物质

氩弧焊和等离子弧焊使用的钍钨棒电极中的钍是天然放射性物质，能放出 α、β、γ 三种射线。焊接操作时，基本危害形式是含有钍及其衰变产物的烟尘被吸入体内，它们很难被排出体外，因而形成内照射。体外照射危害较小，用纸、布及其他材料的屏蔽或离射源 10～20cm 的空气间隔即可将 α 粒子完全吸收。β 粒子可用铝板或一层塑料布进行隔离。γ 射线贯穿力较强，但仅占三种射线总量的 1%，其内照射危害较大。

射线不超过允许值，就不会对人体产生危害。但人体长期受到超容许剂量的照射，或者放射性物质经常少量进入并积蓄在体内，则可能引起病变，造成中枢神经系统、造血器官和消化系统的疾病，严重的可能出现放射病。

根据对氩弧焊和等离子弧焊的放射性测定，一般都低于最高允许浓度，但在钍钨棒磨尖、修理，特别是贮存地点，放射线浓度大大高于焊接地点，可达到或接近最高允许浓度。因此应采取防护措施。

五、职业健康防护措施

虽然焊接作业存在众多的职业健康危害因素，但如能正确地采取有效的防尘、防毒、防射线和噪声等职业健康防范措施，可以有效预防职业病的危害。下面介绍对有害因素的防护措施。

（一）通风防护措施

电气焊接过程中只要采取完善的防护措施，就能保证电气焊工只会吸入微量的烟尘和有毒气体。通过人体的解毒作用和排泄作用，就能避免发生焊接烟尘和有毒气体中毒现象。通风技术措施是消除焊接粉尘和有毒气体、改善劳动条件的有力措施。机械通风措施包括移动式排烟罩和随机式排烟罩两种形式。

1. 移动式排烟罩

移动式排烟罩有可以根据焊接地点的操作、位置的需要随意移动的特点。因而在密闭船舱、容器和管道内施焊或在油气站场室非定点施焊时，采用移动式排烟罩具有良好效果。使用这种装置时，将吸头置于电弧附近，开动风机即能有效地把烟尘和毒气吸走。

2. 随机式排烟罩

随机式排烟罩特点是固定在自动焊机头上或其附近，排风效果显著。一般使用微型风机或气力引射器为风源，它又分近弧和隐弧排烟罩两种形式。

焊接锅炉、容器时，使用压缩空气引射器也可获得良好的效果，其排烟原理是利用压缩空气从压缩空气管中高速喷射，在引射室造成负压，从而将有毒烟尘吸出。

（二）个人防护措施

按照 GB 55034—2022《建筑与市政施工现场安全卫生与职业健康通用规范》要求，电焊工、气割工配备劳动防护用品应符合下列规定：

——电焊工、气割工应配备阻燃防护服、绝缘鞋、鞋盖、电焊手套和焊接防护面罩；高处作业时，应配备安全帽与面罩连接式焊接防护面罩（图 4-20）和阻燃安全带。

——进行清除焊渣作业时，应配备防护眼镜。

——进行磨削钨极作业时，应配备手套、防尘口罩和防护眼镜。

——进行酸碱等腐蚀性作业时，应配备防腐蚀性工作服、耐酸碱胶鞋、耐酸碱手套、防护口罩和防护眼镜。

——在密闭环境或通风不良的情况下，应配备送风式防护面罩。

图 4-20　安全帽与面罩连接式焊接防护面罩

焊工的个人防护措施，除穿戴好工作服、鞋、帽、手套、眼镜、口罩、面罩等防护用品外，必要时可采用送风盔式面罩。

1. 预防烟尘和有毒气体

当在容器内焊接，特别是采用氩弧焊、二氧化碳气体保护焊或焊接有色金属时，除加强通风外，还应戴好通风帽。使用时用经过处理的压缩空气供气，切不可用氧气，以免发生火灾事故。

2. 预防电弧辐射

电弧辐射中含有的红外线、紫外线及强可见光对人体健康有着不同程度的影响，因而在操作过程中，必须采取以下防护措施：工作时必须穿好工作服（以白色工作服最佳），戴好工作帽、手套、脚盖和面罩。在辐射强烈的作业场合如氩弧焊时，应穿耐酸的工作服，并戴好通风帽。工作地点周围，应尽可能放置屏蔽板，以免弧光伤害别人。

3. 对噪声的防护

长时间处于噪声环境下工作的人员应戴上护耳器，以减小噪声对人的危害程度。护耳器有隔音耳罩或隔音耳塞等。耳罩虽然隔音效果优于耳塞，但体积较大，戴用稍有不便。

4. 对电焊弧光的防护

电焊工在施焊时，电焊机两极之间产生的强烈弧光能够伤害人的眼睛，造成电光性眼炎。注意眼睛的适当休息。焊接时间较长，应注意中间休息。如果已经出现电光性眼炎，应及时治疗。电焊工应使用符合劳动保护要求的面罩。面罩上的电焊护目镜片，应根据焊接电流的强度来选择，用合乎作业条件的遮光镜片。

为了保护焊接工地其他人员的眼睛，一般在小件焊接的固定场所和有条件的焊接工地都要设立不透光的防护屏，屏底距地面应留有不大于 300mm 的间隙。

5. 对电弧灼伤的防护

焊工在施焊时必须穿好工作服，戴好电焊用手套和脚盖。绝对不允许卷起袖口，穿短袖衣及敞开衣服等进行电焊工作，防止电焊飞溅物灼伤皮肤。 电焊工在施焊过程中更换焊条时，严禁乱扔焊条头，以免灼伤别人和引起火灾事故发生。

为防止操作开关和闸刀时发生电弧灼伤，合闸时应将焊钳挂起来或放在绝缘板上，拉闸时必须先停止焊接工作。在焊接预热焊件时，预热好的部分应用石棉板盖住，只露出焊接部分进行操作。仰焊时飞溅严重，应加强防护，以免发生被飞溅物灼伤的事故。

6. 对高温热辐射的防护

电弧是高温强辐射热源。焊接电弧可产生 3000℃以上的高温。手工焊接时电弧总热量的 20% 左右散发在周围空间。电弧产生的强光和红外线还造成对焊工的强烈热辐射。因此，焊接电弧是高温强辐射的热源。

通风降温措施。尤其是在锅炉等容器或狭小的舱间进行焊割时，应向容器送风和排气，加强通风。在夏天炎热季节，为补充人体内的水分，应给焊工供给一定量的含盐清凉饮料，也是防暑的保健措施。

7. 对有害气体的防护

在焊接过程中，为了保护熔池中熔化金属不被氧化，在焊条药皮中有大量产生保护气体的物质，其中有些保护气体对人体是有害的，为了减少有害气体的产生，应选用高质量的焊条，焊接前清除焊件上的油污。采用有效的通风设施，排除有害气体。加强焊工个人防护，工作时戴防护口罩。定期进行身体检查，以预防职业病。

8. 对机械性外伤的防护

焊件必须放置平稳，特殊形状焊件应用支架或电焊胎夹以保持稳固。焊接圆形工件的环节焊缝，不准用起重机吊转工件施焊，也不能站在转动的工件上操作，防止跌落摔伤。焊接机械传动部分，应设防护罩。清铲焊渣时，应戴护目镜。

9. 姿势性劳损的预防

焊割作业人员工作时基本采取两种姿势，站姿或蹲（半蹲）姿。时间长了这两种姿势对腰椎和颈椎都有一定损害，如果不注意调整和锻炼，容易形成颈椎或腰椎疾病。因此，焊割作业人员应当注意适当调整工作姿势，在不影响工作的前提下，尽可能采取较舒适灵活的姿势或变换不同的姿势，尽量避免长时间用同一种姿势工作。防止骨骼或肌肉、神经系统因长时间采取固定姿势发生病变。保持健康、预防疾病最有效的方法还是积极锻炼。焊割作业人员应当利用工前、工间休息时间做做广播体操，活动一下筋骨。这应当形成制度，以逐渐形成习惯。

第三节 手持电动工具

手持电动工具是携带式电动工具，因使用非常方便，在石油石化行业检修中广泛使用。手持电动工具的特点是电力驱动，提高工具的扭力、转速、冲击力，进行手工操作，常用于钻孔、切割、打磨等。手持式电动工具在使用过程中有触电和机械伤害的风险，发生的人身伤害事故，在石油石化行业中也占一定的比例。因此，有必要了解手持电动工具的性能，学习控制措施的相关内容，排除使用过程中的安全隐患。

一、结构和分类

手持电动工具，指的是由电动机驱动来做机械功的工具。它提供安装到支架上的装置，且被设计成由电动机与机械部分组成一体、便于携带到工作场所，并能用手握持或支撑或悬挂操作的工具。手持电动工具种类如图 4-21 所示。

图 4-21　手持电动工具种类

（一）手持电动工具的结构

手持电动工具的基本结构，一般由外壳、电动机、传动机构、工作头及其夹持装置、手柄、电源开关、电源线组件等组成，其基本结构如图 4-22 所示。

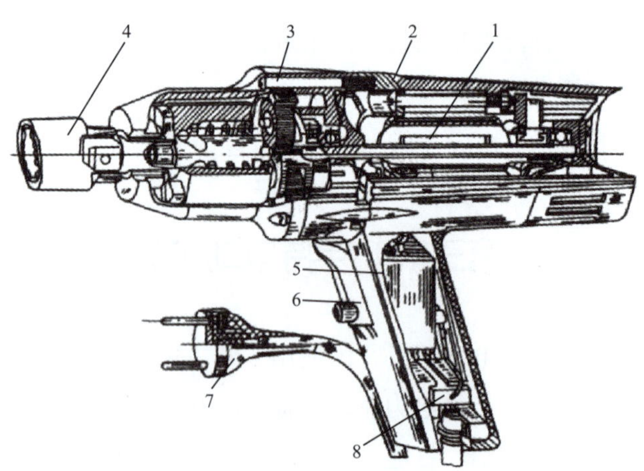

1—电动机；2—外壳；3—传动机构；4—工作头；5—手柄；6—电源开关；
7—电源插头与电源线；8—抑制电磁干扰元件

图 4-22　电动工具的基本结构

（二）手持电动工具的分类

手持电动工具的分类按触电保护方式可分为以下三种类型：

（1）Ⅰ类工具：它的防电击保护不仅依靠基本绝缘、双重绝缘和加强绝缘，而且还包含一个附加的安全措施，即把已触及的导电部分与设备中固定布线的保护（接地）连接起来，使易触及的导电部分在基本绝缘损坏时不能变成带电体。具有接地端子或接地连接器的双重绝缘和（或）加强绝缘的工具也认为是Ⅰ类工具。Ⅰ类电动工具如图 4-23 所示。

（2）Ⅱ类工具：它的防电击保护不仅依靠基本绝缘，而且依靠提供的附加的安全措施，例如双重绝缘和加强绝缘，没有保护接地也不依赖安装条件，如图 4-24 所示。

图 4-23 Ⅰ类电动工具

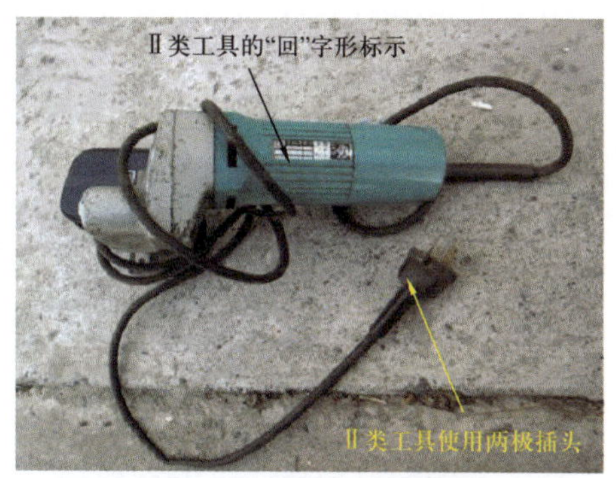

图 4-24 Ⅱ类电动工具

（3）Ⅲ类工具：它的防电击保护依靠安全特低电压供电，工具内不产生高于安全特低电压的电压。所谓安全特低电压，是指在导体之间及导体对地间的电压不超过 42V，其空载电压不超过 50V 的电压。Ⅲ类电动工具如图 4-25 所示。

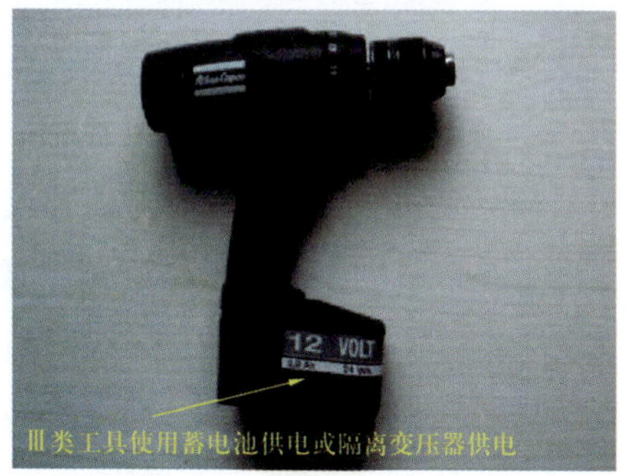

图 4-25 Ⅲ类电动工具

目前手持电动工具绝大多数都是Ⅱ类和Ⅲ类电动工具，安全性对比如表 4-2 所示。

表 4-2 手持电动工具安全性比较

类别	安全性	方便性
Ⅰ类	较差	差
Ⅱ类	较好	好
Ⅲ类	最好	差

二、使用与防护技术

（一）使用规定

施工现场使用手持式电动工具应符合现行国家标准 GB/T 3787—2017《手持式电动工具的管理、使用、检查和维修安全技术规程》的有关规定。

——使用电气设备或电动工具作业前，应由电气专业人员对其绝缘进行测试，Ⅰ类工具绝缘电阻不得小于 2MΩ，Ⅱ类工具绝缘电阻不得小于 7MΩ，Ⅲ类工具绝缘电阻不得小于 10MΩ 合格后方可使用。

——手持电动工具应有合格标牌，外壳、手柄、插头、开关，负荷线等必须完好无损，使用前必须做绝缘检查和空载检查，在绝缘合格、空载运转正常后方可使用。

——在一般作业场所，应选用Ⅱ类工具；若选用Ⅰ类工具时，外壳与保护导体（PE）应可靠连接，为其供电的末级配电箱中剩余电流保护器的额定剩余电流动作值不应大于 30mA，额定剩余电流动作时间不应大于 0.1s。

——在潮湿、泥泞、导电良好的地面或金属构架上作业时，应选用Ⅱ类或由安全隔离变压器供电的Ⅲ类工具，严禁使用Ⅰ类手持式电动工具。在狭窄场所，如锅炉、金属管道内，应使用由安全隔离变压器供电的Ⅲ类工具。

——Ⅲ类工具的安全隔离变压器，Ⅱ类工具的漏电保护器及Ⅱ类、Ⅲ类工具的控制箱和电源联结器等应放在容器外或作业点处，同时作业过程中应有人监护。

——手持电动工具导线，必须为橡皮护套铜芯软电缆线。电缆应避开热源，并应采取防止机械损伤的措施。导线两端连接牢固，中间不许有接头。

——必须严格按照操作规程使用移动式电气设备和手持电动工具，使用过程中需要移动或停止工作、人员离去或突然停电时，必须断开电源开关或拔掉电源插头。

——电动工具需要移动时，不得手提电源线或工具的可旋转部分。电动工具使用完毕、暂停工作、遇突然停电时应及时切断电源。

（二）工具的日常检查

按照 GB/T 3787—2017《手持式电动工具的管理、使用、检查和维修安全技术规程》的规定，工机具使用单位应有专职人员定期检查工具，检查记录见表 4-3。

表 4-3 定期检查记录表

<table>
<tr><th colspan="7">定期检查记录表</th></tr>
<tr><td colspan="2">单位名称</td><td colspan="2"></td><td>制造单位</td><td colspan="2"></td></tr>
<tr><td colspan="2">工具名称</td><td colspan="2"></td><td>制造日期</td><td colspan="2">年 月 日</td></tr>
<tr><td colspan="2">型号规格</td><td></td><td>出厂编号</td><td></td><td>工具编号</td><td></td></tr>
<tr><td colspan="2">管理部门</td><td></td><td>工具类别</td><td>类</td><td>检查周期</td><td>月</td></tr>
<tr><td colspan="7">检查记录</td></tr>
<tr><td>序号</td><td>检查项目名称</td><td>检查要求</td><td>□- 定期</td><td>□- 定期</td><td>□- 定期</td><td>□- 定期</td></tr>
<tr><td>1</td><td>标志检查</td><td>有认证标志、产品合格证或检查合格标志</td><td></td><td></td><td></td><td></td></tr>
<tr><td>2</td><td>外壳、手柄检查</td><td>完好无损</td><td></td><td></td><td></td><td></td></tr>
<tr><td>3</td><td>电源线、保护接地线（PE）检查</td><td>完好无损</td><td></td><td></td><td></td><td></td></tr>
<tr><td>4</td><td>电源插头检查</td><td>完好无损、连接正确</td><td></td><td></td><td></td><td></td></tr>
<tr><td>5</td><td>电源开关检查</td><td>动作正常、灵活，轻快，无缺损破裂</td><td></td><td></td><td></td><td></td></tr>
<tr><td>6</td><td>机械防护装置检查</td><td>完好</td><td></td><td></td><td></td><td></td></tr>
<tr><td>7</td><td>工具转动部分</td><td>转动灵活、轻快，无阻滞现象</td><td></td><td></td><td></td><td></td></tr>
<tr><td>8</td><td>电气保护装置</td><td>良好</td><td></td><td></td><td></td><td></td></tr>
<tr><td>9</td><td>绝缘电阻测量</td><td>>MΩ</td><td></td><td></td><td></td><td></td></tr>
<tr><td colspan="3">检查结论</td><td></td><td></td><td></td><td></td></tr>
<tr><td colspan="3">检查责任人（签字）</td><td></td><td></td><td></td><td></td></tr>
<tr><td colspan="3">检查日期</td><td>月 日</td><td>月 日</td><td>月 日</td><td>月 日</td></tr>
<tr><td colspan="3">下次检查日期</td><td>月 日</td><td>月 日</td><td>月 日</td><td>月 日</td></tr>
</table>

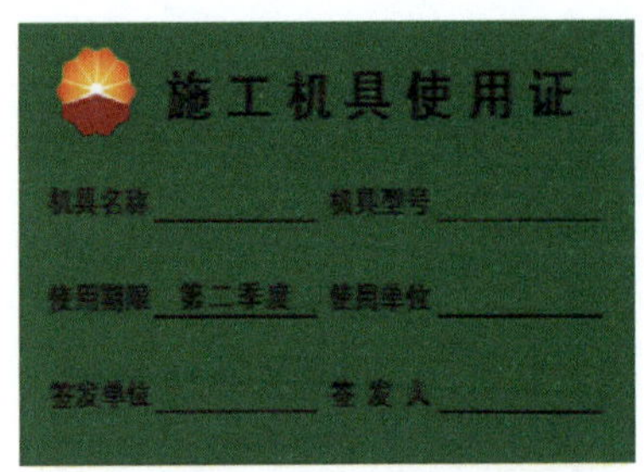

图 4-26　工具检查合格标识

经定期检查合格的工具，应在工具的适当部位，粘贴检查“合格”标识。“合格”标识应鲜明清晰，图 4-26 列举了某公司每季度对电动工具检查合格后，粘贴的合格标签。

三、动火作业常用电动工具

（一）电动角向磨光机

根据 GB/T 3883.3—2007《手持式电动工具的安全　第二部分：砂轮机、抛光机和盘式砂光机的专用要求》3.102.1，将角磨机定义为“转轴与电动机轴成直角，用圆周面和端面进行磨光作业的工具”。

角向磨光机除可修磨工件外，安装切割砂轮片也可切割不锈钢、合金钢、普通碳素钢的型材、管材等；安装干式金刚石锯片可切割砖、石、石棉波纹板等建筑材料；安装圆盘钢丝刷、砂盘可用于除锈、砂光金属表面；安装抛轮则可抛光各种材料的表面。要认真阅读该电动工具提供的功能说明，如图 4-27 所示，如果不按指定的功能进行操作，可能会发生危险和引起人身伤害。

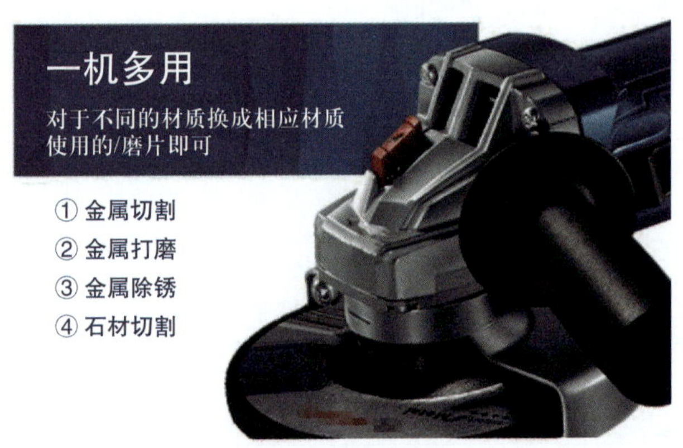

图 4-27　角磨机功能说明

1. 电动角向磨光机的结构原理

电动角向磨光机由驱动电动机、减速箱、砂轮夹紧装置、手柄、砂轮防护罩、电源开关、电池包等组成，如图 4-28 所示。

2. 使用规定

——使用前一定要检查角磨机是否有防护罩，防护罩是否稳固，以及角磨机的磨片安装要稳固。

——严禁使用已有残缺的砂轮片，切割时应防止火星四溅，防止溅到他人，并远离易燃易爆物品。

——使用面罩、安全护目镜或安全眼镜。严禁戴手套及袖口不扣而操作。

——打开开关之后，要等待砂轮转动稳定后才能工作。

——切割方向不能向着人。

——用角磨机切割或打磨时要稳握、均匀用力。

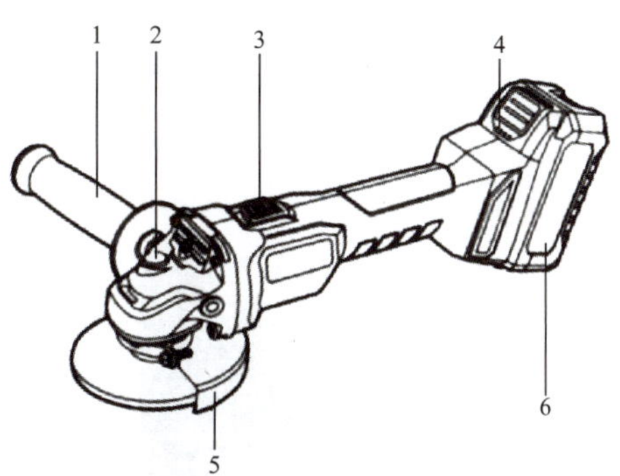

1—辅助手柄；2—轴锁按钮；3—滑动开关；4—电量指示灯；5—砂轮防护罩；6—电池包

图 4-28 角磨机的外形结构图

——不得单手持工件进行磨削，防止脱落在防护罩内卡破砂轮。

——出现有不正常声音，或过大振动或漏电，应立刻停止作业；维修或更换配件前必须先切断电源，并等锯片完全停止。

——停电、休息或离开工作场地时，应立即切断电源。

3. 防护技术

——严禁拆除辅助手柄，单手操作（图 4-29）。在 GB/T 3883.3—2017）《手持式电动工具的安全 第二部分：砂轮机、抛光机和盘式砂光机的专用要求》中有明确说明，当角磨机反弹时，靠单手的力量不完全能把控住机身，要禁止单手操作角磨机，其辅助的把握附件也禁止随意拆除，因为辅助手柄能最大限度控制住角磨机启动及切割过程中反弹时的反力矩。

——切割片与角磨片功能混用（图 4-30）。切割片与角磨片不光从外形上有区别，其受力点也有区别，切割片表面成光平面其受力点是切片外圈与加工物成垂直受力，而角磨片则是有加强凹凸面，其受力点是轮片外端圆周侧面与加工物成夹角受力，所以两者绝不能混用。

——使用与角磨机不匹配（图 4-31）及质量有缺陷的轮片。切磨片线速度与角磨机线速度不匹配，在使用过程中会发生切磨片爆裂，所以在选择切磨片时一定要选择与角磨机相匹配的轮片。

——角磨机的切片、磨片在拆卸更换时，必须使用专用扳手（图 4-32）、断电操作。

——不能拆除防护罩（图 4-33）。工具的危险运动零部件处必须安装防护罩，不得任意拆卸；在作业时，人员不可处于砂轮片的切线方向。

图 4-29　辅助手柄拆除

图 4-30　切割片和角磨片混用

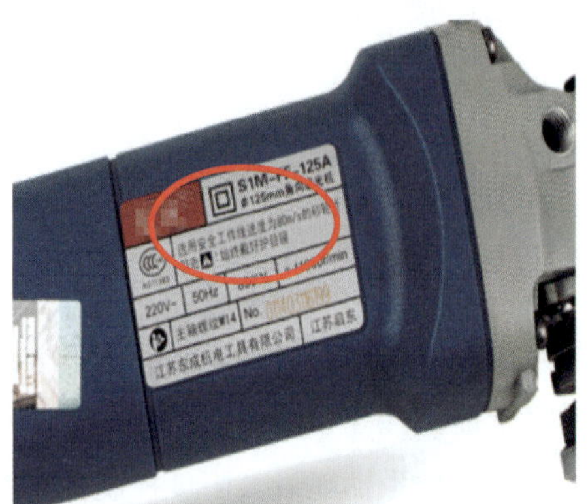

图 4-31　磨片线速与角磨机线速度不匹配

图 4-32　专用扳手

图 4-33　不能拆除防护罩

（二）电钻和冲击电钻

根据 GB/T 3883.201—2017《手持式、可移式电动工具和园林工具的安全 第 2 部分：电钻和冲击电钻的专用要求》中 3.101 规定，电钻是一种在金属、塑料、木材等材料上钻削的工具。

冲击电钻是一种专门设计用于在混凝土、砖石及类似材料上钻孔的工具。它的外形结构与电钻相似，但有一个内置的冲击机构，以便使旋转输出主轴产生轴向冲击运动。它可以有一个使冲击机构不动作的装置，以便作为电钻使用。

电钻由驱动电动机、减速箱、钻夹头或圆锥套筒、手柄、电源开关、电源线等组成，如图 4-34 所示。冲击电钻的外形结构与电钻相似，只是增加了冲击装置及调节环，如图 4-35 所示。

图 4-34 电钻的外形结构

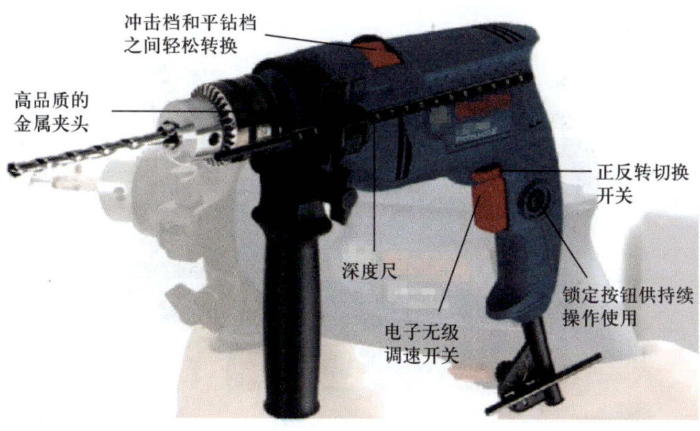

图 4-35 冲击电钻的外形结构

冲击电钻前端头部置有调节环，调节环上设有“钻头”和“锤子”的标志。当调节环的“钻头”标志调到前罩壳上的定位标记时，离合器运动件脱离离合器静止件。电动机的旋转运动经齿轮减速后，主轴上的钻夹头作单一旋转运动；当调节环上的“锤子”标志调到前罩壳上的定位标记时，离合器运动件与离合器静止件啮合。电动机的旋转运动经齿轮减速后带动离合器，主轴上的钻夹头在外施轴向力的作用下作旋转带冲击的复合运动。

——穿戴合适的劳保用品，应佩戴护目镜。

——作业前的检查外壳、手柄不得出现裂缝、破损；电缆软线及插头等完好无损，开关应灵活可靠；使用前应进行空载试验，确认运转正常，无异响；冲击钻严禁使用超规定范围的钻头。

——钻头必须拧紧，开始时应轻轻加压，以防断钻。

——作业时，加力应平衡，不得用力过猛，打孔时先将钻头抵在工作表面，然后开动，用力适度，避免晃动；转速若急剧下降，应减少用力，防止电机过载。

——作业中发现异常应立即停机检查，不得长时间连续使用，机体温升超过60℃时，应停机，自然冷却后再行作业。

——注意工作时的姿势，要确保立足稳固，并随时保持平衡。

——卸、换钻头时应切断电源。

——停电、休息或离开时，应切断电源。

（三）砂轮机

砂轮机是施工作业现场最常用的机械设备之一，各个工种都可能用到它。砂轮质脆易碎、转速高、使用频繁，极易伤人，图 4-36 为砂轮机结构示意图。

图 4-36　砂轮机结构示意图

砂轮机使用注意事项如下。

——安装位置：砂轮机禁止安装在正对着附近设备及操作人员或经常有人过往的地方。有条件可以设置专用的砂轮机房，如不能设置专用的砂轮机房，则应在砂轮机正面装设不低于1.8m高度的挡板。

——砂轮的平衡：砂轮不平衡会造成砂轮高速旋转时引起振动；同时也加速了主轴轴承的磨损，严重时会造成砂轮的破裂，造成事故。

——砂轮机的防护罩：它是最主要的防护装置，可有效地罩住砂轮碎片。开口角度在主轴水平面以上不允许超过65°；安装应牢固可靠，不得随意拆卸或丢弃不用；防护罩在主轴水平面以上开口大于或等于30°时必须设挡屑屏板，砂轮圆周表面与挡板的间隙应小于6mm。

——砂轮机的工件托架：砂轮直径在150mm以上的砂轮机必须设置可调托架。砂轮与托架之间的距离应小于被磨损工件最小外形尺寸的1/2，但最大不应超过3mm。

——砂轮机的接地保护：砂轮机的外壳必须有良好的接地保护装置。

——禁止侧面磨削：按规定，用圆周表面做工作面的砂轮不宜使用侧面进行磨削。

——操作人员在进行切割工作时，用力应均匀、平稳，切勿用力过猛，防止砂轮片碎裂伤人。

——不准正面操作：使用砂轮机磨削工件时，操作者应站在砂轮的侧面，不得在砂轮的正面进行操作，不允许使用有缺损的砂轮片，以免砂轮破碎飞出伤人。

——不准共同操作：2人共用1台砂轮机同时操作，是一种严重的违章操作，应严格禁止。

——不允许在有爆炸粉尘的场所使用此设备，在更换砂轮片时，必须切断电源。

第四节 监督检查

石油石化行业由于自身特点，检修工作量大、涉及动火作业数量多、风险高，如果不严格执行动火作业许可相关程序、不认真落实动火作业的各项安全措施，稍有不慎就会引发火灾爆炸事故，造成人员伤害和经济损失。从2010年至2021年全国发生的化工和危险化学品较大及以上 150 起典型事故案例看，检维修环节发生的事故就有 54 起，占比 36%，而涉及动火作业的违章事故达到 19 起，占比 12.7%。不难看出，动火作业安全形势严峻，动火作业过程的安全管控就显得至关重要，对事故预防起到关键作用，而监督检查是保障动火作业安全的必要条件，必须严格落实。

一、监督检查方式

动火作业的监督检查通常由企业的安全监管人员组织，可采用日常监督检查、专项监督检查和旁站监督检查、第三方监督检查等方式对动火作业进行监督检查。通过现场有效的监督及时纠正人的不安全行为或消除物的不安全状态，督促相关方及时整改，能有效消除现场安全隐患，保证动火作业安全。

下面对动火作业监督检查常见做法进行简要介绍。

（一）日常监督检查

企业安全监督部门（安全监督人员）编制日常监督检查方案，通常采用监督检查小组分区域进行日常动火作业的监督检查，检查小组由组长进行安排，提前进行人员分工，重点从作业预约、人员资质、安全交底、作业计划书 / 施工方案、动火作业许可证的符合性、界面交接、现场安全措施的执行、安全体系覆盖及作业升级管理、项目负责人及监护人的履职能力、施工单位主动管理等方面进行检查。监督检查的主要依据包括企业动火作业管理制度、动火作业检查表、动火作业程序文件、动火作业涉及的国家行业标准规范等。另外，日常监管时，实行监督区域责任制，监督人员到相应承包所属责任区进行监督检查。

（二）专项监督检查

企业可以根据动火作业发生的事故、事件及近期经常出现的问题组织专项检查。专项检查必须提前进行策划，提前编制专项检查方案，明确专项检查的内容、检查人员、检查时间，编制检查表，专项检查完成后及时形成专项检查报告，并在相关会议上进行通报，同时要跟踪验证问题整改情况。通过采取专项检查，有效提升动火作业安全管理。

专项检查通常定期组织开展。专项检查计划的编制通常是结合企业运行实际或企业领导安排的专项重点工作进行统筹考虑，确定专项检查内容、时间、地点、人员、检查方式等。专项检查由相应负责人牵头，一般不少于三人，具体安排可通过检查前交底会议进行落实。

（三）旁站监督检查

旁站监督检查可以根据企业运行实际及领导工作安排，对重点高风险动火作业和抢修项目执行临时旁站监督，明确旁站监督的范围、职责、内容与要求。通常在接到需旁站监督的任务后，安全监督部门（安全监督岗位）要制订旁站监督工作计划，合理、有序分配监督力量和资源，按计划落实旁站监督。旁站监督的重点是对动火作业安全措施逐项确认，确保现场动火作业条件满足安全要求。

（四）第三方监督检查

近年来我国社会经济快速发展，一大批化工园区在各地落成，安全生产监管工作面临非常严峻的压力，企业安全监管需求与日俱增，特别是在大型装置检修期间，企业现有的安全管理人员明显不足，引进第三方监督已成为趋势。企业通常的做法，首先是进行第三方招投标，明确第三方监督的数量、资格、监督职责、监督区域、监督内容、监督目标等。确定第三方监督后，制订监督方案，第三方监督工作主要包括以下内容：

——建立第三方监管团队，参与专项检查、联合检查，重点关注高风险作业。

——提供安全技术支持和服务作用，进行安全咨询、风险评估、参与重大方案的会审，协助编制应急预案。

——对各施工单位的入厂人员开展安全培训考试，对特种作业证进行审核验证。

——对所负责区域不间断、全覆盖现场安全监督，及时发现和制止违章行为，提出正确做法和要求，对连续作业、夜间作业安排人员进行值守，对高危动火作业安排专人进行不间断旁站监督。

——参加各级检修例会，通报安全监督情况，对施工风险提出预警。

——定期对检修现场安全管理情况进行统计分析，突出属地管理及承包商自主管理的评价，形成评价报告，提出管理建议。

——编制监督检查日报、周报、月报等监督技术报告，进行专项分析，充分发挥作用。

二、监督检查的要点

企业安全监管人员在动火作业的监督检查过程中，严格执行安全生产、环境保护和职业健康法律、法规、标准。通常编制动火作业安全检查表（表4–4），落实现场的监督检查。

表4–4 动火作业安全检查表

序号	检查项目	检查内容
1	作业许可及作业计划书	1. 办理有效的动火作业许可证，动火作业级别、审批符合要求
		2. 特级动火作业必须经过专项风险评估，编制作业计划书或专项方案，并经相关部门审核
		3. 作业许可证是现场动火的依据，只限在指定的地点和时间范围内使用，不得涂改、代签
		4. 动火作业描述与现场作业内容相符
2	作业资质	1. 电工作业、金属焊接切割作业等人员必须具有有效特种作业人员操作证
		2. “安全施工作业证”，施工作业前施工人员进行三级安全培训（承包商内部、甲方厂级、甲方车间级施工培训）并考试合格
3	监护人员要求	1. 施工现场甲、乙双方监护人都需取得作业监护人资格，持证监护
		2. 用火作业结束、动火人离开现场或下班前，应详细检查作业现场，不得留有火种
		3. 监护人检查确认特种作业人员资格
		4. 监护人作业前检查确认，确保动火作业相关许可手续齐全
		5. 对于现场作业过程中的违章行为应当立即纠正和制止
		6. 对动火作业安全措施的落实情况进行认真检查，发现措施不当或落实不好及未按国家或行业动火制度要求执行的，必须立即制止动火作业
		7. 动火作业结束之前，不得擅离现场，如发生着火，立即报警，同时组织扑救
		8. 作业结束后，确认作业人员及设施撤离现场
		9. 双方监护人都需全面了解票证及作业计划书中的安全要求。对用火区域和部位状况深入了解，掌握急救方法，熟悉应急预案，熟练使用消防器材和其他救护器具
4	个人防护	1. 眼睛及面部防护：作业人员必须使用带有专用滤光镜的头罩或手持面罩，或佩戴安全镜、护目镜或其他合适的眼镜。辅助人员亦应配戴类似的眼保护装置。电动工具打磨 / 切割应使用全面罩防护用具
		2. 防护服：应根据具体的操作特点选择防护服
		3. 噪声防护：当噪声超标时应采用耳套、耳塞或用其他适当的方式保护
		4. 呼吸保护：有限空间利用通风手段无法达到作业区域内无害的呼吸氛围或通风手段无法实施时，必须使用呼吸保护装置，如：长管面具、防毒面具、空气呼吸器等

续表

序号	检查项目	检查内容
5	施工机具	1. 动火作业前，检查电焊机、手持电动工具等动火工器具有入场检验合格标签，保证安全可靠
		2. 动火作业前，检查气焊气瓶不得靠近热源、可燃或助燃气体；氧气瓶和乙炔气瓶分别单独存放，两瓶间距至少 5m，且分别离动火点不少于 10m，气瓶摆放要有防倾倒措施，夏季要防止日光暴晒
		3. 检查气瓶及安全附件（压力表、回火器、防震圈、软管）符合要求
6	作业环境	1. 动火作业前应进行气体分析，分析的取样点要有代表性： （1）在较大的设备内动火作业，应采取上、中、下部位取样。 （2）在较长的物料管线上动火，应在彻底隔绝区域内分段取样。 （3）在设备外部动火作业，应进行环境分析，且分析范围不小于动火点 10m
		2. 气体检测的结果报出 30min 后，仍未开始作业或作业中断时间超过 30min，应重新取样分析。特殊动火作业期间还应随时进行监测
		3. 使用便携式用于检测气体的检测仪必须在校验有效期内，并在每次使用前与其他同类型检测仪进行比对检查，以确定其处于正常工作状态
		4. 受限空间内动火作业还应满足受限空间气体分析要求
		5. 动火作业每 2h 检测 1 次，在作业过程中当动火作业人、监护人或批准人认为有必要分析时，应随时进行分析
		6. 气体检测合格判定： （1）使用便携式可燃气体报警仪或其他类似手段进行分析时，被测的可燃气体或可燃液体蒸气浓度应小于其与空气混合爆炸下限的 10%（LEL）。 （2）使用色谱分析等分析手段时，被测气体或蒸气的爆炸下限大于或等于 4% 时，其被测浓度应不大于 0.5%（体积分数）；当被测气体或蒸气的爆炸下限小于 4% 时，其被测浓度应不大于 0.2%（体积分数）
		7. 受限空间的气体检测应包括可燃气体浓度、有毒有害气体浓度、氧气浓度等
7	能量隔离措施	1. 动火施工区域应设置警戒，严禁与动火作业无关人员或车辆进入动火区域，动火作业前应清除动火现场及周围的易燃物品，或采取其他有效的安全防火措施，配备足够适用的消防器材
		2. 正确进行了能量隔离，现场验证隔离措施有效完备；与用火点直接相连的阀门应盲板隔离或上锁挂牌，用火作业区域内的设备、设施必须由生产单位人员操作
		3. 动火期间距动火点 30m 内不准有液态烃或低闪点油品泄漏；半径 15m 内不准有其他可燃物泄漏和暴露、不得排放各类可燃气体；凡处于 GB 50016《建筑设计防火规范》规定的甲、乙类区域的动火作业，地面如有可燃物、地漏、排水口、各类水封井、阀门井、排气管、管道、地沟、空洞等，应检查分析，距用火点 15m 以内的，应采取清理或封盖等措施，封堵原则上采用毛毡加黄土；严禁在装置停车倒空置换期间及投料开车过程中进行动火作业

续表

序号	检查项目	检查内容
7	能量隔离措施	4. 在铁路沿线（25m 以内）进行动火作业时，遇装有危险化学品的火车通过或停留时，应立即停止作业
		5. 凡在有可燃物构件的凉水塔、脱气塔、水洗塔等内部进行动火作业时，应采取防火隔绝措施。防止引燃可燃物构件
		6. 不得在动火点 15m 范围内及用火点下方同时进行可燃溶剂清洗或喷漆等作业
		7. 动火作业完毕，动火人和监火人及参与动火作业的人员应清理现场，确认无残留火种后方可离开
		8. 对于高处用火（含在多层构筑物的二层或二层以上用火）必须采取防止火花溅落的措施（氧气瓶、乙炔瓶与动火点垂直投影点距离不得小于 10m）
		9. 作业严格不动火要求： （1）工作前安全分析未开展不准作业。 （2）界面交接、安全技术交底未进行不准作业。 （3）作业人员无有效资格不准作业。 （4）作业许可未在现场审批不准作业。 （5）现场安全措施和应急措施未落实不准作业。 （6）监护人未在现场不准作业。 （7）作业现场出现异常情况不准作业。 （8）升级管理要求未落实不准作业
		10. 五级风以上（含五级风）天气，禁止露天动火作业。因生产需要确需动火作业时，动火作业应管理升级
8	其他特殊要求（高处、有限空间、带压不置换动火）	带压不置换动火作业、高处、受限空间等动火作业除上述措施外还应执行以下相应特殊要求
		带压不置换动火作业： （1）严禁在生产不稳定及设备、管道等腐蚀情况下进行带压不置换动火作业。 （2）应事先制订安全施工方案，落实安全防火措施，必要时可请专职消防队到现场监护。 （3）动火作业前，生产车间（分厂）应通知工厂生产调度部门及有关单位，使之在异常情况下能及时采取相应的应急措施。 （4）动火作业过程中，应使系统保持正压，严禁负压动火作业。 （5）动火作业现场的通排风应良好，以便使泄漏的气体能顺畅排走。 （6）带压不置换动火作业中，由管道内泄漏出的可燃气体遇明火后形成的火焰，如无特殊危险，不宜将其扑灭
		高处动火作业：必须采取防止火花溅落的接火措施（如接火盆、铺设防火布等），并在火花可能溅落部位安排监护人。 高处动火作业根据现场情况使用安全带、救生索等防护装备，必要时应使用自动锁定连接

续表

序号	检查项目	检查内容
8	其他特殊要求（高处、有限空间、带压不置换动火）	受限空间动火作业：有限空间内用火，在将其内部物料退净后，应进行蒸汽吹扫（或蒸煮），氮气置换或用水冲洗干净，并打开上、中、下部人孔，形成空气对流，或采用机械强制通风换气，严防出现死角。进入受限空间的动火还应遵循受限空间作业安全的相关要求。 （1）受限空间实施焊接及切割时，气瓶及焊接电源必须放置在受限空间的外面。 （2）用于焊接、切割或相关工艺局部抽气通风的管道必须由不可燃材料制成。这些管道必须根据需要进行定期检查以保证其功能稳定，其内表面不得有可燃残留物。 （3）在埋地管线操作坑内进行动火作业的人员应系安全绳（符合受限空间的，按照受限空间作业管理）。 （4）挖掘作业中的动火作业还应采取安全措施，确保动火作业人员的安全和逃生
9	其他	1. 在生产、使用、储存氧气的设备上进行动火作业，氧含量不得超过 23.5%
		2. 对于用火点周围有可能泄漏易燃、可燃物料的设备，应采取有效的空间隔离措施
		3. 严禁在含硫原料气管道等可能存在中毒危险环境下进行带压不置换用火作业
		4. 在埋地管线操作坑内进行动火作业的人员应系阻燃或不燃材料的安全绳
		5. 特级动火作业应采集全过程作业影像，且作业现场使用的摄录设备应为防爆型
		6. 高处动火作业使用的安全带、救生索等防护装备应采用防火阻燃材料，必要时应使用自动锁定连接

对实施的动火作业重点从以下九个方面开展监督检查。

（一）作业计划书、施工方案的检查

动火作业前，作业计划书、施工方案的编制非常重要，通常对动火作业的条件、人力组织和安排、作业的方法和作业步骤、作业过程的风险的识别，质量验收、应急处置都进行明确要求，因此对作业计划书、作业方案的检查尤为重要，检查重点如下：

——检查计划书、施工方案内容是否齐全，是否有可操作性，是否经过有效审批，关键风险控制点是否明确。

——检查计划书、施工方案是否与作业现场的实际相符。

——检查是否存在变更（作业内容、作业方案、作业方式、作业人员、管理人员等），是否履行变更程序。

（二）动火作业许可证的检查

动火作业实行作业许可制度，动火作业必须按要求办理动火作业许可证，票证必须符合危险化学品企业特殊作业安全规范的要求。近年来有不少案例都是因动火安全作业票证执行不到位导致出现事故并被追责，因此加强动火安全作业票的检查非常必要。检查重点如下：

——动火作业的内容是否与票证的内容一致，是否存在超范围作业，是否存在变更。

——动火作业的等级划分是否正确。

——动火作业是否按要求气体检测，气体检测设备是否完好有效，气体检测是否合格，满足动火条件。

——动火作业签发是否符合程序。

——动火作业人员、监护人员是否签字确认。

——节假日、敏感时段动火作业是否升级管理。

（三）施工组织和人员的监督检查

施工组织是动火作业的过程管控的重要环节，施工组织准备充分，管理人员取得有效资质具备相应的能力、特种作业人持证上岗、监护人员经过专项培训合格，对动火作业安全管控才能得到保障，因此必须对施工组织机构、人员资质、各级管理人员的履职进行监督检查。

根据原国家安全生产监督管理总局令（第44号）《安全生产培训管理办法》、（第30号）《特种作业人员安全技术培训考核管理规定》和TSG Z6002《特种设备焊接操作人员考核细则》的要求，参与工程项目及检维修项目施工的承包商人员涉及电工作业、电焊、热切割、架子工、起重司机和指挥等5类特种作业的，需持有国家相应主管部门颁发的资格证件。检查重点如下：

——检查现场的施工组织机构和管理人员是否与施工方案的内容一致，是否存在管理变更、人员变更。通过对施工方案与作业现场的核查比对确认，如果存在变更，检查是否履行变更程序。

——检查施工项目负责人、安全管理人员、特种作业人员是否有资质、作业人员是否三级安全教育合格。

——检查监护人员是否经过专项培训，是否了解作业风险，是否掌握监护人的职责。

——检查动火作业涉及的管理人员是否尽职履责。

——通过查验证书、安全教育记录、安全教育考试试卷来验证是否符合要求。

（四）动火作业人员的个人防护检查

——电焊、气焊等作业是否按要求配备合适的个人防护用品。

——涉及高温介质，是否配备和使用防高温烫伤的防护用品。

——涉及有毒环境是否按要求配置合适的呼吸防护用品。

——涉及高处动火作业是否配备安全带或者防坠器等防坠落保护措施。

（五）工机具的监督检查

——检查承包商对工机具是否落实自检自查，是否张贴合格标签。

——气瓶安全附件是否齐全，气管颜色是否符合要求，气瓶是否按期检验，气瓶的使用、存储、搬运是否符合安全要求。

——配电箱的配置、使用、接线、临时电缆敷设是否符合安全要求。

（六）作业环境的检查

在动火作业过程出现过因作业环境不符合安全要求，引发火灾爆炸事故的案例，所以动火作业时要关注作业环境，严格落实动火作业环境确认和监管，及时消除动火作业环境隐患，对于动火作业环境的监督检查重点如下：

——动火现场可燃物清理、下水系统的封堵是否满足要求，落实动态监督，距动火点 15m 内的所有地漏、排污口、各类下水井、阀门井、排气管、管道、地沟等必须封严盖实。

——气瓶与动火点的安全间距符合要求。

——动火作业前应当清除距动火点周围 5m 之内的可燃物质或用阻燃物品隔离，半径 15m 内不准有其他可燃物泄漏和暴露，距动火点 30m 内不准有液态烃或低闪点油品泄漏。

（七）能量隔离的检查

企业装置设备设施改造、检维修等作业活动中，因没有完全释放的危险能量（如化学能、电能、热能等）的意外释放，或机器运动部件与能量源的意外接通，都可能导致生产安全事故。只有对危险能量进行有效控制和隔离，才能确保作业人员安全和设备完整性，保证作业过程安全进行。能量隔离检查的重点如下：

——检查是否建立能量隔离清单，需要隔离的能量源是否充分识别。

——能量隔离的方式是否有效，涉及易燃、易爆、有毒介质的动火作业原则上采取加装盲板等硬隔离方式，要关注盲板的厚度、材质是否满足要求，是否加装垫片。

——对于无法加装盲板，采用关阀上锁的，要检查是否是双阀—导淋的双重隔离形式，要确认导淋畅通。

——无法做到双重隔离的必须采取专项评估，对可能存在的风险制订可靠的安全措施，确保隔离有效。

——是否按要求有专项的能量隔离方案。

（八）动火其他特殊要求

——高处、有限空间、带压不置换动火作业要求。

——重点检查灭火器、消防栓等消防设施是否完好备用。通常情况下每个动火点配备不少于 2 具灭火器，特殊情况下要配备消防蒸汽线，消防炮等消防器材，油气管线的动火作业要落实消防值守。

（九）动火过程的其他检查要求

——气体检测每 2h 记录 1 次。

——气体检测仪完好有效。

——受限空间动火通风良好，对于存在耗氧的作业要采取强制通风。

——现场的作业环境和作业条件是否发生变化，安全措施是否变化，动火人、监护人是否发生变化，是否符合要求。

三、监督与改进

安全管理人员对动火作业的管控情况要定期进行分析，编写监督报告，对典型违章进行通报和考核。通过对违章类型分析，找出作业过程存在的短板，进行针对性管控，制订纠防措施，提高动火作业的管控水平。违章分析可以提前编制违章的类型，违章风险大小，违章性质，形成数据库，便于对录入的违章进行大数据分析，找出管理原因，提升安全专业管理。

（一）违章分析

在违章类别划分上通常从安全措施、施工机具、个人防护、作业程序、文明施工、警示与标识、人员资质、作业监护、能量隔离、安全教育、其他特殊要求十一个方面进行细分。对阶段性的数据进行统计，分析管理原因，找出管理薄弱环节，提出改进措施。某企业 2021 年动火作业违章类型分析见图 4–37。

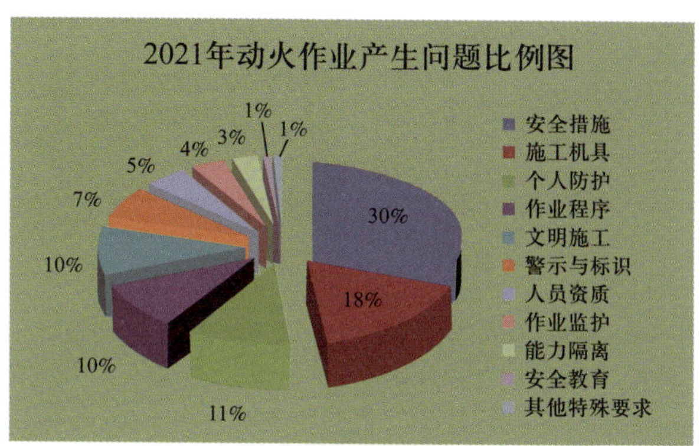

图 4-37　违章类型分析

（二）违章约谈

对施工单位发生的典型违章行为，依照国家有关法律、法规及规范、行业标准，企业安全部门对施工单位项目负责人进行约谈，约谈中要对施工单位违章事项、管理存在的不足进行说明，要求施工单位制订管理改进措施。施工单位典型违章约谈记录可参考表 4-5。

表 4-5　施工单位典型违章约谈记录

编号	20××-	时间	年　月　日
约谈部门		约谈人	
被约谈单位		记录人	
约谈事由			
约谈记录			
被约谈人签字			

（三）停工整顿

对施工单位在施工现场连续出现严重违章或现场管控存在隐患，企业可以采取下发“停工整改通知单”进行现场停工整顿，有权按照 HSE 合同条款要求更换承包商项目负责人。“停工整改通知单”中的问题整改完毕经验证后，由下发“停工整改通知单”的业务主管部门或业务主管人员同意后方可复工。“停工整改通知单”记录可参考表 4–6。

表 4–6 停工整改通知单

项目名称		第 ×× 号
致（项目经理）： 经查实，组在项目实施过程中，存在：×××× 的问题，影响了工程的正常安全实施。因此，贵单位组务必于 年 月 日 时起开始停止施工。 附：证明材料		
监督（签字）	签发日期：	
签收意见： 项目负责人： 日 期：		
抄报：HSE 监理中心、经理部（分公司） 抄送：项目单位、监理中心督察组		

（四）违约追责

在施工作业过程中，施工单位违反国家有关法律、法规及规范、行业标准，造成工程安全、环保、质量风险管控不到位或事故事件的，企业除责令其返工、返修处理、停工整改、通报外，还可依据安全（HSE）合同约定追究施工单位违约责任，收取违约金，同时对严重违章的人员和违章单位纳入黑名单管理。

（五）改进措施

施工作业的安全监督是一个动态的管理过程，只有抓好安全生产全过程的动态管理，从重事后的分析处理向重事前预防的过程控制转变，才能从根本上促进施工作业安全管理工作，使公司的安全水平不断得到提高，形成安全和谐的生产新局面。

四、监管经验介绍

工程建设项目和装置停工大检修等大型施工现场，动火作业等各类风险作业点多面广，安全监管压力大、难度大。为确保作业安全受控，很多企业都采用网格化监管模式强化监管效果。目前网格化监管已成为一种安全监管趋势，它实现了属地单位和承包商有机融合、风险共防、责任共担的目的，解决了施工现场甲乙双方各级安全监管力量界面不清、分配和调动散乱等问题，消除管控盲区，具体的做法如下：

（一）明确网格化责任片区划分原则

网格责任片区划分应科学、合理，主要考虑工程建设或检修项目数量及作业量大小，避免均匀划分网格，导致工作量集中的片区安全风险管控不到位。装置停工检修现场网格责任片区原则上由动火作业所在单位按照作业区域或作业单元进行划分。工程建设项目的现场网格责任片区原则上由总承包的施工单位项目管理部根据作业的具体情况进行划分。

（二）网格化片区长的配置

网格化的监管力量要科学合理，监管人员要具备相应的能力，通常采用片区长的管理模式，装置停工检修现场每个网格责任片区按照作业所在单位和施工单位分别配置片区长；工程建设现场每个网格责任片区均由施工单位配置片区长。

作业所在单位片区长通常是由对工艺、设备、安全等业务经验比较丰富人员担任，相关人员一般在基层单位工作五年以上，具备一定的安全管理知识，熟悉掌握责任片区内生产工艺；承包商片区长通常是施工技术人员或安全管理人员，并在基层从事本岗位工作一年以上，取得安全员 C 证或注册安全工程师任职资格，熟悉施工风险和掌握安全管控要求。

（三）网格化监管的实施

编制安全网格化实施方案，划分网格片区，明确片区长的职责、设置方式、筛选、任命、培训和变更要求，对网格责任片区进行公示，确保进入网格责任片区内所有施工作业人员服从网格片区长管理，所有施工作业活动必须得到本网格片区长的监管认可和放行。

参考文献

[1] 韩文成．作业许可安全管理技术手册［M］．北京：石油工业出版社，2021.
[2] 张敦鹏．手持电动工具的使用与维修［M］．北京：化学工业出版社，2010.

第五章　特殊情况下的动火作业

普通动火作业是将被动火检修的设备、容器完全隔离出来，将动火点介质处置干净，清理动火作业点周围可燃物，营造一个安全的作业环境，但石油石化企业生产过程中受工况和物料等因素影响，往往不能完全达到普通动火作业安全条件，尤其是在动火检修管线、塔罐等在线设备时，需制订和落实特殊措施和方法来确保安全动火。

第一节　油气设备管线封堵动火作业

在石油石化企业生产过程中，油气设备的管线承担着各类危险介质的输转任务。管道内介质多为易燃易爆的液态或气态物质。由于石油石化行业存在着生产连续和管线介质难以清理等特点，因此油气管线的动火作业风险较大，易导致着火爆炸和环境污染事故的发生。

目前，石油石化企业在用管线常见动火作业可分为两种情况。一种是可短时停输状态下，将管线倒空切断后实施封堵的动火作业，此种方式多用于石油石化行业中间物料或成品物料管线的施工动火。另一种是作业管道无法停输，在保障管线正常运行的情况下，使用专用封堵器架设旁路，将检修管段切出进行动火作业，此种方式大多用于原油管线的在线检修动火。

一、停输管线封堵动火

管线停输后，首先完成管线的工艺隔离措施，杜绝介质继续进入。动火作业前要尽可能清空检修管线内的残留介质。通常采用充水置换、蒸汽或氮气吹扫和低点放空等方式将管线内物料排放干净。确认无物料后，采用安全方式实施管线切割作业。对于非危险介质管线或动火点管线能彻底处置干净，可采用气焊、切割机等有火花的热切割方式完成断管和动火焊接作业。对易燃易爆介质管线，如工艺处置无法达到动火安全条件时，则要采用无火花的冷切割方式完成管线断开，再采用封堵方式隔离管内气相空间，确保动火环境安全后再动火作业。具体的施工流程如图 5–1 所示。

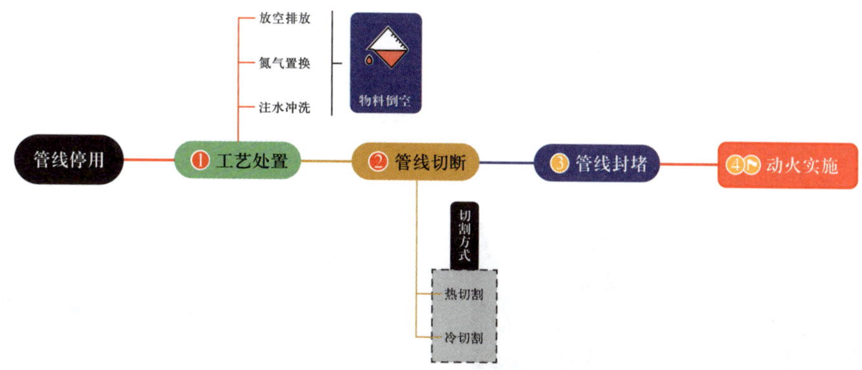

图 5-1　停输管线封堵动火作业流程

（一）冷切割

完成工艺处置后的停输油气管线，管线切割往往是改造的首道作业工序。常用切割方式为氧乙炔火焰切割，切割温度能到 3200℃，极易引发油气运输管道火灾甚至是爆炸安全事故，危险性较大。所以对于不能处置干净的易燃易爆介质管线，管线切割作业通常选择不产生火花的冷切割方式。

冷切割是在切割过程采用不产生高温的技术手段或方法，控制切割温度不超过 40℃，使被切割物保持原有材料特性，避免高温或火源出现，切断火三角的反应链，保证易燃易爆环境下的切割作业安全。切割作业较为常见，主要有机械手工切割、爬管机切割和水切割三种方式。

1. 冷切割作业的方式

1）机械手工切割方式

机械手工切割时，通常多是通过用钢锯或管刀完成管道切割。由于钢锯手动切割费力耗时，速度慢，效率低，所以仅用于小管径的管道切割。大多数管道的切割使用手动旋转式切管器进行小口径的金属管道切割，也就是大家通常俗称的管刀。它主要由机架、扶正机构、切割刀、限位轮、铰接螺栓与螺母、进刀手柄、搬杆等零部件组成。适用于小操作空间、切割各种口径的薄壁钢制管道。常见的管刀有长柄、短柄、环形等类型（图 5-2）。

管刀被广泛应用于易燃易爆、禁止噪声、空间狭小的沟槽、水中等环境的作业中。在切割管道时不产生任何火花及碎屑，既确保了管道施工的安全，又确保了管道内部的清洁，避免了堵塞阀门，是当前理想的大管径管道冷切割工具。在石油石化生产场所的防火防爆环境中，检修油气管线时为保证安全，多用此种管刀进行无火花方式的管道切割。在近年的手动切管器使用中，环形管刀由于是无柄设计，且有变径范围大等结构特点，受现场空间限制少，操作方便，切割效率高，所以使用较为广泛（图 5-3）。但因其用人力操作，作业时费时费力，切割管壁一般不大于 10mm，且只能加工圆形管件。

图 5-2　短柄和长柄切管器

图 5-3　环形切管器

2）管刀切割使用方法

第一步：管刀安装前初步调节。根据管径选择大小适中的管刀尺寸，并检查刀片，以确保刀片适合待切割的管道类型。对比管线大小，将螺栓连接的杆端处于适当位置，适合待切割的管道尺寸。调整时应均衡地拧开螺丝扣，直到杆端环眼中心与螺丝扣一端之间的距离达到 50～60mm 为宜。

第二步：管刀的管线上安装。解开释放销并将切管机紧贴在待切割的管道上。如果管道周围的间隙略小，则须解开 2 个销子。通过轭叉部分和杆端将释放销连接在适当的位置，把管刀的导向器部分置于管道上方。

第三步：管刀的转动切割。用手匀力拧紧 2 个螺丝扣，直到 4 个刀轮都触及管道上的切割点为止。插入加力手柄，让切管器围绕管线转运。每转 1/2 周，平衡拧紧一次两个连接螺丝扣，缩小切刀的切割半径，让刀片更加深入地环切管壁。转动时避免用螺丝扣位置缓慢推动管刀，多次小幅进刀，防止损坏刀口。

3）管刀切割作业安全注意事项

管刀在使用时，在遵循先固定管线再切割的原则。切割的管线位置较高时应提前搭设固定作业平台，并将管线通过依托平台可靠固定。防止在切断时管线发生坠落，或在快切断时弯向地面，致使切口位置间隙上大下小，夹住切片无法切割或损坏管刀。施工中作业人员操作要平稳，不可操之过急，避免动作过大或用力过猛失去重心。为减少摩擦和防止碰撞火花，可在切刀和切割管位涂抹少量黄油。

另外，在管线的第一道切口位置的管壁快切透时，应注意观察切口是否有介质流出。若有流出应使用提前准备好的防爆容器接住介质，防止污染环境或影响施工安全。在处置泄漏介质时，作业人员须规范自身劳保穿戴，做好呼吸和面部防护，并做好环境气体检测，同时要杜绝静电打火风险。现场介质不应收存过多，要及时移出作业现场，防止事故发生。

2. 电动爬管机、割管机切割方式

爬管机和割管机切割本质是以电力为动力源模式的管刀或割刀断管作业。通过电动机带动管刀或割刀围绕管线转动切割实现切割管线目的。

1）电动爬管机切管

电动爬管机是一种用于切割大口径金属管道的电动切割工具，主要由动力切割装置、爬行装置和紧固装置三部分组成。其爬行装置采用双链轮、双链条式结构，将双链条固定在待割管道上并与双链轮链合。通过链轮的转动使爬管机沿链条爬行。切割时链条与管壁之间无相对运动，有效地解决了普通爬管机切割时易造成切割口偏移问题。其适用于作业空间大（不小于 50cm × 60cm）、切割各种大口径钢制管道，如图 5–4 所示。

使用时，电动爬管机安装在管道需要切割位置，安装好链条调整丝杠，使两链条张紧力一致。调试好爬管机后，把所需的刀具安装在爬管机上。在正式切割前应使爬管机顺时针沿管道爬行一圈，观察是否偏移切割位置。切割时先拨动主轴扳手，使割刀逆时针旋转，一人在爬管机旁旋转进刀装置，割刀缓缓切入管壁，要一次切透，同时另一个人需在割刀上加冷水给割刀降温。在操作过程中如果割刀卡在管道内，应使其暂停爬行，立即将割刀提起，排除故障后方继续作业。

图 5-4　电动爬管机

电动爬管机设备易于维护，适用于易燃易爆环境，拆装方便、传动平稳、切割后端面无毛刺，管道切割口形状规则，最大特点是可切割椭圆形的变形管道。但其需要电源，作业空间大，易产生火花、振动和噪声大，易卡刀，切割管道壁厚一般不大于 2cm。使用时要特别注意电气部件的完好性和防爆性，避免出现电火花引发事故。

2）分瓣式割管机切管

分瓣式液压割管机是一种用于切割大口径的金属管道液压切割工具。包括分瓣式固定圈、转动圈（主体机架）、刀架、进刀装置、夹持装置和液压动力装置等。适用于作业空间小、切割大口径管道与坡口加工等，见图 5-5 所示。

图 5-5　分瓣式割管机

分瓣式液压割管机安装时，首先将两瓣机架张开，通过锁紧螺母将两瓣连接成一个整体，通过旋转夹持装置的螺母将机架固定到管道的管壁上。液压马达通过齿轮驱动转动圈转动，转动圈上的刀盘围绕钢管旋转，同时进刀装置驱动刀架沿钢管径向进刀，实现钢管的切割与坡口的加工。

由于分瓣式液压割管机结构紧凑，故适用于作业空间小（不小于20cm×25cm），适用易燃易爆环境。其液压传动机构能承受高强度的切削，设备噪声小，无振动，可同时进行切割及坡口加工，坡口加工精度高，切割管道壁厚可达5cm，且坡口角度任意调节，刀架自动走刀，快速方便，采用特有的弹簧架刀架，可切割少量不规则变形的管道。切削时可进行较大范围的无级调速，灵活性大、效率高、质量好。但其在切割变形管道时安装调试较为繁琐，需要根据不同管径配备相应的固定圈设备。

综上所述，随着长距离油气管道的改造、抢维修工作量的不断加大，各施工单位会寻求更加安全、经济和快速切割管道的方法。分瓣式液压割管机解决了在役油气管道切割与坡口加工一次成型，解决了电动爬管机作业空间大、切割时间长，解决了人工操作费时费力等难题，特别适用于工艺管网改造。分瓣式液压割管机安装、拆卸简便，切割效率高，适用于小空间管道的割管和坡口加工作业，提高了在役油气管道改造、抢维修的效率和质量，降低了施工安全风险和劳动强度。

3. 水刀切割方式

高压水切割起源于苏格兰，经过100年的试验研究，才出现了工业高压水切割系统。1936年美国和苏联的采矿工程师成功地利用高压水射流方式进行采煤和采矿。到1956年，实现2000bar[❶]压力下的水切割岩石。1968年美国哥伦比亚大学教授在高压水中加入磨料，通过水的高压喷射和磨料的磨削作用，加速了切割过程的完成。

超高压水切割有许多优点，但也从技术角度提出更高的要求，如材料的耐磨性、超高压的密封问题、超高压的安全问题、超高压的可靠性等都是关注的焦点。现在部分公司已成功地解决了380MPa的超高压切割问题，目前正着力解决600MPa及更高压力的技术攻关，以更好的应用于工业生产。水刀按切割水质的不同分为两种，分别是纯水水刀和加砂水刀。

1）纯水水刀

纯水水刀就是直接使用纯净的水进行加压后，进行水切割方法。水刀技术在材料上留下的水分最少。纯水水刀的特点：非常细的水流（常见直径范围：0.004～0.010in[❷]），非常详细的几何形状，非常少的材料切割损失，切割时不产生热

❶ 1bar=100kPa。
❷ 1in=25.4mm。

量，切割厚度可以很大也可很薄，切割速度快，能够切割软、轻质材料，极小的切削力，夹具简单，可 24h 连续运行。

2）加砂水刀

加砂水刀与纯水水刀的不同点主要在切割水的不同，加砂水刀顾名思义是在切割水中加入细小颗粒。由水射流加速带动砂料颗粒，通过这些颗粒（而非水）高速侵蚀材料达到切割目的。加砂水刀的能力比纯水水刀强大成百上千倍。纯水水刀可切割软质材料，而加砂水刀则切割硬质材料，如钢材、石材、复合材料和陶瓷。

磨料水射流切割技术属于冷态切割技术，由于其特有的冷切割特性，切割过程中不会产生明火或者是高温，相较于传统的切割方法，特别适合油气运输管道的切割。不但能满足油气运输管道切割中的防火要求，也能对切割断面保持较好的切割质量。

3）水切割设备的构成

一套数控水刀切割机（简称“水刀”）主要由三大部分构成：超高压水射流发生器（高压泵）、高压连接管线，以及喷射切割头。

（1）超高压水射流发生器（高压泵）：

作为水刀的动力源，目前常见的是液压马达驱动增压器产生超高压水射流的技术方案。它可将普通自来水的压力提升到几十到几百兆帕，通过束流喷嘴射出，具有极高的动能，达到切割金属的能量条件（图 5-6）。

图 5-6　水射流高压泵

（2）高压连接管线：

高压水通过管线引到切割头上。管线为特制高压管线，内衬多层防护，定期检验，压力等级要符合高压泵的安全要求。管线连接通过专用接头相连，接头设有防护装置。

（3）喷射切割头：

高压泵只有通过束流喷嘴才能实现切割功能。喷嘴孔径大小，决定了压力高低和流量大小。同时，喷嘴还具有聚能作用。喷射切割头有两种基本形式：一种是用纯水介质切割的喷射头；另一种是含磨料介质水切割的切割头喷射头，它是在纯水切割头的基础上，加上磨料混合腔和硬质喷管构成的。

4）智能便携式水切割系统

智能便携式水切割系统（图 5-7）是“智能便携水刀切割设备”，多运用磨料脉冲射流切割系统。采用独特设计思路，突破性缩小了水切割系统的总体积和重量，达到单人便携装置的要求，是最便利的冷切割设备，也是高危作业领域最理想的切割设备，可广泛应用于石油工业、公安排爆、隧道施工和救援等领域。可方便用于危险场所的防爆环境下金属切割和加工，避免动火引发的火灾和爆炸事故。

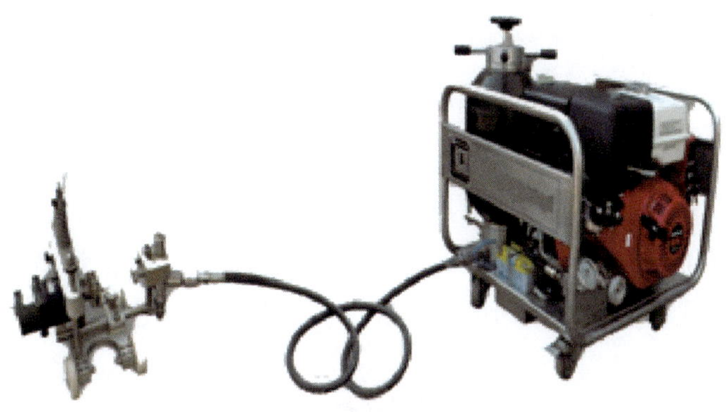

图 5-7 便携式水切割系统

5）水力切割作业风险与控制措施

（1）水力切割风险：

高压水作为水刀的动力源，压力高达几十到几百兆帕（MPa），具有极高的动能，对设备完好要求和作业操作行为提出了较高要求，尤其是安全防护装置要确保完好。若作业设备本身不完好或安装不牢固，则易因高压水泄漏或设备损坏导致人身伤害事故发生。如高压管线老化或设备超压引发高压水箭伤人，或高压管接头连接不牢固脱扣甩动伤人，这些设备安装或维护不当引发的安全事故后果是非常严重的。

在现场使用水刀进行切割作业时，要严格按照操作规程安全作业，不规范操作将引起设备损坏和人身伤害事故。如未投入压力调节和安全泄压保护装置等，均是明令禁止的误操作行为。这些人为因素或管理因素等若出现偏差都是严重的安全事故隐患。

（2）水力切割作业安全措施：

当作业现场管道完成工艺隔离和处置等工序具备作业条件时，按风险作业管理要求，水力切割作业前须按规定完成工机具入场的检查，确保整套设备的完好和功能正常。

作业前应设置作业警戒区域，避免无关人员进入作业现场，同时也防止作业现场人员距离切割设备过近，意外情况下发生伤亡事故。作业人员应规范佩戴个体防护器具，防止操作失误或设备意外损坏时导致作业人员受伤，保障作业人员人身安全。同时按规程和管理要求操作水力切割，需专人全程监督管理，提前或及时发现问题，督促整改，将安全隐患消除在事故之前，确保切割作业安全受控。

（二）停输管线封堵动火方式

石油石化行业管道检修影响因素众多，受限于检修时间短、无可靠处置工艺等困难，所以动火作业风险较大、难度高。通常是将管道切割后进行封堵，根据具体动火作业条件再进行打磨焊接检修。一般方法是在管线切断后，利用简易封堵方法将改造段与主管线堵断，清空隔离段介质，再进行改造动火作业。封堵时通常是用气囊、黄土、黄油等介质封堵管道，形成胶囊封堵动火、黄土封堵动火和黄油墙封堵动火等作业形式，实现安全动火作业目的。具体方式如图 5–8 所示。

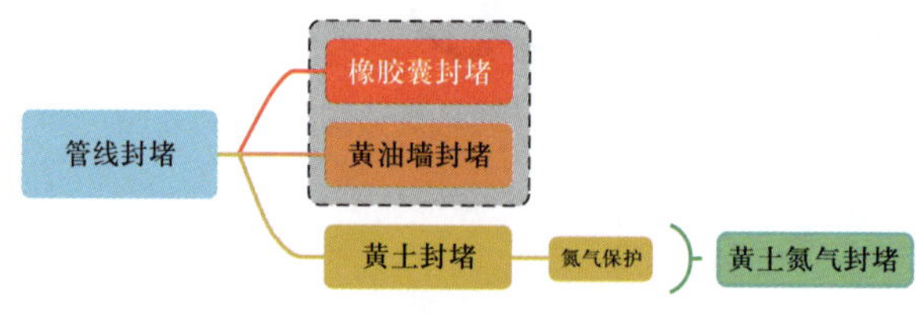

图 5–8　停输管线封堵动火方式

1. 橡胶囊封堵技术

橡胶囊封堵法是将油气管线切割断后，通过在管内用充气橡胶囊隔断油气空间，当气囊内的气体压力达到规定要求时，气囊填满整个管道断面，利用气囊壁与管道产生的摩擦力堵住管道，从而达到目标管段内无渗液和漏气，实现安全动火作业目的。该方法简单易操作，可有效节省施工时间和降低劳动强度。为增加安全性可在囊外套上防火布袋，起到防止橡胶囊被焊渣烫伤的作用，并能减少胶囊的磨损，防止橡胶囊涨破。长期使用时，只需更换防火布袋，橡胶囊就能够反复使用。综上所述，橡胶囊隔离法减少了工序，降低了成本，简化了操作，安全可靠，可在石油石化生产装置管线检修作业中推广应用（图 5-9）。

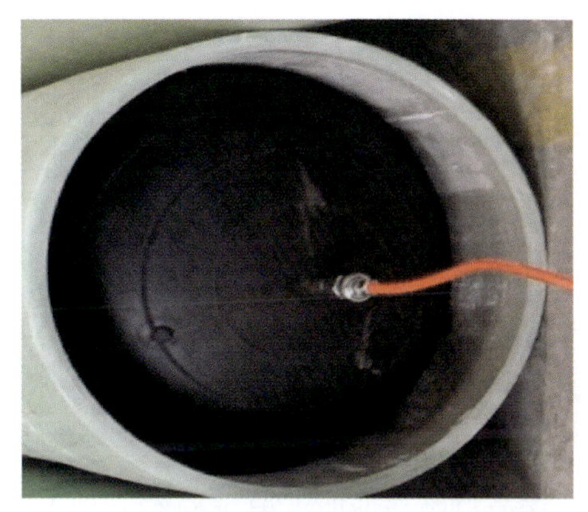

图 5-9 胶囊封堵

1）气囊封堵作业操作步骤

管道经工艺处置和冷切割后，在打磨焊接动火作业前，需确定气囊封堵的位置。一般选择在距离动火点 3～5m 管道内部，避开弯管段或有分支的管段，以保障封堵密封性。确认管道内壁平整光滑、无突出的毛刺、石子等尖锐物，防止刺破气囊。气囊放入管道前应通气检测密封性。确认完好后应沿管底水平摆放到施工管段中，禁止扭着摆放，防止窝住气体打爆气囊。将气囊氮气注入管和牵引绳从取囊孔中引出；利用固定绳和法兰将隔离囊固定，将氮气注入管与氮气气瓶相连接，对气囊附属充气配件进行连接，向隔离囊缓慢稳定注入氮气，通过气瓶上的压力表，观测氮气注入量和注入压力，充气压力控制 0.08MPa 左右，确保气囊内压力值保持稳定恒压。连接完毕后用肥皂水做气密检查是否有泄漏。

隔离囊完成充气后，要专人监测氮气压力，做好记录，重点是气囊隔离的初始阶段，做好放空点的泄压平衡引流，不定期观测隔离囊外侧管线内有无介质流出，一旦出现介质流出，在落实集中接收的同时，要考虑进一步加强关闭隔离阀。

2）气囊封堵动火作业风险及消减措施

气囊保证完好和适用：选择气囊时要提前测量管道内径，根据尺寸选择合适的气囊。封堵胶囊要选用材质为耐油橡胶类型的，保证型号匹配适用。现场移动气囊时不得在地面拖动或使气囊被划伤损坏漏气，影响气囊完好性。在提前检查管道内壁确认光滑无锐突出点。

（1）泄压放空：管道在封堵后，在气囊封堵点与隔离阀门之间，受焊接或环境高温，以及介质泄漏影响，管道内部气体会受热膨胀。若无泄压点，管道内部可能出现憋压问题。所以管段必须设置放空点泄压或引流，平衡气囊两端的压力，保证密封性和气囊的稳定。

（2）压力监测：气囊充气时，注意压力适当。压力太小气囊无法可靠与管道内壁接触形成密封面，充气压力过大导致气囊爆炸伤人，或失去密封引起着火爆炸事故。

（3）气体检测：动火过程中要定时用四合一气体检测仪测量管道内部可燃气的浓度，建议每5min检测一次，确保其在规定的10%LEL安全值以下。特别是检测靠近气囊密封面处的可燃气浓度变化趋势，及时判定气囊密封完好性。若数据异常密封失效则要重新进行气囊密封操作。

（4）人员站位和静电消除：作业人员焊接或打磨作业时，要求操作人员不得站在管口正对面，避免出现着火和爆炸时，管内冲击波对人员的伤害。人员在胶囊收放和作业时要消除静电，防止静电引发的油气爆炸。同时为消减管道焊接杂散电流影响，动火管道附近要设置接地装置，按照JGJ 46—2005《施工现场临时用电安全技术规范》规定，保护接地电阻应小于4Ω。若接地装置阻值过大时，可通过多组接地装置并联或向接地装置浇水等办法降低接地阻值。

（5）消防值守：为更好应对作业过程中出现意外着火情况，作业现场除配备常用的灭火器、消防栓和水龙带等消防设施外，条件许可的情况下最好还是要落实专业消防值守，配备消防车辆和消防人员现场值勤，以应对异常情况，确保着火时能快速扑救火情，将影响降到最低程度。

2. 黄土墙封堵动火技术

黄土墙封堵动火技术是较为实用的传统动火方式，适用于生产条件限制下的管线动火作业，如长输管线、埋地管线等受介质质量、敷设方式或防腐要求等限制，不能进行水洗置换或吹扫处理动火时，可经氮气吹扫等简单处置后进行黄土封堵动火。它是在工艺管线无法处置干净的情况下，可以快速高效实施管道动火的安全技术。

黄土墙封堵隔离动火的做法是用质地细腻的黄土砌成墙状，堵在要焊接动火的管口处，用来阻挡明火和油气的接触。黄土墙隔离法的优点是可就地取材，经济方便。它封堵层强度高，遇热遇振不易倒塌，适用于不带压、有残留、易燃易爆有毒有害等油气输送管道，不同规格的管道检修和改造施工。缺点是严密性较差，且投用后清除不净的黄土带入管道，易污染油品或流入并沉积在储输油设备内。它适用于质量要求不是特别高的油气管道切口油气隔离，安全又经济。

1）黄土封堵作业操作步骤

黄土封堵适用于可截断的未处置管线增加接头或法兰等类型作业。提前准备充足黄土，将黄土用筛选去除枝条、杂草、石块等杂物，增加适量的水或黄土进行调合，黄土和水的比例大于 7∶1，湿度以用手捏紧后不散为宜，干燥的黄土可适当加水增湿（图 5-10）。

图 5-10 黄土墙封堵调合黏土

在管线安全隔离和切割后，就具备封堵基本条件。向管内塞入黄土前，需提前在管内填充系有铁丝的毛毡垫层，起到黄土封堵打底作用。将和好的黄土分批塞入管道内，逐层夯实，避免黄土墙移位。在黄土封堵完成后，将露在外侧的铁丝端头埋入黄土中，并将黄土外层夯抹平整光洁，并抹上一层黄油锁住黄土墙水分，以防开裂丧失密封性。

封堵时的尺寸要合适，支撑打底的毛毡垫层长度一般不小于 2 倍管径，且不小于 300mm。采用黄土进行封堵时，普通管径规格的管道在管内有效填充长度 3～5 倍管径，且最小不少于 500mm。对于大管径规格管道填充尺寸可适当缩小，但应保证封堵强度。黄土装填完成后最外层靠近动火部位的距离宜为 200～300mm，这距离既能防止动火时温度过高烘干黄土，又不至于距离过远无法仔细观察密封面情况。

当物资条件具备时，最好使用膨润土进行管道封堵，可按照其说明使用要求进行搅拌。通常是依照水和膨润土配比为 0.9：1 的重量比例进行配置。在管道内填充长度为管径 3 倍以上，并且最小长度不小于 300mm。

2）黄土封堵动火作业的风险及消减措施

黄土封堵作业原理与气囊封堵相同，在作业过程中也存在着类似的作业风险，作业时保持密封完好，每 10min 检查一次黄土密封面情况。动火作业时，一是控制现场作业人数，注意作业人员安全站位；二是施工现场配备一定数量消防器材和消防车辆（图 5-11）；三是采取防晒或保温措施，防止黄土干燥或冻结；四是黄土具有可塑性和部分流动性，管线要避免震动，严禁对封堵管线进行敲击、碰撞等可造成黄土变形、坍塌或开裂的行为。

图 5-11　动火消防值守

3. 黄油墙封堵动火技术

输油管道经常采用黄油墙隔离法作业，其做法是用滑石粉和黄甘油按 2.5：1 的比例搅拌均匀后，砌成墙状堵在要焊接的管口处，用来阻挡明火和油气的接触。黄油墙隔离法优点是严密性较好，同时对管道输送介质和设施不会产生负面影响。缺点是当遇到高温时，容易融化，产生裂缝直至倒塌，造成油气隔离失效。当遇到振动时，黄油墙也容易产生隙缝使隔离失效。另外，在成品油管道上黄油墙容易被汽柴油等有机溶剂溶解，存在封堵失效风险。因此，使用黄油墙隔离法时，要尽量避免高温及振动情况的出现，同时要保证其厚度不能小于其管径。

（三）停输管线封堵动火方式的改进

以上阐述的胶囊封堵、黄土封堵动火作业方式可满足油气管道动火安全要求。为增加动火作业安全系数，可进一步改进封堵技术。如黄土封堵动火，通常结合管道内通氮气保护进行加强，增加安全性，形成了黄土墙氮气保护封堵动火作业方式。

1. 氮封黄土封堵动火作业原理

为了增加黄土封堵动火的安全性，在实际施工中通常还同时辅助以管道内通氮气保护，将动火点管段内通氮气，将管内油气赶向远离动火点方向远端泄压点排出，确保动火点附近管段内气相环境安全达标的一种动火作业方法。黄土墙氮气封堵示意图如图 5-12 所示。

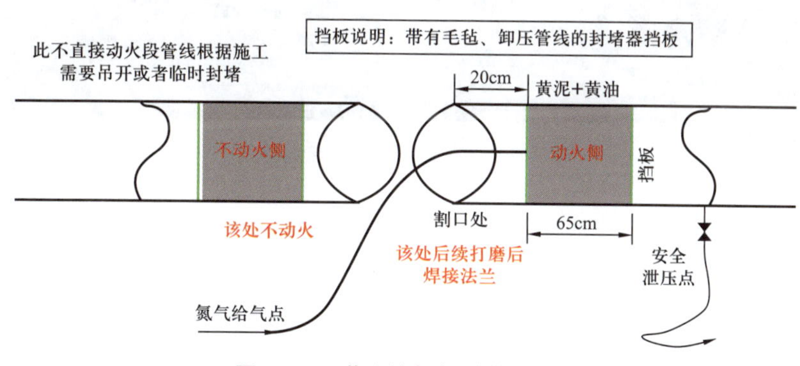

图 5-12　黄土墙氮气封堵示意图

2. 氮封挡板的制作

找一个厚度 3～5mm 的平整钢板，按照施工管道内径大小制作一圆盘，尺寸略小于管内径 10mm，中心钻孔后焊接一根 ϕ20mm 的细钢管，两者同心，管口与钢板面平齐。钢管长度根据管道封堵长度而定，一般为 1.5m。将宽度为 400mm 毛毡靠近圆盘，一层压一层紧密缠绕到钢管上，缠绕到比管径略大尺寸，再在毛毡外侧缠绕几层白棉布，最后在白布外面用细钢丝缠绕几圈固定，形成一个特制的圆盘封堵器。

3. 封堵尺寸

动火管道水平段完成切断，并清理内部残余介质后，将封堵器塞入水平段的管道，钢管伸向管外。通常管径管道，管内部分约为 1100mm，其中主要为毛毡 400mm，黄土封堵段 500mm，管口再预留 20～30mm 的安全隔离区。

4. 氮气黄土封堵操作

按照黄土封堵的操作方法，对管道进行封堵。在黄土距离动火点管口 20mm 时，将黄土面拍平实抹上一薄层黄油密封，就完成黄土封堵基本操作。在确认管线后续放空打开畅通后，将钢管连接氮气线向管线内通氮气，就初步完成了封堵操作（图 5-13）。

图 5-13　黄土氮气封堵抹油密封

5. 氮气黄土封堵操作安全注意事项

由于在黄土封堵作业风险基础上，还需考虑氮气带来的风险，若管线放空不通，氮气持续输入将引起管线憋压、封堵物和介质喷射、氮气中毒等风险，作业时应确定专人时刻关注作业动态和现场状况。

1）管道排空不畅的氮气憋压风险

对于带有升降段的管道，要防低点介质沉积聚集堵塞管线造成憋压。所以完成管道封堵开始向管道内注氮气时，清除现场人员后，缓慢小幅打开氮气阀门，向管道内缓慢通氮气，派专人在最近打开的泄压放空处观察是否有气体排出，确保尽早断定管线畅通与否。

2）排气点过近引发中毒事故

管道封堵通氮动火作业期间，泄压放空点持续向周围环境排放氮气，须对排空点导通阀门上锁防止关阀操作，并设置区域警戒和氮气中毒警示牌，避免周围行人误入中毒。如果放空排气点距离动火作业点比较近，应将放空点连接一根橡胶管，将排出的气体引到远离动火作业点的安全地带，确保作业人员安全。

二、管道不停输状态下的封堵器动火

石油石化行业各单位由于连输生产的特点，装置和设备很难彻底停用后检修。特别对于大口径的长输管道，通常不能停输后处置干净再实施动火作业。针对这种情况，可用专门的管道封堵器来完成不停输管道的动火检修作业。它能在不中断管道介质输送的情况下完成对管道的更换、移位、换阀及增加支线的作业，也可以在管道发生泄漏时对事故管道进行快速、安全地抢修，恢复管道的运行。

封堵器动火作业适用于石油、天然气、水、乙烯、煤气、中质油、航油等无强腐蚀性介质管道的检修动火。它是在完全密闭的状态下，在需改造管段两侧，利用机械手段，将改造段从管线中隔离出来，进行维护、修理、更换等改造作业的一种特种技术。其原理就是先将改造段两端分别用旁通管线接通，以旁通线输送介质，再从管道上开孔处将封堵头送入管道并密封管道，阻止管道内介质流动后，清空隔离段介质，对主管线进行改造施工作业。待新管段恢复后，解除封堵，切换至新管段正常输送，最后将旁通管线拆除，实现管道不停输而完成动火检修改造的目标。下面就管道封堵器构成和使用等相关内容进行简单陈述。

（一）管道封堵动火的安全条件

1. 封堵管道的压力等级

受管道材质和生产工艺影响，封堵管道对管径和压力有着严格规定。目前，管道封堵口径涵盖 25～1200mm 多种管径，封堵压力最高达 10MPa。随着技术的发展和设备性能的不断改进，封堵管道压力和管径也在逐渐提高。

按封堵作业管道的压力，管道封堵作业可划分为低压封堵作业、中压封堵作业、高压封堵作业和超高压封堵作业，具体压力等级分类见图 5-14 所示。不同压力管道要配套使用相对应的封堵器，并落实对应压力等级安全操作和试验要求。

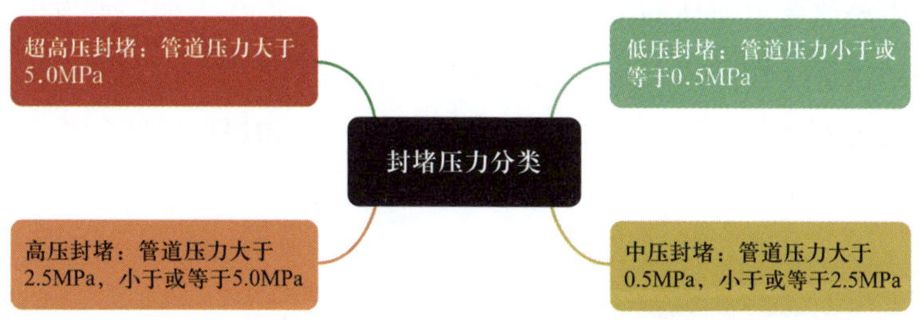

图 5-14　管道封堵压力等级分类

管道带压封堵施焊动火作业，对运行中的管道压力有着安全限制要求，通常使用压力管道计算公式进行核算，以确保焊接动火作业管道的安全，具体如式（5-1）所示：

$$p=\frac{2\sigma_{s}(t-c)}{D}\times F \tag{5-1}$$

式中 p——管道允许带压施焊的压力，单位为兆帕（MPa）；

σ_s——管材的最小屈服极限，单位为兆帕（MPa）；

t——焊接处管道实际壁厚，单位为毫米（mm）；

c——因焊接引起的壁厚修正量，参见表 5-1，单位为毫米（mm）；

D——管道外径，单位为毫米（mm）；

F——安全修正系数，参见表 5-2。

表 5-1 壁厚修正量

焊条直径，mm	<2.0	2.5	3.2	4.0
c，mm	1.4	1.6	2.0	2.8

表 5-2 安全修正系数

t，mm	$t \geq 12.7$	$8.7 \leq t < 12.7$	$6.4 \leq t < 8.7$	$t < 6.4$
F	0.72	0.68	0.55	0.4

2. 管道封堵动火作业时内部介质流速要求

封堵管件焊接动火作业时，为确保焊接管线安全，要严控管道内介质的流动。通常管道内液体介质流速不应大于 5m/s，气体介质流速不应大于 10m/s。

3. 资质要求

专门从事钢质管道带压封堵的施工作业单位应获得相关部门颁发的施工资质证书。参与封堵设备操作的人员应经过专业培训取得作业资格，并持证上岗操作。同时，对封堵动火配套作业涉及的临时用电、起重吊装和焊接等特种作业人员也需要具有相应的特种作业资质。

（二）管道封堵器作业的设备

通常管线不停输封堵技术涉及管道专用封堵器。它由成套的设备按既定方式组装后，按顺序完成管道封堵和动火检修施工。封堵管件应具有材质单、质量保证书、检验报告、产品合格证和标识。

安装时，首先在运行管道上焊接四个特定尺寸的对开三通，三通上加装夹板阀，夹板阀上安装开孔机，这样开孔机、夹板阀、三通形成一个密闭腔体。通过外壳上的密封法兰端口在管道内部旋切，利用液压动力源进行全密闭开孔，随机带出切割下的鞍形板，切断内部原有管线，从而完成带压开孔过程。随后安装旁通管线，具备旁路输送条件。后续再在管道内部安装配套的特制夹板密封阀门，切断原有管线，迫使其管内物料通过外接三通走旁路管线，达到检修夹板阀后管线的目的。管道不停输封堵完成后，再按照施工方案对改造管段进行维修作业，实现安全动火的目的。具体情况如图 5-15 所示。

图 5-15　封堵器施工现场图

由以上可知，其主要构件是由封堵三通、封堵器、夹板阀、压力平衡阀和旁通管道等十余个构件组建。具体构成部件和名称如图 5-16 所示。

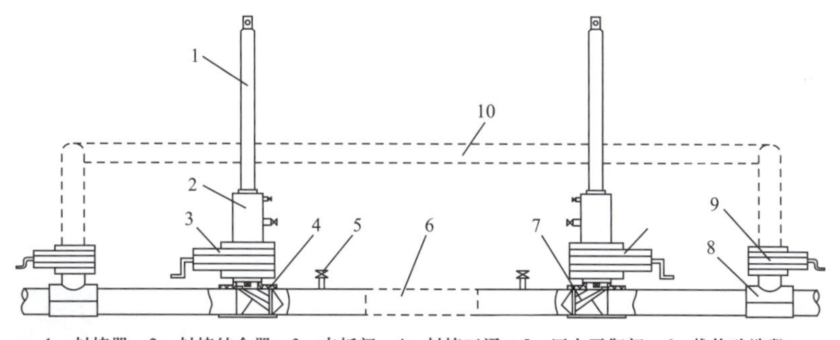

1—封堵器；2—封堵结合器；3—夹板阀；4—封堵三通；5—压力平衡阀；6—维修改造段；7—封堵头；8—旁通三通；9—旁通夹板阀；10—旁通管道

图 5-16　管道封堵器作业设备构成

（三）管道封堵器检修动火作业主要工序

管道封堵器实施的动火检修作业设备种类多、操作复杂，涉及动火、吊装、带压开孔、临电等多种类型高风险作业。特别是封堵器的安装和使用，有着严格的步骤设定和验收标准。须有专业人员现场指导，按照 GB/T 28055—2023《钢质管道带压封堵技术规范》中封堵工艺技术规范严格落实，步步确认，对照工序依次实施。

随着技术发展，管道带压开孔、封堵作业技术也在不断创新，目前常用的多是对钢质管道开孔后进行悬挂式封堵、折叠式封堵、筒式和囊式等常规封堵方式，也有较新的双机密封封堵方式和液压主动封堵方式等，下面简要说明。

1. 悬挂式封堵

悬挂式封堵是指在管道上焊接等径封堵三通，然后开与管道内径相同或相近的孔，再利用封堵器主轴将悬挂式封堵头送入管道的封堵方法，此方法的优点是可以封堵高压介质，目前国内最高封堵压力为 10MPa。具体如图 5-17 所示。

图 5-17　悬挂式封堵示意图

2. 折叠式封堵

折叠式封堵是指在管道上焊接折叠封堵三通，然后开比管道内径小的孔，再利用封堵器主轴将折叠式封堵头送入管道的封堵方法，此方法优点是可开小孔实现大口径管道封堵，节约成本，缩短作业时间。此方法适用于压力较低，口径较大的管线的封堵。目前国内封堵口径已达到 1020mm，如图 5-18 所示。

图 5-18　折叠封堵示意图

3. 筒式封堵

筒式封堵是指在管道上焊接封堵四通，然后将管道开断，利用筒式封堵头将管道封堵的方法，此方法的优点是对管线内壁光洁度要求不高，适用于易燃易爆的气体及高温介质的封堵。此种方法在化工行业中应用较多，具体如图 5-19 所示。

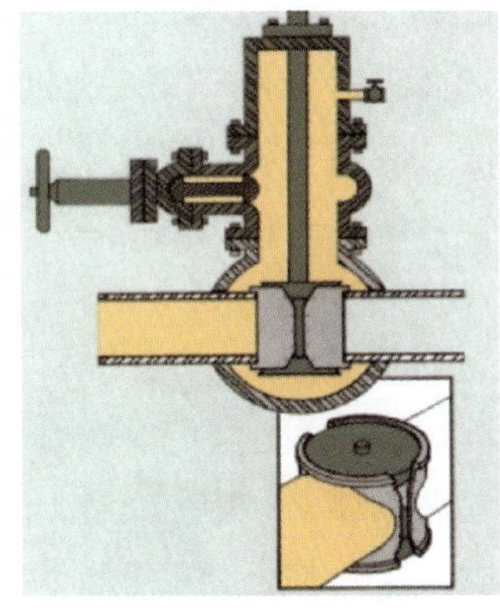

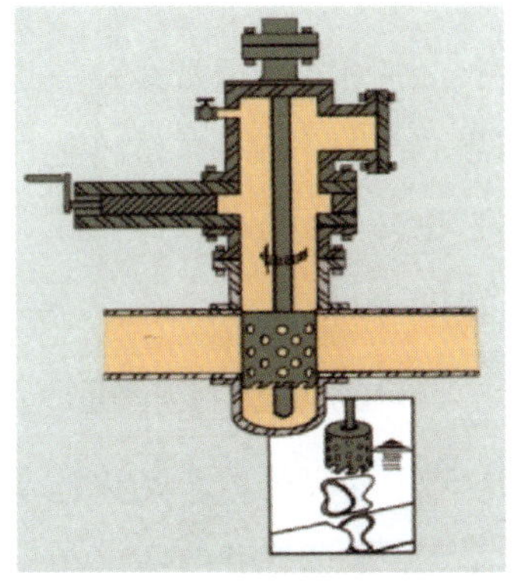

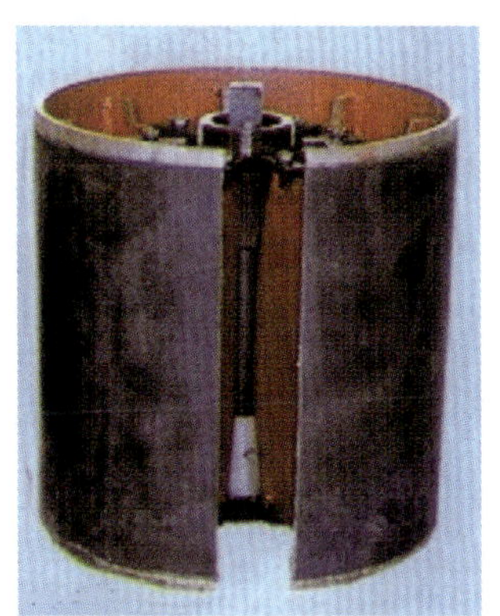

图 5-19　筒式封堵示意图

4. 囊式封堵

囊式封堵是指在管道上焊接法兰短节，然后在管道上开送挡板孔和送囊孔，利用送挡板装置和送囊封堵器分别将挡板和封堵囊送入管道，并向封堵囊内充入氮气，实现封堵的目的，如图 5-20 所示。其优点是成本较低，其缺点是只能用于管线压力小的封堵，不能用于不停输封堵作业。一般用于油管道的封堵，停输后实施，静压力一般不超过 1MPa。

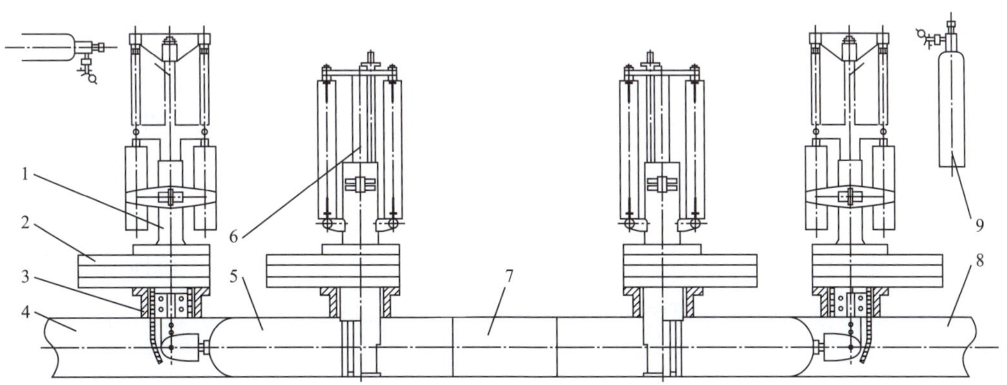

1—送取囊装置；2—夹板阀；3—法兰短节总成；4—介质；5—密封囊；6—档板装置；7—更换的中间管；8—压力管道；9—氮气瓶图

图 5-20　囊式封堵示意图

5. 其他新式封堵方式

以上密封方式都是单密封面，近年出现了一个封堵头具有两个密封面的双机密封封堵方式，也开始运用以液压精准控制密封接触面大小和形状实现可靠密封的液压主动封堵方式，密封效果和效率较传统封堵方式有了较大提升，正在逐步推广。

管道封堵器主要施工环节较为复杂，其主要施工流程主要是按如下步骤开展：

踏勘作业现场→作业前准备→预制旁通管线→三通封堵件组对焊接→安装夹板阀→堵孔塞配合测试→安装调试钻孔设备→整体密封性测试→管道钻孔→导通旁通管线→管道封堵→封堵密封性测试→管道动火修复作业→管道解除封堵→拆除旁通管线→作业部位防腐及环境恢复。

（四）管道封堵器设备动火作业风险削减措施

在输油气管道内危险介质无法彻底处置，动火作业中着火爆炸、触电和起重伤害等风险较大。另外管道封堵不严易造成介质泄漏污染环境，这些都要在作业前进行全面风险评估，制订可靠措施进行控制，确保作业全程安全受控。

（1）封堵作业前，结合施工管线位置，确定封堵动火作业部位，按要求完成管线测厚、现场封堵坑位挖掘和设备组装等准备工作。按照工艺处置要求，适当降低管内介质压力和流速，确保管道运行状况符合封堵安全条件。开挖作业坑时，应根据土质情况决定边坡坡度，必要时采取防塌方措施。

（2）施工人员应佩戴防静电劳动防护用品。在对人体呼吸器官有害的作业环境里，施工人员应佩戴防毒面具。夏冬季施工，应有防暑降温和防寒保暖措施。

（3）油气管道介质多易燃易爆，应采用防爆设备排放隔离管道介质，并可靠落实气体检测和防静电火花措施，介质排放后应对封堵隔离段进行惰性气体置换，确保管道内无爆炸气相空间。封堵隔离段断管时应采用无火花的机械方法断开管道。管道外部宜采用水冷却降温，并采取预防管道轴向膨胀的措施。动火和断管作业不应同时进行。雷雨天不应进行露天封堵作业。

（4）管道具有阴极保护或管道受杂散电流干扰的管段，断管前要做好跨接线。现场制作静电接地，断管位置两侧管道进行可靠接地连接，落实保护接地措施。

（5）消防应急。施工现场应根据消防要求配置消防设施和消防器具，保持消防通道畅通。

第二节 带压不置换动火作业

石油石化行业生产过程中，各种介质（如水、汽、天然气、油品、腐蚀性液体等）的泄漏比较常见。多年来，国内许多科研单位和企业开发了多种不停产堵漏的方法，较多是采用带压不置换动火方式进行检修堵漏。带压不置换动火作业大多属于特殊风险作业，风险较大，易发生火灾、爆炸、中毒窒息、高温灼烫、物体打击、环境污染等事故。本节重点介绍带压不置换条件动火作业安全管理相关内容。

一、带压不置换动火安全管控基本要求

带压不置换作业存在着火爆炸较大风险，作业前应全面考虑并评估风险，采取必要的安全措施方可实施：

（1）控制可燃物。由于是带压不置换动火，设备或管道内介质未经吹扫置换，易燃易爆有毒有害介质始终存在，动火作业风险极高，必须先采取降压及封堵措施，在介质不泄漏或少量泄漏的状态下采取动火措施，避免或降低易燃有毒介质与火源的接触机会。另外在动火现场可采取蒸汽掩护、惰性气体保护，以驱散动火区域易燃易爆介质，稀释易燃易爆介质浓度，避免其积聚形成火灾爆炸环境。

（2）控制点火源。在进行动火作业时，可考虑使用小电流小焊条及断续焊、氩弧焊等措施，降低动火强度，避免动火过程中焊穿设备或管道，发生介质泄漏导致的着火爆炸。

（3）控制助燃物。对于存在易燃易爆介质的设备管道，应严格控制动火系统内部的氧含量，不使其超过易燃易爆介质氧含量的极限值，即可燃气体浓度超过其爆炸上限时的含氧量，达不到爆炸极限就不会发生爆炸，可提高动火的安全系数。还有就是设备或管道的正压或微正压操作，也可避免助燃物进入设备或管道内与易燃易爆介质接触。

（4）严禁在生产不稳定及设备、管道等严重腐蚀情况下进行带压不置换动火，严禁在含硫原料气管道等可能存在中毒危险环境下进行带压不置换动火。确需动火时，应预先制订作业方案，采取可靠的安全防火措施，制订应急处置预案，必要时可请专职消防队到现场监护。

（5）在焊接过程中，若管道内泄漏出的可燃气体遇明火后形成火焰，如无特殊危险，不宜将其扑灭。在火未熄灭前，不得降低或消除容器或管道的压力，以防容器或管道吸入空气而形成爆炸性混合气。

二、常用的带压不置换动火方式

带压不置换动火目的主要是为消漏，其中涉及的作业主要是带压焊接消漏作业、带压开孔作业等。带压焊接消漏是带压密封作业一种最为常用的方式，作业时

利用动火焊接技术，将泄漏或减薄的管道、设备通过焊接外壳或贴焊物，达到不停产消除管道或设备漏点和缺陷的一种非常规堵漏方式。带压开孔是在管道或设备密闭状态下，以机械切削方式在管道上加工出圆形孔的一种作业。动火作业内容主要是在带压开孔前，在待开孔部位焊接带压开孔短节及加强板，以提供带压开孔的连接点和支撑点。

（一）带压焊接消漏动火

1. 带压焊接动火作业类型

带压焊接动火作业按作业涉及介质性质通常分为非危险介质管道设备的带压焊接和危险介质管道设备的带压焊接两种类型。非危险介质管道设备的带压焊接消漏作业，因非危险介质发生火灾爆炸及中毒的风险较低，现场管控重点放在介质泄漏后可能引起的停工停产方面。危险介质管道设备带压焊接作业，不但要评估焊接时介质泄漏可能造成的停工停产风险，还要考虑危险介质泄漏造成的火灾、爆炸、中毒、灼烫或环境污染等风险。动火形式一种是为进行预防泄漏而实施的预知性贴焊补强动火，另一种是在设备微量泄漏抢修状态下，特殊实施的临时性套袖焊接消漏动火。

2. 贴焊补强动火作业

一般适用于较低温度和压力的管道设备腐蚀减薄且未出现泄漏时，在减薄部位周围壁厚材质满足施焊要求情况下，对管道的弯头、焊缝或其他设备薄弱处进行预知性贴补焊接。通常是使用与本体材质相同或类似且具有一定厚度的板状材料，贴合后周边焊接固定，实现设备或管道局部加强的动火作业方式。

3. 套袖焊接（包壳焊接）

适用于较高温度和压力管道设备腐蚀减薄，或非易燃易爆及中毒介质的可控性泄漏，且施焊部位满足焊接强度的应急焊接动火。它是将预制的金属外壳部件贴合在设备或管道的泄漏部位，通过周边焊连成密封腔体消漏的作业方式。

1）套袖焊接作业的前期准备

套袖焊接是非常规状态下的动火作业，主要存在以下安全风险：火灾、爆炸、触电、灼烫、机械伤害。涉及高处作业还存在高处坠落、物体打击风险，涉及受限空间作业还存在中毒和窒息的风险，涉及起重吊装作业还存在起重伤害及车辆伤害风险，涉及使用脚手架还存在脚手架坍塌等风险。针对以上风险需采取如下措施：

（1）联系施工作业单位进行现场安全技术交底，确定施工方案，编制作业计划书。施工前完成人员安全教育、核查施工人员及特种作业人员资质及工器具的入场前检查。

（2）作业所在单位组织施工方开展危害识别，重点明确作业现场作业环境、工艺和施工主要风险，提出作业的整体性安全管控要求，并纳入作业计划书进行信息告知。具体内容和格式可参考表 5-3。

表 5-3 危害识别及安全要求

<table>
<tr><td>施工项目</td><td colspan="4">× × 装置 × × 入口线三通包焊作业</td></tr>
<tr><td>施工作业单位负责人</td><td>× × ×　　联系电话</td><td>作业所在单位项目负责人</td><td colspan="2">× × ×　　联系电话</td></tr>
<tr><td>作业内容及危险因素</td><td colspan="4">作业概述：略。
危险因素：
火灾爆炸：管内介质中含有易燃可燃物质，泄漏情况下遇明火等发生着火爆炸。
中毒和窒息：管内介质中含有较高浓度的硫化氢，介质泄漏造成人员中毒风险。
高空坠落：作业地点在管廊上，存在坠落伤害风险。
物体打击：高处工机具或材料放置不稳，可能发生高处落物等伤害。</td></tr>
<tr><td>作业过程中可能涉及的风险事故</td><td colspan="4">（1）火灾爆炸；（2）中毒和窒息；（3）触电；（4）高处坠落；（5）物体打击；（6）其他伤害（滑跌）</td></tr>
<tr><td>能量隔离及风险控制措施</td><td colspan="4">能量隔离：不涉及能量隔离，工艺上执行《× × 工艺操作方案》适当降压。
1. 风险控制措施：
1.1 环境风险：作业现场设置警戒，无关人员禁入；现场四合一报警器连续监测。
1.2 中毒窒息：作业人员全程使用移动供气源，作业现场蒸汽掩护。
1.3 火灾爆炸：使用防爆工机具、配备干粉灭火器，消防车应急值守。
1.4 高处坠落：安全带系挂在安全绳上防坠，不影响应急逃生。
1.5 物体打击伤害：穿戴个体防护装备；操作人员熟悉操作规程，按要求操作设备。
1.6 意外泄漏：管线烧穿泄漏失控时，作业人员立即按要求撤离现场。
施工前的要求：票证签发符合程序；人员劳保穿戴合格，工器具等完好；双方负责人现场安全交底；双方项目负责人、监护人按要求在现场认真履职。
2. 施工注意事项：
2.1 施工材料及工机具定置定位，工完料尽场地清。
2.2 作业内容和环境等发生变化时执行变更管理程序。
2.3 应急要求：作业人员熟悉急救方法、清楚疏散逃离通道和紧急集合点</td></tr>
<tr><td colspan="5">× × 单位　　　　编制人：　　　　审核人：</td></tr>
</table>

（3）由双方作业负责人组织开展施工前的安全分析（JSA），按施工步骤对各工序中存在的危害因素进行辨识，并制订相对应的风险削减措施，具体内容放入作业计划书中确认审批。具体分析内容参考表 5-4。

表 5-4 工作前安全分析表

项目名称	××× 装置三通漏点套袖焊接消漏		作业地点 / 位置	×××	作业负责人（JSA 组长）	×××
分析人员	×××、××、×××、×××、×××					
序号	工作步骤	作业类型	存在风险	削减措施		
1	工机具及材料拉运进出装置	进车作业	机械伤害 物体打击 车辆伤害 火灾爆炸	1.1 车辆配备防火罩，限速行驶（15km/h），禁止客货混装。 1.2 车辆完好，办票后沿指定路线行驶。 1.3 穿越管架时注意管架高度，防止误碰管线或设备。 1.4 人力搬运限制重量，协调指挥，防止受伤		
2	对三通进行套袖焊接	动火作业 临时用电 高处作业	火灾爆炸 中毒窒息 触电 机械伤害 物体打击 高处坠落	2.1 作业双方全程监护，设置区域警戒限制现场人数。 2.2 清理动火现场可燃物，周围下水井及地漏封堵严实，连续气体检测，配备干粉灭火器和专业消防值守。 2.3 检查设备完好，临电设施满足“一机一闸一保护”和接地要求。 2.4 焊接采用小电流和断续焊方式，防止焊穿，具体执行施工方案。 2.5 焊接人员穿戴防火服，防止烫伤。涉及有毒介质用隔绝式呼吸防护。 2.6 高处作业规范使用全身式安全带，高处使用的工机具摆放稳固		
3	检查验收	高处作业	高处坠落	穿戴全身式安全带，上下脚手架时一步一挂		
总结与完善建议						

（4）作业前对套袖焊接或贴焊部位进行测厚及材质分析，并进行记录，将检测结果、检测点分布图及最小强度壁厚的测算结果一同放在作业计划书中。套袖焊接部位相关信息可参考表 5-5、图 5-21、图 5-22 所示。

（5）套袖焊接壳体及主管线强度校核：

参考夹具的最小强度壁厚计算见式（5-2）：

$$T_m=2.4+pD/(2[\sigma]^t\phi-p) \tag{5-2}$$

通过式（5-2）测算出套袖焊接壳体及主管的最小强度壁厚。

表 5-5 套袖焊接部位信息表

属地单位或装置名称			装置 / 位置		
带压套袖焊接部位					
介质名称		温度 ℃		操作压力 MPa	
主管材质		焊壳材质		焊接电流 A	
主管尺寸 mm		焊壳尺寸 mm		封口钢板厚度 mm	
焊接主管实测最小壁厚 mm		焊条型号 / 尺寸 mm		焊缝盖面焊条型号 / 尺寸 mm	

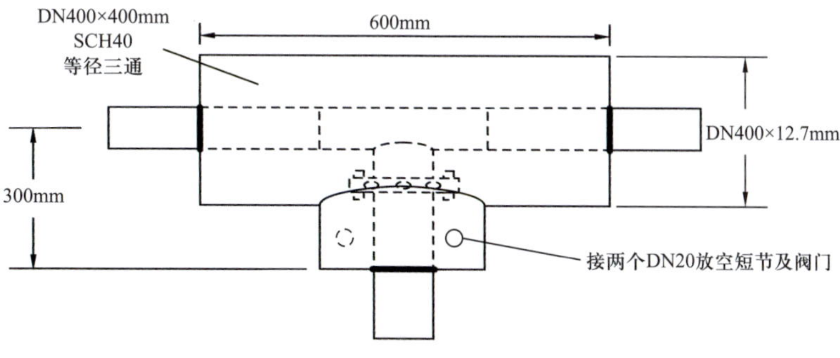

图 5-21 套袖焊接部位示意图

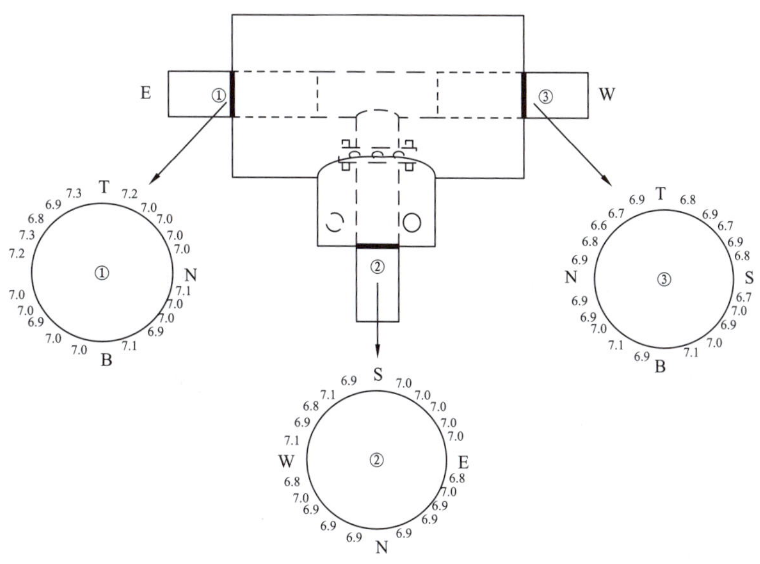

图 5-22 主管施焊部位测厚示意图

式中 p——最高操作压力，单位为兆帕（MPa）；

D——套袖焊接壳体或主管直径，单位为毫米（mm）；

$[\sigma]^t$——套袖壳体或主管材料的许用应力，单位为兆帕（MPa），如 20# 钢，100℃时许用应力取 126MPa；

ϕ——焊接接头系数，如直缝焊接钢管 ϕ=0.8。

焊接部位测厚数据必须大于测算出的套袖焊接壳体及主管线的最小强度壁厚方可进行焊接作业。

（6）因带压动火焊接作业风险较高，建议作业前由作业所在单位组织作业单位再次对作业条件及过程开展风险评估，生产、技术、设备、安全等专业管理人员参加，进一步完善作业计划书，由作业所在单位专业主管领导审批签字后实施。针对焊接作业过程中可能出现的危化品泄漏或泄漏扩大、现场失控，应在作业前编制焊接作业失败的紧急处置预案，可具体执行生产装置的紧急停工事故应急预案或发生危险化学品消漏、火灾爆炸的专项应急处置预案。

（7）准备和核查作业安全条件。就装置现场环境、作业人员安全教育和特种作业资质、作业工机具和应急设施按计划书全面进行落实，并逐一核查。重点要检查装置现场环境具备动火条件，做好工艺应急操作准备。另外，作业前施工机具、材料拉运到现场，检查完好备用。所有施工人员必须经过作业所在单位安全教育培训并考试合格，特种作业人员持有效特种作业证上岗。同时焊接人员要穿戴专用防护服，现场设置双向逃生通道，高处作业落实防坠落措施。

2）套袖焊接作业的实施

套袖焊接根据泄漏情况、内部介质性质采取不同的焊接方式，以确保人员和设备安全。当不泄漏时一般制作一个从中刨开两半的壳体，然后根据焊接部位尺寸进行校正，焊接在一起即可。泄漏时，根据介质情况分为两种处置方式：

（1）对于存在非燃爆介质的泄漏，为了避免焊接过程中存在憋压、影响施工视线等情况，一般在预制的壳体上焊接有放空泄压口，导出泄漏的介质，焊接完毕后，关闭放空即可。

（2）对于存在或可能存在燃爆介质的泄漏，一般在预制的壳体上焊接两个接口，一个用于泄压，一个用于接氮气或蒸汽进行吹扫置换，减少施焊部位易燃易爆介质集聚，降低火灾爆炸的风险。

3）套袖焊接操作要求

套袖焊接对焊条要求较为严格。在作业前，需将管道或设备施焊面清理干净。

根据管线部位选择不同的焊条规格，与主管相连的环焊缝使用焊条规格为 2.5mm，其他使用焊条规格为 3.2mm，提前进行烘干并保存在保温桶内。

套袖焊接操作工序有着明确规定。焊接时用断续焊防止烧穿，严禁长时间在同一部位进行焊接；与主管相连的环焊缝焊接电流控制在 60～80A，其他焊缝焊接电流控制在 80～100A；除了盖面焊，其他焊接均应采取断续焊，确保焊接热量能及时被管道或设备内介质带走，防止局部温度热量积聚，烧穿管道或设备本体。

焊接完成后，可通过着色渗透等无损探伤、蒸汽或氮气气密试验等方式来验证焊接效果，确保焊接无泄漏。施工完成做到"工完料尽场地清"，及时恢复正常生产。

4）套袖焊接作业安全注意事项

（1）组对套袖焊接壳体时可通过吊车或倒链进行控制，避免人力野蛮操作，以防损坏主管线发生泄漏或泄漏扩大。

（2）根据焊接工作量合理安排焊接力量，可采取多焊机焊接和焊工轮换不间断焊接方式，以确保焊接作业在规定时间内高效完成（图 5-23）。避免因焊接时间过长，出现局部过热、发生泄漏或泄漏量增大等异常紧急情况的发生。

（3）严格把控焊接质量，施焊前检验焊工水平，操作时控制施工进度，务必保证焊接一次性合格，避免再次泄漏状态下补焊带来的高风险动火。

图 5-23　带压套袖焊接消漏

（二）带压开孔动火作业

带压开孔，是一种安全、环保、经济、高效的在役管线抢修、维修技术，适用于水、原油、成品油、化工介质、天然气等多种介质管线或设备的正常维修改造和突发事故的抢修。此操作是在管道和容器上制造接口的一种方法，在管道和容器处于承压或使用状态下，增加分支管道或进行封堵作业，不影响生产的连续性，保证设备和管网的安全、稳定、长周期运行，减少因系统停工和排放物料造成的经济损失。石油石化行业中带压开孔技术适用于原油、成品油、易燃易爆化学品、气体、天然气等液体和供热管道等介质管道的正常维护和改造，以及应急抢修。带压开孔作业常用于工作压力不高于 10MPa、无法通过常规方法停运、吹扫或清理、可以采取焊接和机械连接的钢制管道和设备（不包括压力容器、下水管道和设备）。

1. 带压开孔动火安全技术要求

带压开孔前要在管道上焊接连接开孔机的短节和法兰。为确保焊接作业安全，需确认待开孔管道或设备的材质、壁厚、介质性质（如温度、压力等）、流速等。确认管道或设备内介质流动性能满足带走作业热量要求，避免热量积聚引发事故。

在带压开孔封堵管道或设备上勘测合格的作业部位做好标记，按标记规定部位焊接短节和法兰。如果管道或设备材质是钢制的，在满足强度、刚度及壁厚的条件下可直接焊接，如果是铸铁的，则需要打上钢管套轴或贴焊上钢板再焊接短节。焊接前需要根据管道或设备壁厚进行焊接工艺评定，编制焊接工艺指导书，按照焊接工艺规程进行带压管道焊接，以确保不会焊穿管道或设备，同时保证焊缝强度。焊接完毕后，采用渗透或磁粉探伤等手段对焊缝进行无损检测合格后，方可进行带压开孔作业。带压开孔焊接后情景参见图 5-24。

图 5-24 带压开孔焊接后情景

焊接作业要注意烧穿和裂纹两方面的问题。烧穿一般是由于壁厚不足、焊接电流过大、热量未被带走而导致的局部过热等造成焊缝被熔穿的现象，而裂纹的产生一般是由于施焊材料与管道或设备材质不符（如不锈钢材质选用碳钢焊条等）、焊缝冷却速度过快且结构对裂纹敏感等原因。

为了防止管道、器壁被烧穿或产生裂纹，作业前要对管道或设备的热传输进行全面评价，以确定热输入量及焊接参数。在可能含有夹层或其他缺陷的部位上进行不停产焊接，必须进行工程评价，如对检修的管道或容器设备进行检查，确保壁厚符合施焊要求且无缺陷。通常采取以下控制措施：

（1）根据不同壁厚的管道或设备以及焊接顺序，选用相适应的焊条尺寸，控制对应的焊接电流。对于壁厚小于6.4mm的管道或设备，打底及填充焊道应使用2.5mm及以下直径的焊条；壁厚6.4～12.7mm的，填充焊道及盖面可使用3.2mm及以下直径的焊条；壁厚大于12.7mm的，可使用较大直径的焊条。在进行打底焊接时，通常控制焊接电流在80～100A，进行填充焊道及盖面时，焊接电流控制在100～120A。

（2）根据管道或设备的不同材质，选用对应材质的焊条。如在高碳当量的管道或设备上焊接时，应尽量使用低氢焊条，避免采用熔透焊条，以此来降低焊穿的可能性。要选择与母材材质一致或高于母材材质的焊接材料，以避免焊后裂纹。

（3）介质流动可及时带走施工产生的热量，因此需要保证管道或设备内介质有稳定的流动，及时导走焊接产生的热量，避免热量积聚产生局部过热。对于壁厚小于6.4mm的管道或设备，保持介质连续稳定流动即可。当壁厚在6.4～12.7mm时，气体介质流速应不大于10m/s，液体流速应不大于5m/s；对于壁厚大于12.7mm的管道或设备，流量对焊缝的冷却速度和出现裂纹的风险可以忽略不计。

（4）特殊情况下可采取增加导热辅助措施。在某些特定的环境或状况下，如在火炬管线上进行带压开孔焊接时，为防止发生流量不足或中断，可采用蒸汽、惰性气体或饱和烃类气体进行连续吹扫或冲洗管道，以避免局部热量积聚。

2. 不适于带压开孔动火作业的情形

由于管线或设备是在生产承压状态，所以并不是所有情况适合带压开孔焊接动火作业，需要全面评估焊接时输送介质特性、材质的刚度或强度及存在的缺陷和隐患大小等因素的影响。以下情况不适合开展带压开孔动火作业：

（1）无法检测带压开孔部位材质的减薄或可能存在隐形裂纹或砂眼等缺陷情况。

（2）管道或设备内介质的毒性为极度危害。

（3）带压开孔部位材质的刚度或强度无法满足焊接要求。

（4）带压开孔施焊部位距法兰、螺栓连接部位小于460mm。

（5）输送氧气、富氧空气、氢气、氢氧化钠、胺类及酸类及热敏性化学反应材料、乙烯、乙炔等不饱和烃类、接近或处于爆炸极限范围内的油气混合物的管道设备。

（6）真空条件下及需要焊后热处理的管线或设备。

（7）现场目前安全防护措施无法满足安全施工条件。

3. 带压开孔焊接动火作业准备和实施

作业前的资源筹备是不可或缺的，按惯例从人、机、料、法、环五个方面全面筹划，重点检查确认作业单位及其作业人员资质、开孔工器具完好性、工艺设备变更审批、施工方案编制和审核、作业安全措施落实、应急和逃生准备，以及环境评估等方面，做到施工组织严密、设备机具完好、方案安全可行、现场安全措施落实到位。

开孔部位进行辅助焊接作业前，再次核对开孔作业标识的部位，确认无误后开始焊接带法兰的短节。为了保证焊接部位及短节的强度，还需要在主管焊接部位周围焊接补强圈。焊接完毕后对焊缝着色渗透探伤或射线无损探伤，确认焊缝质量合格后，才能进行下一步阀门安装和钻孔作业。若新安装法兰和阀门部位重量较大可能影响管线或设备安全时，在补强同时须另外架设辅助支架来支撑和固定法兰和阀门，确保设备和作业安全。

在确认开孔短节和法兰焊接完成和阀门安装到位后，方可按操作规程安装开孔机进行钻孔作业。开钻前要确认各连接部件的连接和密封安装，连接符合要求。钻孔时要现场控制人数，一般为2～3人即可。开孔作业结束后要确认新安装阀门无泄漏。

第三节 其他类型特殊动火作业

一般动火作业是在地面较为宽敞之处，按正常的作业许可流程组织实施。但受作业环境和其他因素影响，在非正常环境下也进行一些特殊动火作业，如固定区域动火、交叉动火、受限空间内动火、高处动火及应急情况下的动火作业。这些动火作业要求在办理相关的作业许可手续同时，还需根据其特殊环境风险采取针对性安全控制措施，如高处、受限空间、临时用电、带电体附近、异常天气等动火作业时，要专项分析可能发生高处坠落、中毒窒息、触电、雷击等风险防控。

一、固定区域动火

固定区域动火是指为方便日常维修或施工安装预制作业，允许正常使用电气焊（割）、砂轮、喷灯及其他动火工具从事动火作业的特定区域。通常设置在满足安全动火条件的生产区域或施工区域附近。固定动火区由作业所在单位、作业单位共同管理。固定动火区设置应考虑以下因素：

（1）必须设置在火灾爆炸危险场所之外，距火灾爆炸危险场所的厂房、库房、罐区、设备、装置、窨井、排水沟、水封设施等满足安全距离要求，并应设置在火灾爆炸危险场所全年最小频率风向的下风或侧风方向。

（2）固定动火区内不应存放可燃物及其他杂物，安全距离内不准有易燃易爆物品，室内固定动火区应以实体防火墙与其他部分隔开，门窗外开，室外道路畅通。

（3）位于生产装置区的固定动火区应设置带有声光报警功能的固定式可燃气体检测报警器，配备足够的消防器材。

（4）制定固定区域动火管理制度，指定防火负责人，设有明显的“固定动火区”标志，并标明动火区域界限，并建立应急联络方式和应急措施。

二、高处动火作业

在高处进行动火操作时，由于身处高处最易出现坠落事故。同时往往因活动范围狭窄，有事故征兆也很难紧急回避，故发生事故的可能性比较大，易发生坠落、火灾和物体打击等事故，且事故严重程度高。

为避免高处动火作业坠落事故，首先要搭设可靠作业平台，使用的脚手架、生命线和梯子等使用前要经过完好性检查，验收合格方可使用。同时作业人员要规范穿戴和使用安全带、生命绳、速差保护器等安全防护用品。高处动火作业使用的安全带、救生索等防护装备要防止被动火高温部位融化损坏，最好采用防火阻燃材料。为防止动火作业时高处坠物伤人，作业点下方要按坠落安全半径设置警戒区域，防止无关人员进入。

高处动火时火花飞溅，易引燃动火点周围和下方可燃物，造成火灾事故。要求提前将作业点周围及下方地面上，火星飞落所及范围内的可燃易爆物品应彻底清除。动火时采取防止火花溅落的接火措施，必要时在受其影响范围内设置警戒区域，设置栏杆挡隔，地面派专人监护。每次作业结束后，必须检查是否留下火种，确认安全后才能离开现场。遇五级风以上（含五级风）天气，禁止露天高处作业。

三、受限空间动火作业

受限空间动火作业的危险性，不仅取决于系统清洗、置换处理程度、容器内部结构，还与施工进度、难度、劳动组织协调等密切相关。受限空间动火的主要危险除火灾爆炸外，还要重点防范缺氧、窒息和触电风险。

（一）中毒、窒息

在油罐、塔、釜或其他存在有毒有害、可燃介质的受限空间内动火，存在中毒窒息风险，应采取可靠措施确保受限环境安全达标。在内部物料退净后再进行蒸汽吹扫（或蒸煮），氮气置换或用水冲洗干净，打盲板隔离后，打开上下人孔对流通风，或采用机械强制通风换气，严防出现死角。在进入之前，对受限位空间要对有毒气体、可燃气、氧气含量等进行浓度测量，确认在合格后方可进入。动火作业过程中会大量消耗氧气，需全程连续进行受限空间气体检测。在有可燃物构件和使用可燃物做防腐内衬的设备内部进行动火作业时，应采取防火隔绝措施。在受限空间内实施焊割作业时，气瓶及焊接设备应当放置在受限空间外，停用时气焊割炬要及时移出受限空间，防止泄漏造成作业空间内可燃气体超标。

（二）触电

配电箱等电气设备应放置在受限空间以外。使用手持电动工具应有漏电保护装置。在潮湿容器中，作业人员应站在绝缘板上，同时保证金属容器接地可靠，进入受限空间的电线、电缆、通气管应在进口处进行保护或加强绝缘，应避免与人员出入使用同一出入口。

四、带电体附近动火作业

在动火作业点接近高压线、裸导线或带电体时，在重点考虑触电风险。作业点与带电区域须设置隔离防护，作业时专人在隔离区监护，防止人员靠近或误入，也防止作业设备或材料靠近带电体。尤其当距离小于 2m 时，必须停电、验电并落实接地安全措施，检查确无触电危险后方可作业。电源切断后，应在电源开关上悬挂“有人工作，严禁合闸”警告牌。不得将焊钳、电缆线搭在身上或缠在腰间，也禁止踩在脚下。焊机必须以正确的方法接地（或接零），接地（或接零）装置必须连接良好。焊工必须用干燥的绝缘材料保护自己，避免与工件或地面可能产生的电接触。在坐位或俯位工作时，必须采用绝缘方法防止与导电体的大面积接触。

五、异常天气动火作业

风是影响火灾极重要的因素，不但起到助燃作用，而且可以把已燃烧物体或火星带到其他可燃物所在范围，使火灾迅速蔓延和扩大。大风还加速了易燃物体的水分蒸发，使之更易被点燃。遇五级风以上（含五级风）天气，禁止露天动火作业。因生产确需动火，应采取围挡措施并控制火花飞溅。

无论是下雨、下雪还是大雾天气，环境都会变得潮湿，此时人体电阻会变小。在潮湿环境下进行焊接动火作业，若焊接线路漏电或焊工安全防护不到位，如手套或衣物被打湿了，都极易引发触电事故。空旷处露天高处动火作业脚手架平台应设置接地保护线。

六、应急状态下动火作业

应急抢险情况下的动火作业，除了执行应急管理程序同时，要确认动火环境符合安全条件，落实防火防爆措施后方可进行动火，不满足安全动火条件严禁违章冒险动火。

参考文献

[1]高忠民．气焊工入门与技巧[M]．北京：金盾出版社，2010.

[2]李志飞，黄涛．管道动火开孔黄土封堵工艺参数及施工流程探讨[J]．新疆石油科技，2010(2)：4.

[3]惠喜强．黄油囊隔离技术在输油管道封堵动火中的应用研究[J]．油气田地面工程，2013，32(3)：2.

[4]全国锅炉压力容器标准化技术委员会．钢质管道带压封堵技术规范：GB/T 28055—2011[S]．北京：中国标准出版社，2012.

[5]石油工业安全专业标准化技术委员会．石油工业带压开孔作业安全规程：SY/T 6554—2019[S]．北京：石油工业出版社，2019.

第六章　应急与火灾处置

应急救援是针对动火作业过程中存在的潜在事故，事先制订应急预案，确保在紧急情况发生时，能够及时有效地实施应急和营救，以尽量避免和减少事故的人员伤亡和财产损失，把损失降低到最低程度。非专业人员救护的目的是挽救生命，不是治疗；是防止恶化，不是治愈；是促进恢复，不是复原。作业单位的管理人员和作业人员了解和掌握一些常见的急救和逃生知识是十分必要的，事故初期限时合理的处置，往往会极大降低事故所带来的伤害或损失。

第一节　应急救援装备与消防管理

应急救援装备是指用于应急管理与应急救援的工具、器材、服装、技术力量等，如消防车、监测仪、防化服、隔热服、应急救援专用数据库、GPS、GIS 技术装备等各种各样的物资装备与技术装备。消防管理是预防和控制火灾发生的工作，如防火安全宣传，消防器材的保养和维修等，消防管理保证社会主义现代化建设顺利进行，保护公共财产和居民生命安全的一项重要工作，它可提高全体公民的整体消防安全意识和对火灾危害性的认识。

一、救援装备分类与功能

应急救援装备种类繁多，功能不一，适用性差异大，可按其适用性、具体功能分类。

（一）按适用性分类

应急装备有的适用性很广，有的则具有很强的专业性。根据应急装备的适用性，可分为一般通用性应急装备和特殊专业性应急装备。

1. 一般通用性应急装备

主要包括个体防护装备，如呼吸器、护目镜、安全带等；消防装备，如灭火器、消防锹等；通信装备，如固定电话、移动电话、对讲机［图 6-1（a）］等；报警装备如手摇式报警器［图 6-1（b）］、电铃式报警器等装备。

2. 特殊专业性应急装备

因专业不同而各不相同，可分为消火装备、危险品泄漏控制装备、专用通信装备、医疗装备、电力抢险装备等，例如：

——危险化学品抢险用的防化服，易燃易爆、有毒有害气体监测仪等。

——消防人员用的高温避火服、举高车、救生垫［图 6-2（a）］等。

——医疗抢险用的铲式担架［图 6-2（b）］、氧气瓶、救护车等。

——电工用的绝缘棒、电压表等。

——环境监测装备，如水质分析仪、大气分析仪等。

——气象监测仪，如风向标、风位计等。

——专用通信装备，如卫星电、车载电话等。

——专用信息传送装备如传真机、无线上网笔记本电脑等。

(a) 对讲机　　(b) 手摇式报警

图 6-1　部分通用性应急装备

(a) 救生垫　　(b) 铲式担架

图 6-2　部分特殊专业性应急装备

（二）按具体功能分类

根据应急救援装备的具体功能，可将应急救援装备分为预测预警装备、个体保护装备、通信与信息装备、灭火抢险装备、医疗救护装备、交通运输装备、工程救援装备、应急技术装备 8 大类及若干小类。

（1）预测预警装备：具体包括监测装备、报警装备、联动控制装备、安全标志等。

（2）个体防护装备：具体包括头部防护装备、眼面部防护装备、耳部防护装备、呼吸器官防护装备、躯体防护装备、手部防护装备、脚部防护装备、坠落防护装备。

（3）通信与信息装备：具体包括防爆通信装备、卫星通信装备、信息传输处理装备。

（4）灭火抢险装备：具体包括灭火器、消防车、消防炮、消防栓、破拆工具［图 6-3（a）］、登高工具［图 6-3（b）］、消防照明、救生工具、常压堵漏器材、带压堵漏器材、其他。

（5）医疗救护装备：具体包括多功能急救箱、伤员转运装备、现场急救装备、其他。

（6）交通运输装备：具体包括运输车辆、装卸设备、其他应急车辆。

（7）工程救援装备：具体包括地下金属管线探测设备、起重设备、推土机、挖掘机、探照灯等。

（8）应急技术装备：具体包括 GPS 技术装备、GIS 技术装备、带压载孔装备、无火花堵漏技术装备等。

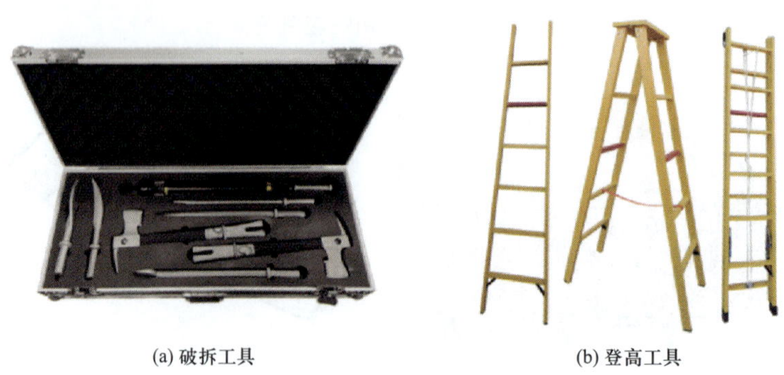

(a) 破拆工具　　(b) 登高工具

图 6-3　部分应急救援装备

（三）救援装备选择

应急救援装备的种类很多，同类产品在功能、使用、质量、价格等方面也存在很大差异，各石油石化行业可以按照以下要求选择：

1. 根据法规要求选择

对法律法规明文要求必备的，必须配备到位。随着应急法治建设的推进，相关的专业应急救援规程、标准、规定必将出现，对于这些规程、标准、规定要求配备的装备必须依法配备到位。

2. 根据预案要求选择

应急预案是应急准备与行动的重要指南，因此，应急救援装备必须依照应急预案的要求进行选择配备。应急预案中需要配备的装备，有些可能明确列出，有些可能只是列出通用性要求。对于明确列出的装备直接“照方抓药”即可而对于没有列出具体名称、只列出通用性要求的设备，则要根据应急救援的实际需求，认真选定，不能有疏漏。

3. 应急救援装备选购

应急救援装备的种类很多，价格差距往往也很大。在选购时，首先要明确需求，其次要考虑到运用的方便，要保证性能稳定、质量可靠，最后要从经济性上选购。应急救援装备像其他产品一样，都会经历一个产生改进、完善的过程。在这个过程中也可能出现因当初设计不合理，甚至存在严重缺陷而被淘汰的产品，对这些淘汰产品必须严禁采用。如果采用这些淘汰产品，极有可能在应急救援行动过程中，降低救援的效率，甚至引发不应发生的次生事故。

二、救援装备配置与维护

（一）数量功能要求

1. 数量要求

作业单位应根据 Q/SY 08136—2017《生产作业现场应急物资配备选用指南》的要求，确保应急救援装备的配备应依法合规配置到位。任何设备都可能损坏，应急救援装备在使用过程中突然出现故障无论从理论上分析，还是从实践中考虑，都会发生。一旦发生故障，不能正常使用，应急行动就很可能被迫中断。因此，对于一些特殊的应急救援装备，必须进行双套配置，当设备出现故障不能正常使用时，立即启用备用设备。

为保证救援行动不出现严重的中断，不受到严重的影响，对应急救援设备的双套配备，应坚持以下原则：

——如有能力，尽可能双套配置，对一些关键设备如通信话机、电源、事故照明等必须双套配置。

——如能力不足或设备性能稳定性高，可单套配置，通过加强维护，并预想设备损坏情况下的应急对策，如通过互助协议寻求支援。

2. 功能要求

应急救援装备的功能要求，就是要求应急救援装备必须完成预案所确定的任务。必须特别注意，对于同样用途的装备，会因使用环境的差异出现不同的功能要求，这就必须根据实际需要提出相应的特殊功能要求。如在高温潮湿的南方，在寒冷低温的北方，需考虑可燃气体监测仪、水质监测仪能否正常工作。许多情况下，应急装备都有其使用温度范围、湿度范围等限制，因此，在一些条件恶劣的特殊环境下，应该特别注意应急救援装备的适用性。

（二）现场使用要求

应急救援装备是用来保障生命财产安全的，必须严格管理、正确使用、仔细维护，使其时刻处于良好的备用状态。同时，有关人员必须会用，确保其功能得到最大程度的发挥。应急救援装备的使用要求主要包括以下几个方面：

——专人管理，职责明确。应急救援装备大到价值百万元的化学抢险救援车，小到普通的防毒面具，都应指定专人管理，明确管理要求，确保装备的妥善管理。

——严格培训，严格考核。要严格按照说明书要求，对使用者进行认真的培训，使其能够正确熟练地使用，并把对应急救援装备的正确使用作为对相关人员的一项严格的考核要求。要特别注意一些貌似简单、实易出错环节的培训与考核。

（三）日常维护要求

对应急救援装备，必须经常进行检查，正确维护，保持随时可用的状态；否则，就可能不仅造成装备因维护不当而损坏，还会因为装备不能正常使用而延误事故处置。应急救援装备的检查维护，必须形成制度化、规范化。应急救援装备的维护，主要包括两种形式：

——定期维护。根据说明书的要求，对有明确的维护周期的，按照规定的维护周期和项目进行定期维控，如气体检测报警仪的定期标定、泡沫灭火剂的定期更换、灭火器的定期水压试验等。

——随机维护。对于没有明确维护周期的，要按照产品书的要求，进行经常性的检查，严格按照规定进行管理。发现异常，及时处理，随时保证应急救援装备完好可用。

三、消防设备设施

消防设备设施是指用于灭火、防火及火灾事故的设备设施，消防器材涉及的面广、种类多。消防设备设施管理的基本要求是：定点摆放，不能随意挪动；定期检查，保证状态完好；定人管理，责任落实到人。任何单位、个人不得损坏、挪用或者擅自拆除、停用消防设施、器材，不得埋压、圈占、遮挡消火栓，不得占用防火间距，不得占用、堵塞、封闭疏散通道、安全出口、消防车通道，人员密集场所的门窗不得设置影响逃生和灭火救援的障碍物。

具有易燃易爆的特性的石油石化行业，如果发生泄漏，遇明火则可能发生火灾或爆炸事故。一旦发生火灾，火势猛烈，火焰温度高、传播速度快，浓烟气浪大，辐射热量强，危害面广；爆炸时产生的冲击波、高热会破坏生产设备，造成人员伤亡。施工作业现场常用消防设备设施主要有灭火器、消防栓、消防沙和消防车等。

（一）常用灭火器

灭火器是一种最常见的消防器材，由筒体、器头、喷嘴等组成，借助驱动压力可将所充装的灭火剂喷出，达到灭火的目的，见图6-4。灭火器由于结构简单，操作方便，轻便灵活，使用面广，是扑救初起火灾的重要消防器材。灭火器的种类很多，按其移动方式分为手提式、推车式和悬挂式；按驱动灭火剂的动力来源可分为储气瓶式、储压式、化学反应式；按所充装的灭火剂则又可分为清水、泡沫、酸碱、二氧化碳、卤代烷、干粉灭火器等。其中干粉灭火器是动火现场常备用的灭火器。目前作业现场配置的主要是干粉灭火器和二氧化碳灭火器。

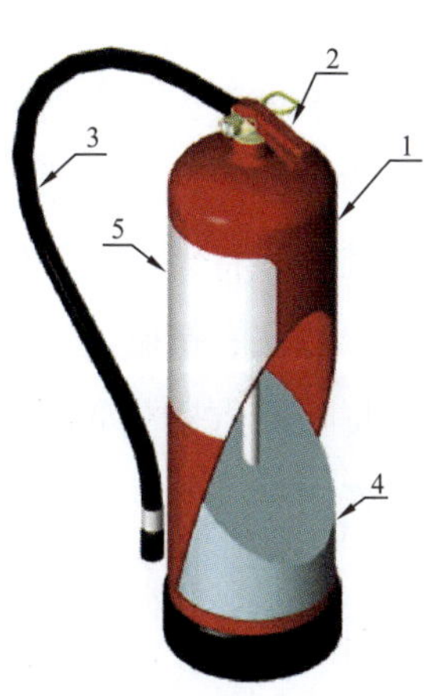

1—罐或筒；2—阀门；3—喉管；4—灭火剂；5—标签

图6-4 灭火器示意图

1. 干粉灭火器

干粉灭火器是目前使用最普遍的灭火器，其有两种类型。一种是碳酸氢钠干粉灭火器，俗称“BC类干粉灭火器”，用于灭液体、气体火灾。另一种是磷酸铵盐干粉灭火器，俗称“ABC类干粉灭火器”，可灭固体、液体、气体火灾，应用范围较广。干粉灭火器主要适用于扑救易燃液体、可燃气体和电气设备的初起火灾，广泛用于加油站、汽车库、实验室、变配电室、煤气站、液化气站、油库、船舶、车辆、工矿企业及公共建筑等场所。

干粉灭火剂灌装在灭火器筒内，在惰性气体（二氧化碳和氮气）压力作用下喷出，形成浓云般的粉雾，覆盖燃烧面，与火焰接触、混合时，发生一系列物理、化学作用，使燃烧的连锁反应中断。同时，干粉灭火剂可以降低残存火焰对燃烧表面的热辐射，并能吸收火焰的部分热量，灭火时分解产生的二氧化碳、水蒸气等对燃烧区内的氧浓度又有稀释作用，抑制燃烧。

1）手提式干粉灭火器使用方法

手提式干粉灭火器（图6-5）使用时，应手提灭火器的提把，迅速赶到火场，在距离起火点3～5m处，在室外使用时注意占据上风方向。使用前先把灭火器上下颠倒几次，使筒内干粉松动。使用时应先拔下铅封和保险销，如有喷射软管的需一只手握住其喷嘴（没有软管的，可扶住灭火器的底圈），另一只手提起灭火器并用力按下压把，干粉便会从喷嘴喷射出来。当手放松时，压把受弹力作用恢复原位，阀门封闭，喷射停止，如果遇零星小火时，可重复开启灭火器阀门，以点射灭火。

干粉灭火器在喷射过程中应始终保持直立状态，不能横卧或颠倒使用，否则不能喷粉。干粉灭火器扑救可燃，易燃液体火灾时，应对准火焰根部左右扫射，并向前推进，将火扑灭。如果被扑救的液体火灾呈流淌燃烧时，应对准火焰根部由近而远，并左右扫射，直至把火焰全部扑灭。在扑救容器内可燃液体火灾时，应注意不能将喷嘴直接对准液面喷射，防止射流的冲击力使可燃液体溅出而扩大火势，造成灭火困难。

干粉灭火器扑救固体可燃物火灾时，应对准燃烧最猛烈处喷射，并上下、左右扫射。如条件许可，操作者可提着灭火器沿着燃烧物的四周边走边喷，使干粉灭火剂均匀地喷在燃烧物的表面上，直至将火焰全部扑灭。

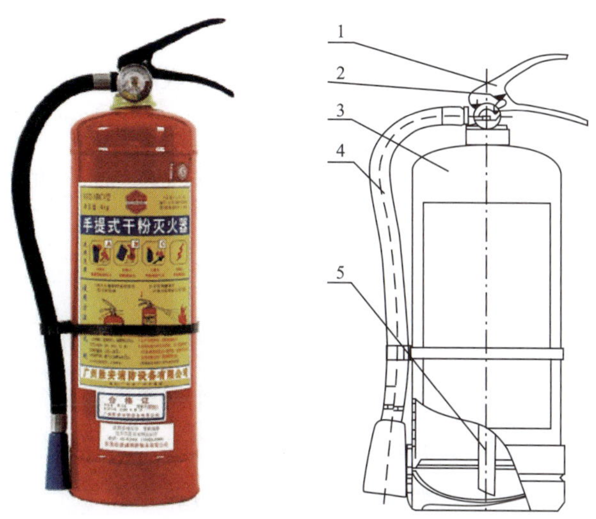

1—虹吸管；2—喷筒总成；3—筒体总成；4—保险装置；5—器头总成

图 6–5 手提式干粉灭火器示意图

2）推车式干粉灭火器的使用方法

推车式干粉灭火器（图 6–6）一般由两人操作。使用时应将灭火器迅速拉到或推到火场，在离起火点 10m 处停下，将灭火器放稳，一人迅速取下喷枪并展开喷射软管，然后一手握住喷枪枪管，另一只手打开喷枪并将喷嘴对准燃烧物；另一人迅速拔出保险销，并向上扳起手柄，灭火剂即喷出。具体的灭火技法与手提式干粉灭火器一样。

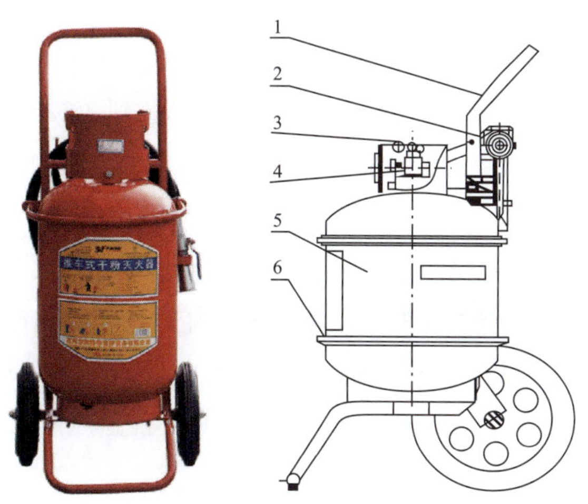

1—车架总成；2—喷筒总成；3—保险装置；4—器头总成；5—筒体总成；6—防护圈

图 6–6 推车式干粉灭火器示意图

3）维护保养要求

干粉灭火器应放置在保护物体附近干燥通风和取用方便的地方。要注意防止受潮和日晒，灭火器各连接件不得松动，喷嘴塞盖不能脱落，保证密封性能。灭火器应按制造厂规定要求定期检查，如发现灭火剂结块或贮气量不足时，应更换灭火剂或补充气量。

2. 二氧化碳灭火器

二氧化碳灭火器充装的是二氧化碳灭火剂。二氧化碳灭火剂平时以液态形式贮存于灭火器中，其主要依靠窒息作用和部分冷却作用灭火。二氧化碳灭火器有手提式和推车式两种。二氧化碳具有较高的密度，约为空气的 1.5 倍。灭火时，二氧化碳气体可以排除空气而包围在燃烧物体的表面或分布于较密闭的空间中，降低可燃物周围或防护空间内的氧浓度，产生窒息作用而灭火。另外，二氧化碳从储存容器中喷出时，会由液体迅速汽化成气体，而从周围吸引部分热量，起到冷却的作用。二氧化碳灭火器适用于扑救 600V 以下的带电电器、贵重设备、图书资料、仪器仪表等场所的初起火灾，以及一般可燃液体的火灾。

1）手提式的使用方法

使用时，可手提或肩扛灭火器迅速赶到火灾现场，在距燃烧物 5m 处，放下灭火器。灭火时一手扳转喷射弯管，如有喷射软管的应握住喷筒根部的手柄，并将喷筒对准火源，另一只手提起灭火器并压下压把，液态的二氧化碳在高压作用下立即喷出且迅速气化。在灭火时，要连续喷射，防止余烬复燃，不可颠倒使用。

应该注意二氧化碳是窒息性气体，对人体有害，在空气中二氧化碳含量达到 8.5%，会发生呼吸困难，血压增高；二氧化碳含量达到 20%～30% 时，呼吸衰弱，精神不振，严重的可能因窒息而死亡。因此，在空气不流通的火场使用二氧化碳灭火器后，必须及时通风。

二氧化碳是以液态存放在钢瓶内的，使用时液体迅速气化吸收本身的热量，使自身温度急剧下降到 −78.5℃左右。利用它来冷却燃烧物质和冲淡燃烧区空气中的含氧量以达到灭火的效果。所以使用二氧化碳灭火器不能直接徒手握住喷管，要戴上手套，动作要迅速，以防止冻伤。如在室外，则不能逆风使用。

2）推车式的使用方法

推车式二氧化碳灭火器一般由两个人操作，使用时应将灭火器推或拉到燃烧处，在离燃烧物 10m 左右停下，一人快速取下喇叭筒并展开喷射软管后，握住喇叭筒根部的手柄并将喷嘴对准燃烧物；另一人快速按逆时针方向旋动阀门的手轮，并开到最大位置，灭火剂即喷出。具体的灭火技法与手提式二氧化碳灭火器一样。

3）维护保养要求

二氧化碳灭火器应放置明显、取用方便的地方，不可放在采暖或加热设备附近和阳光强烈照射的地方，存放温度应为 -10℃～+55℃。定期检查灭火器钢瓶内二氧化碳的存量，如果重量减少十分之一时，应及时补充罐装。在搬运过程中，应轻拿轻放，防止撞击。在寒冷季节使用二氧化碳灭火器时，阀门（开关）开启后，不得时启时闭，以防阀门冻结。

（二）消防栓及附件

消防栓也称消火栓，分室内消火栓和室外消火栓，是一种固定式消防设施，主要作用是控制可燃物、隔绝助燃物、消除着火源，见图 6-7 和图 6-8。箱式消火栓是由消火栓、消防水带及多用雾化水枪和箱体等组成。消防栓主要供消防车从市政给水管网或室外消防给水管网取水实施灭火，也可以直接连接消防水带、消防水枪出水灭火。

图 6-7 室外地上消防栓

图 6-8 室内消防栓

室外消火栓的作用是为水枪和消防车供水，室外地上式消火栓应有直径为 150mm，两个直径为 65mm 大栓口；室外地下式消火栓应有直径为 100mm 和 65mm 的栓口各一个。消火栓旁应设水带箱，箱内应配备 2～6 盘直径 65mm、每盘长度 20m 的带快速接口的水带和 2 支入口直径 65mm 喷嘴直径 19mm 水枪，水带箱距消火栓不宜大于 5mm。

室外消火栓由于处在室外，经常受到自然和人为的损害，所以要经常维护。检查、维护的主要内容：清除阀塞启闭杆端部周围杂物，将专用扳手套于杆头，检查是否合适，转动启闭杆，加注润滑油；用油纱头擦洗出水口螺纹上的锈渍，检查闷盖内橡胶卷圈是否完好；打开消火栓，检查供水情况，在放净锈水后再关闭，并观察有无漏水现象；外表油漆剥落后应及时修补；清除消火栓附近的障碍物，对地下消火栓，消除井内积聚的垃圾、砂土等杂物。

消防水带是火场供水的必备器材，见图 6-9。按材料不同分为麻织、锦织涂胶、尼龙涂胶。按口径不同分为 50mm、65mm、75mm、90mm；按承压不同分为甲、乙、丙、丁四级，水带承受工作压力分别为大于 1MPa、0.8～0.9MPa、0.6～0.7MPa，以及小于 0.6MPa 几种；按照水带长度不同分为 15m、20m、25m、30m。

在室内消防器材配置中，往往还有消防盘管，见图 6-10。消防软管卷盘是由阀门、输入管路、卷盘、软管、水枪等组成，并能在迅速展开软管的过程中喷射灭火剂的灭火设备，又名消防水喉。使用比消防带更方便快捷，只是因口径较小，出水量少，特别适用初期消防处置。

图 6-9　消防水带

图 6-10　消防盘管

由于箱式消火栓和消防软管卷盘，都配有用雾化水枪，可以喷射直流或雾化水流，避免高温设备遇水急冷导致设备破坏，且可由一人操作用于控制局部小火，用之辅以工艺操作的应急事故处理，能够达到扑灭或控制不泄漏的初期火灾的目的。所以，石油企业的工艺装置内、加热炉、甲类气体压缩机、介质温度超过自燃点的热油泵及热油换热设备、长度小于 30m 的油泵房附近等易发生泄漏的火灾多发场所，宜设箱式消火栓或消防软管卷盘，以提高应急防护能力，但其保护半径不应大于 30m。

消防水枪是灭火时用来射水的工具，见图 6-11。其作用是加快流速，增大和改变水流形状。按照水枪口径不同分为 13mm、16mm、19mm、22mm、25mm 等；按照水枪开口形式不同分为直流水枪、开花水枪、喷雾水枪、开花直流水枪几种。

图 6-11 消防水枪

室外低压消火栓的保护半径应按消防车的供水距离确定。根据石油企业生产特点，火灾事故多且蔓延快，要求扑救及时，出水带以不多于 7 根为好。若以 7 根为计算依据，则（20m × 7−10m）× 0.9=117m，其中，10m 为消防队员使用的自由长度，0.9 为敷设水带长度系数，所以规定消火栓的保护半径不应超过 120m。室外高压消火栓的保护半径按串联 6 条水带计算。同理，其供水距离为（20m × 6−10m）× 0.9=99m，因此，室外高压消火栓的保护半径为 100m。

（三）消防沙箱

消防沙箱一般配备在易燃易爆液体或强腐蚀性液体的储存、使用和生产场所，利用消防沙箱可以方便地提供灭火、泄漏液体的吸纳或围堵用的沙土等材料。消防沙箱附近还需要配置消防桶、消防铲等消防设施，每个消防沙箱还需要设置醒目的标识。

消防沙的成分是干燥的细沙相较于一般工业沙颗粒更细，具有良好的密闭性，一般用于扑灭油类的初起火灾，扑救 D 类金属火灾，同时也可用于高温液态物或液体着火时的吸附和阻截。使用时应注意消防沙灭火可能产生的不良后果，由于细沙容易进入设备的内部，从而使一些较为精密的仪器设备毁坏不能正常运转，见图 6−12。

消防沙灭火原理是采用窒息法灭火。阻止空气流入燃烧区或用不燃物质冲淡空气，使燃烧物得不到足够的氧气而熄灭的灭火方法。消防沙要保持干燥，因为有水分的话遇到火后会飞溅，易伤人，以及消防沙具有吸纳易燃液体的功能。所以露天设置的消防沙池应有防雨、防潮措施。使用消防沙需配合消防铁锹、消防桶等物品，将消防沙倾倒在燃烧物上，确保火焰被完全覆盖，直至熄灭。

图 6-12　消防沙

（四）消防毯

消防毯或称消防被、灭火被、防火毯、灭火毯、阻燃毯、逃生毯，见图 6-13。消防毯采用难燃性纤维织物，经特殊工艺处理后加工而成，具有紧密的组织结构和耐高温性，能很好地阻止燃烧或隔离燃烧。灭火毯的灭火原理是覆盖火源、阻隔空气，将灭火毯盖在燃烧的物品上使燃烧无法得到氧气而熄灭，以达到灭火的目的。

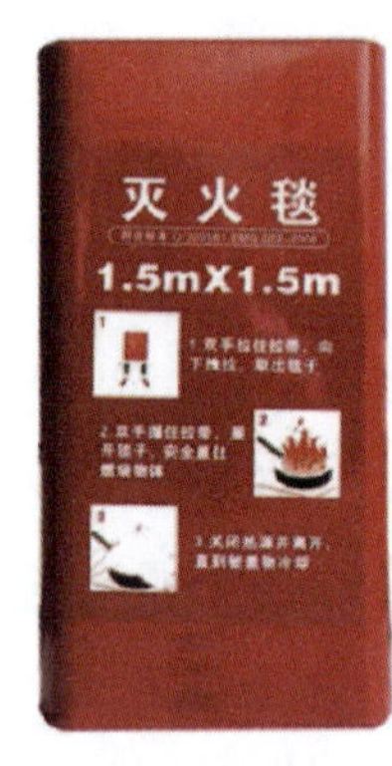

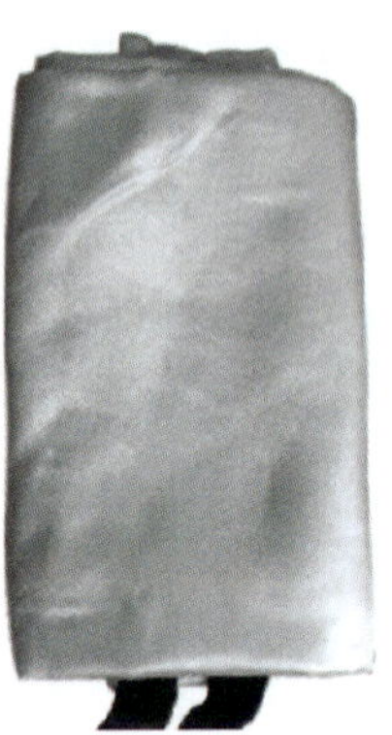

图 6-13　灭火毯

1. 消防毯特点与分类

消防毯具有难燃、耐高温、遇火不延燃、耐腐蚀、抗虫蛀的特性，可有效减少火灾伤害，增加逃生机会，减小人员伤亡，维护人们的生命和财产安全。消防毯根据基材进行分类：可以分为纯棉消防毯、玻璃纤维消防毯、碳素纤维消防毯及陶瓷纤维消防毯等。

2. 消防毯的用途

——初期灭火：在起火初期，将消防毯直接覆盖住火源或着火的物体上，可迅速在短时间内扑灭火源，见图 6-14。

——容器火灾：如容器内的物料、油气着火时，可用消防毯直接覆盖进行窒息灭火。

——抵挡隔离：电弧焊加工、锅炉房及化学实验室等有火花、易引起火灾的场合，能够抵挡火花飞溅、熔渣、烧焊飞溅物等，起到隔离工作场所、分隔工作层、杜绝焊接工作中可能引起的火灾危险。

——火场逃生：将消防毯披裹在身上并戴上防烟面罩，迅速脱离火场。消防毯可隔绝火焰、降低火场高温。

——地震逃生：将消防毯折叠后顶在头上，利用其厚实、有弹性的结构，减轻落物的撞击。

图 6-14 消防毯的用途

3. 消防毯的使用

将消防毯固定或放置于比较显眼且能快速拿取的墙壁上或抽屉内。在起火初期，快速取出消防毯，双手握住两根黑色拉带；将消防毯轻轻抖开，作为盾牌状拿在手中；将消防毯轻轻地覆盖在火焰上，同时切断电源或气源；待着火物体熄灭，且消防毯冷却后，将毯子裹成一团，作为不可燃垃圾处理。在有可燃物构件和使用可燃物做防腐内衬的设备内部进行动火作业时，也可采取消防毯作为防火隔绝措施。

（五）消防车辆

关键生产装置开（停）车与紧急抢修、火灾风险较高的工业动火、生产装置消防水中断、举办大型群众性集会活动，以及其他有可能发生火灾或人员伤亡的生产经营活动，应当安排消防车进行现场监护。

目前我国的火灾消防车有水罐消防车、泵浦消防车、泡沫消防车、高倍泡沫消防车、干粉消防车、二氧化碳消防车、泡沫—干粉联用消防车，见图 6-15。

图 6-15 消防车辆

水罐消防车又称“水箱车”，车上除了消防水泵及器材以外，还设有较大容量的贮水罐及水枪、水炮等，可在不借助外部水源的情况下独立灭火。它也可以从水源吸水直接进行扑救，或向其他消防车和灭火喷射装置供水。在缺水地区也可作供水、输水用车，适合扑救一般性火灾，是公安消防队和职业消防队常备的消防车辆。

泵浦消防车又称“泵车”“泵浦车”，指搭载水泵的消防车，其上装备消防水泵和其他消防器材及乘员座位，抵达现场后可利用现场消防栓或水源直接吸水灭火，也可用来向火场其他灭火喷射设备供水。

干粉消防车主要装备干粉灭火剂罐和干粉喷射装置、消防水泵和消防器材等，主要使用干粉扑救可燃和易燃液体、可燃气体火灾、带电设备火灾，也可以扑救一般物质的火灾。对于大型化工管道火灾，扑救效果尤为显著。干粉消防车是石油企业常备的消防车。

泡沫消防车主要装备消防水泵、水罐、泡沫液罐、泡沫混合系统、泡沫枪、炮及其他消防器材，可以独立扑救火灾。特别适用于扑救石油及其产品等油类火灾，也可以向火场供水和泡沫混合液，是石油企业、输油码头、机场及城市专业消防队必备的消防车辆。

高倍泡沫消防车是指装有装备高倍数泡沫发生装置和消防水泵系统。它可以迅速喷射发泡 400～1000 倍的大量高倍数空气泡沫，使燃烧物表面与空气隔绝，起到窒息和冷却作用，并能排除部分浓烟。高倍泡沫消防车适用于扑救地下室、仓库、船舶等封闭或半封闭建筑场所火灾，效果显著。

二氧化碳消防车装备有二氧化碳灭火剂的高压贮气钢瓶及其成套喷射装置，有的还设有消防水泵。它主要用于扑救贵重设备、精密仪器、重要文物和图书档案等火灾，也可扑救一般物质火灾。

泡沫—干粉联用消防车的车上装备和灭火剂结合了泡沫消防车和干粉消防车的特点，既可以同时喷射不同的灭火剂，也可以单独使用。它适用于扑救可燃气体、易燃液体、有机溶剂和电气设备及一般物质火灾。

四、临时消防车道设置

新建、扩建项目施工现场如无消防车道，应考虑设置临时消防车道。发生火灾时，保障消防车能快速抵达现场展开灭火作业。临时消防车道的设置应符合下列规定：

（一）距离要求

消防车道应满足消防车接近在建工程、办公用房、生活用房和可燃、易燃物品存放区的要求。

（二）空间尺寸

消防车道的净宽和净空高度分别不应小于 4m。

（三）形状设置

消防车道宜设置成环形，如设置环形车道确有困难，应在施工现场设置尺寸不小于 15m × 15m 的回车场。

（四）指示标志

消防车道的右侧应设置消防车行进路线指示标志。

五、动火作业的消防要求

（一）消防安全技术交底

动火作业前，作业所在单位安全人员应向作业人员进行消防安全技术交底，针对具有火灾危险的具体作业场所或工序，向作业人员传授如何预防火灾、扑灭初期火灾、自救逃生等方面的知识、技能。

（二）现场定期检查

作业所在单位、施工作业单位都应定期组织安全管理人员进行现场消防安全检查，确保现场配备的消防设施、器材完好。

（三）消防设施保持完好备用状态

作业期间，严禁损坏或者擅自使用、拆除、停用现场消防设施、器材，不得埋压、圈占消火栓。

（四）消防通道

不得占用防火间距，不得堵塞消防通道。严禁在安全出口或者疏散通道上安装栅栏等影响疏散的障碍物，严禁将安全出口上锁、遮挡，严禁将消防安全疏散指示标志遮挡、覆盖。

第二节 应急救援准备与实施

动火作业应急救援准备工作，主要做好人员、职责、装备三落实，并制订切实可行的应急救援预案，使救援的各项工作达到规范化管理。当施工作业现场意外伤害、危重急症发生后，现场作业人员作为“第一目击者”，应在保证自身安全的前提下，勇敢承担起即时救护工友的职责。人人都应该成为是生命的守护者，人人为我，我为人人，在专业救护人员未到达之前，现场非专业人员的即时救护是非常重要的。不要怕自己不专业，不要在现场焦急地等待专业人员的到达，而是要果断采取“简单、初步、及时、合理、有效”的救护处理。

一、应急救援的准备

石油石化行业平时应组织应急救援队伍和救援专业人员的培训与演练工作，开展对全员自救和互救知识的宣传和安全教育，做好应急救援的装备、器材、物品、药品、经费的管理和使用，进行事故调查，公布事故通报。

（一）救援基本原则

动火作业事故现场应急急救的实施，要求施救者具备良好的心理素质、娴熟的急救技能，同时应遵循一定的急救原则如下。

1. 机智、果断

发生伤亡或意外伤害后 4～8min 是紧急抢救的关键时刻，失去这段宝贵时间，伤员或受害者的伤势会急剧变化，甚至发生死亡。所以要争分夺秒地进行抢救，冷静科学地进行紧急处理。发生重大、恶性或意外事故后，当时在现场或赶到现场的人员要立即向有关部门拨打呼救电话，讲清事发地点、简要概况和紧急救援内容，同时要迅速了解事故或现场情况，机智、果断、迅速和因地制宜地采取有效应急措施和安全对策，防止事故、事态和当事人伤害的进一步扩大。

2. 及时、稳妥

当事故或灾害现场十分危险或危急，伤亡或灾情可能会进一步扩大时，现场救护人员一定要判断环境是否安全，在采取措施确保急救人员自身安全后，及时稳妥地帮助伤（病）员或受害者脱离危险区域或危险源，在紧急救援或急救过程中，要防止发生二次事故或次生事故，并要采取措施确保急救人员自身和伤病员或受害者的安全。

3. 正确、迅速

要正确迅速地检查伤（病）员、受害者的情况，如发现心跳呼吸停止，要立即进行人工呼吸、心脏按压，一直坚持到医生到来；如伤（病）员和受害者出现大出血，要立即进行止血；如发生骨折，要设法进行固定等。医生到后，要简要反映伤（病）员的情况、急救过程和采取的措施，并协助医生继续进行抢救。

4. 细致、全面

对伤（病）员或受害者的检查要细致、全面，特别是当伤（病）员或受害者暂时没有生命危险时，要再次进行检查，不能粗心大意，防止临阵慌乱、疏忽漏项。对头部伤害的人员，要注意跟踪观察和对症处理。

在给伤员急救处理之前，首先必须了解伤员受伤的部位和伤势，观察伤情的变化。需急救的人员伤情往往比较严重，要对伤员重要的体征、症状、伤情进行了解，绝不能疏忽遗漏。通常在现场要作简单的体检。现场简单体检包括：

心跳检查——正常人每分钟心跳为 60～80 次，严重创伤，失血过多的伤员，心跳增快，且力量较弱，脉细而快。

呼吸检查——正常人每分钟呼吸数为 16～18 次，危重伤员，呼吸变快、变浅不规则，直至呼吸停止。通过观察伤员胸廓起伏可知有无呼吸。有呼吸极其微弱，不易看到胸廓明显的起伏，可以用一小片棉花或薄纸片、较轻的小树叶等放在伤员鼻孔旁，看这些物体是否随呼吸飘动。

瞳孔检查——正常人两眼的瞳孔等大、等圆，遇光线能迅速收缩。受到严重伤害的伤员，两瞳孔大小不一，可能缩小或放大，用电筒光线刺激时，瞳孔不收缩或收缩迟钝。当其瞳孔逐步散大、固定不动、对光的反应消失时，伤员濒临死亡。

（二）救援人员职责

凡从事动火作业的企业均应建立本单位的应急救援组织机构，明确救援执行部门和专用电话，制定救援协作网，以提高应急救援行动中协同作战的效能，便于做好事故自救。

——应急救援专家组。在应急救援行动中，对事故危害进行预测，为救援的决策提供依据和方案。平时应做好调查与研究，当好领导参谋。

——医疗救护人员。在事故发生后，尽快赶赴事故现场，设立现场医疗急救站对伤员进行分类和急救处理，并及时向后方医院转送。对其他救援人员进行医学监护，以及为现场救援指挥机构提供医学咨询。平时应加强技术培训和急救准备。

——应急救援专业队。在应急救援行动中，应在做好自身防护的基础上快速实施救援。应尽快地测定出事故的危害区域，检测动火作业火灾的性质及危害程度。尽快堵住泄漏源，做好毒物的清消工作，并将伤员救出危险区域和组织群众撤离、疏散。

二、处置方案与演练

石油石化行业发生的许多重大及以上火灾、爆炸和中毒事故是由小的事件或事故未得到及时有效控制而造成的。当实施动火作业时，如发生工艺控制指标异常、设备故障、管线阀门泄漏、油气聚集，能及时进行处置和有效控制，就能避免事故的扩大。所以，制订现场处置方案是非常必要的。

（一）事故风险分析

作业单位编制现场处置方案的前提是进行事故风险分析，一般可采用安全检查表法、工作前安全分析（JSA）法等进行动火作业事故风险分析、让作业人员参与事故风险分析，现场处置方案才能落到实处。事故风险分析主要包括以下内容：

——事故类型，分析本岗位可能发生的潜在事件、突发事故类型。

——事故发生的区域、地点或装置的名称，分析最容易发生事故的区域、地点、装置部位或工艺过程的名称。

——事故发生的可能时间、事故的危害严重程度及其影响范围。

——事故后果，分析导致事故发生的途径和事故可能造成的危害程度。

——事故前可能出现的征兆。

——事故可能引发的次生、衍生事故。

（二）预案主要内容

现场处置方案是根据不同生产安全事故类型，针对具体场所、装置或者设施制订的应急处置措施。现场处置方案重点规范事故风险描述、应急工作职责、应急处置措施和注意事项等内容，应体现自救互救、信息报告和先期处置的特点。

现场处置方案应具体、简单、针对性强。要求事故相关人员应知应会，熟练掌握，并通过应急演练，做到迅速反应、正确处置。现场处置方案的内容与结构如下：

1. 事故风险描述

简述事故风险评估的结果（可用列表的形式列在附件中）。

2. 应急工作职责

根据现场工作岗位、组织形式及人员构成，明确各岗位人员的应急工作分工和职责、应急自救组织形式及人员构成情况（最好用图表的形式）。

3. 应急处置

——应急处置程序。根据可能发生的事故及现场情况，明确事故报警、各项应急措施启动、应急救护人员的引导、事故扩大及同应急预案的衔接程序。包括生产安全事故应急救援预案、消防预案、环境突发事件应急预案、供电预案、特种设备应急预案等。

——现场应急处置措施。针对可能发生的火灾、爆炸等，从人员救护、工艺操作、事故控制、消防、现场恢复等方面制订明确的应急处置措施，尽可能详细且简明扼要、可操作性强。

——针对可能发生的事故从人员救护、工艺操作、事故控制、消防、现场恢复等方面制订明确的应急处置措施。

——明确报警负责人及报警电话，以及上级管理部门、相关应急救援单位联络方式和联系人员，事故报告基本要求和内容。

4. 注意事项

包括人员防护和自救互救、装备使用、现场安全等方面的内容。

——佩戴个人防护器具方面的注意事项。

——使用抢险救援器材方面的注意事项。

——采取救援对策或措施方面的注意事项。

——现场自救和互救的注意事项。

——现场应急处置能力确认和人员安全防护等的注意事项。

——其他需要特别警示的事项。

5. 相关附件

列出应急预案涉及的重要物资和装备名称、型号、存放地点和联系电话等。

（三）应急预案演练

开展动火作业前应开展桌面或实战应急预案演练，首先应进行现场检查，确认演练所需的工具、设备、设施、技术资料及参演人员到位。对应急演练安全设备、设施进行检查确认正常完好。其次，应对参演人员进行情况说明，使其了解应急演练要求、场景及主要内容、岗位职责和注意事项。

1. 桌面演练

在桌面演练过程中，演练执行人员按照现场处置预案发出信息指令后，参演人员依据接收到的信息，以回答问题或模拟推演的形式，完成应急处置活动。通常按照四个环节循环进行：

——注入信息：执行人员通过多媒体文件、口述等多种形式向参演人员展示应急演练场景，展现生产安全事故发生发展情况。

——提出问题：在每个演练场景中，由执行人员在场景展现完毕后提出一个或多个问题，或者在场景展现过程中自动呈现应急处置任务，供应急演练参与人员根据各自角色和职责分工展开讨论。

——分析决策：根据执行人员提出的问题或所展现的应急决策处置任务及场景信息，参演人员分组开展思考讨论，形成处置决策意见。

——表达结果：在组内讨论结束后，各组代表按要求口头阐述本组的分析决策结果，或者通过模拟操作与动作展示应急处置活动。各组决策结果表达结束后，导调人员可对演练情况进行简要讲解，接着注入新的信息。

2. 实战演练执行

按照现场应急处置预案进行现场应急演练，有序推进各个场景，开展现场点评，完成各项应急演练活动，妥善处理各类突发情况。实战演练执行主要按照以下步骤进行：

——现场指挥按照应急处置预案向参演人员发出信息指令传递相关信息，控制演练进程；信息指令可由人工传递，也可以用对口头、讲机、手机方式传送，或者通过特定声音、标志呈现。

——各参演人员根据导调信息和指令，依据应急处置预案规定流程，按照发生真实事件时的应急处置程序，采取相应的应急处置行动。

——应急演练过程中，参演人员应随时掌握应急演练进展情况，并注意应急演练中出现的各种问题，并做出信息反馈。

——演练实施过程中，可安排专门人员采用文字、照片和音像手段记录演练过程。完成各项演练内容后，参演人员进行人数清点、讲评和总结。

在应急演练实施过程中，出现特殊或意外情况，短时间内不能妥善处理或解决时，应立即中断应急演练。

三、应急救援的实施

应急救援工作的组织与实施好坏直接关系到整个救援工作的成败。在错综复杂的救援工作中，组织工作显得更为重要。有条不紊的组织是实施应急救援的基本保证。应急救援的实施可按以下基本步骤进行。

（一）救援接报与通知

准确了解事故性质和规模等初始信息，是决定启动应急救援的关键，是实施救援工作的第一步，对成功实施救援起到重要的作用。接报作为应急救援的第一步，必须对接报与通知要求作出明确规定。

（1）应明确 24h 报警电话，建立接报与事故通报程序。

（2）列出所有的通知对象及电话，将事故信息及时按对象及电话清单通知。

（3）接报人员一般由总值班担任。接报人员必须掌握以下情况：

——报告人姓名、单位部门和联系电话。

——事故发生的时间、地点、事故单位、事故原因、主要毒物、事故性质、危害波及范围和程度。

——对救援的要求，同时做好电话记录。

（4）接报人员在掌握基本事故情况后，立即通告企业领导层，报告事故情况，并按救援程序，派出救援队伍。

（5）保持与急救队伍的联系，并视事故发展状况，必要时派出后继梯队给予增援。

（6）向上级有关部门报告，通报信息内容如下：

——已发生事故的企业名称和地址。

——通报人的姓名和电话号码。

——泄漏化学物质名称，该物质是否为极度危害物质。

——泄漏时间或预期持续时间。

——实际泄漏量或估算泄漏量，是否会产生企业外效应，可能对社会的危害程度。

——泄漏发生的介质。

——已知或预期事故的急性或慢性健康危害和关于接触人员的医疗建议及防护措施。

——应该或已采取的应急救援措施。

——是否要求社会救援及有关建议。

——其他，如风向、风速等气象条件等。

（二）现场急救基本要求

进行急救时，不论患者还是救援人员都需要进行适当的防护。特别是把患者从严重污染的场所救出时，救援人员必须加以预防，避免成为新的受害者。

1. 现场急救的注意事项

——应将受伤人员小心地从危险的环境转移到安全的地点。

——必须要注意安全防护，备好防毒面罩和防护服。

——随时注意现场风向的变化，做好自身防护。

——进入污染区前，必须戴好防毒面罩、穿好防护服，并应以 2～3 人为一组，集体行动，互相照应。

——带好通信联系工具，随时保持通信联系。

——所用的救援器材必须是防爆的。

——急救处理程序化，可采取除去伤病员污染衣物—冲洗—共性处理—个性处理—转送医院等步骤。

——处理污染物，要注意对伤员污染衣物的处理，防止发生继发性损害。

2. 一般伤员的急救原则

——置神志不清的病员于侧位，防止气道梗阻，呼吸困难时给予氧气吸入；呼吸停止时立即进行人工呼吸；心脏停止者立即进行胸外心脏按压。

——皮肤污染时，脱去污染的衣服，用流动清水冲洗；头面部灼伤时，要注意眼耳、鼻、口腔的清洗。

——眼睛污染时，立即提起眼睑，用大量流动清水彻底冲洗至少 15min。

——当人员发生冻伤时，应迅速复温。复温的方法是采用 40～42℃恒温热水浸泡使其在 15～30min 内温度提高至接近正常。在对冻伤的部位进行轻柔按摩时，应注意不要将伤处的皮肤擦破，以防感染。

——当人员发生烧伤时，应迅速将患者衣服脱去，用水冲洗降温，用清洁布覆盖创伤面，避免创伤面污染；不要任意把水疱弄破。患者口渴时，可适量饮水或含盐饮料。

——口服者，可根据物料性质，对症处理；有必要时进行洗胃。

——经现场处理后，应迅速护送至医院救治。

3. 开展现场救治

在事故发生现场，应尽快设立现场救援指挥部和医疗急救点，位置宜在上风处交通较便利、畅通的区域，能保证水、电供应，并有醒目的标志，方便救援人员和伤员识别，悬挂的旗帜应用轻质面料制作，以便救援人员随时掌握现场风向。

各救援队伍进入救援现场后，向现场指挥部报到。其目的是接受任务，了解现场情况，便于统一实施救援工作。进入现场的救援队伍要尽快按照各自的职责和任务开展工作，尽力做到“快速、合理、高效”。

——现场救援指挥要尽快地开通通信网络，迅速查明事故原因、危险化学品种类和危害程度；征求专家意见，制订救援方案；指挥救援行动；随时向上级有关部门汇报事故进展，并接受社会支援。

——侦检队应快速检测化学危险物品的性质和危害程度，为测定或推算出事故的危害区域提供有关数据。

——工程救援队应尽快堵住毒源，将伤员救离危险区域，协助做好群众的组织撤离和疏散，做好毒物的清消工作。

——现场急救医疗队应尽快将伤员就地简易分类，按类急救和做好安全转送。同时应对救援人员进行医学监护，并为现场救援指挥部提供医学咨询。

——救援结束指应急救援工作结束后，离开现场或救援后的临时性转移。在救援行动中应随时注意气象和事故发展的变化，一旦发现所处的区域受到污染或将被污染时，应立即向安全区转移，在转移过程中应注意安全，保持与救援指挥部和各救援队的联系。救援工作结束后，各救援队撤离现场以前须取得现场指挥部的同意。撤离前要做好现场的清理工作，并注意安全。

（三）化学品泄漏时的急救

在可能或确已发生化学品泄漏的作业场所，当突然出现头晕、头疼、恶心、欲吐或无力等症状时，必须先想到有发生中毒的可能性，根据实际情况采取有效对策施行自救。

1. 学会自救

——第一时间启用报警设施，特别是在受限空间作业人员，应立即以事先约定好的沟通方式向监护人报警。

——现场作业人员应憋住气，迅速观察风向标，逆风跑出危险区。如遇风向与释放源方向相同时，应往侧面方向跑。

——若有可能，迅速将身边能利用的衣服、毛巾、口罩等用水浸湿后，捂住口鼻脱离现场，以免吸入有毒气体。

——如果是在无围栏的高处，以最快的速度抓住东西或趴倒在上风侧，尽量避免接下来，可能出现昏迷时坠落。

——发生大量泄漏事故的瞬间，闭住或用手捂住眼睛，防止有毒有害液体溅入眼内；如眼睛、皮肤、毛发被化学物质沾污，立即到流动的清洁水下冲洗；如果沾染衣服、鞋袜，均应立即脱去，后冲洗皮肤。

2. 现场救援

——现场救援人员首先摸清被救者所处的环境，要选择合适的防毒面具或呼吸器（隔离式呼吸器为首选），身上缚以救护绳，在做好自身防护的前提下，将中毒者救出至空气新鲜处。处理人员应从上风处接近现场，严禁在无任何防护装备的前提下，盲目救人。

——若有人已吸入化学毒气中毒，应立即将中毒者移到新鲜空气处，静卧，松解衣带，头部偏向一侧，注意保暖，吸氧。呼吸困难者可加压给氧，心脏骤停者应立即予以心脏按压。

3. 急救处置

——眼部化学灼伤后，必须争取时间，用附近的洗眼器或就近取得清水，分开眼睑充分冲洗，至少持续 10min。注意冲洗液自流压力不要过大，冲洗要及时、充分。如颜面未受严重污染或灼伤，亦可采取浸洗，即将眼浸入水盆中，频频眨眼，效果也好。经初步清洗后，送医院救治。

——如果化学物质沾污皮肤或者烫伤，立即用大量流动清水冲洗，毛发也不例外。如果沾污衣服、鞋袜，均应立即脱去，然后用大量流动清水冲洗皮肤。冲洗皮肤和头发时要保护眼睛。

——对于腐蚀性强的化学物质如硫酸、硝酸、氢氧化钠等溶液，必须使用大流量冲淋器，争取在短时间内将污染物清洗干净。对无法自行冲洗的患者，救援人员应注意自身保护，并在对患者冲洗时继续进行其他基本救护。一般不主张随意使用中和剂清洗。经初步清洗后，送医院救治。

——被烫伤以后，要尽快脱离热源，然后用凉水冲洗患处，一般要 20min 左右，或是直到疼痛感明显降低才行。然后包扎，并送往医院，千万不要随意上药。烫伤面积如果过大，要采取口服温水或静滴盐水的方法进行补水，以防脱水后静脉不显难以注射用药。

——针对硫化氢中毒的患者，立即将其撤离现场，移至新鲜空气处，解开衣扣，及时清除口腔内异物，保持其呼吸道的通畅，有条件时，还应给予氧气吸入，对中、重度中毒者可采用高压氧治疗，保持呼吸道通畅。有眼部损伤者，应尽快用清水反复冲洗，并给以抗生素眼膏或眼药水滴眼，每日数次，直至炎症好转。对呼吸、心跳骤停者，取平卧位，立即进行心肺复苏。在施行口对口人工呼吸时，施救者应防止吸入患者的呼出气或衣服内逸出的硫化氢，以免发生二次中毒，建议采取口对鼻进行人工呼吸。

第三节 火灾处置与逃生

《中华人民共和国消防法》规定：任何人发现火灾时，都应当立即报警。任何单位、个人都应当无偿为报警提供便利，不得阻拦报警。严禁谎报火警。火灾初期阶段是灭火的最好时机，因此此时燃烧面积不大，火焰不高，火势发展比较慢，如发现及时，灭火措施得当，就能很快扑灭火灾，避免重大损失。

一、火灾的类型与扑救

所有作业人员"四懂、四会"消防知识，懂得岗位火灾的危险性，懂得预防火灾的措施，懂得扑救火灾的方法，懂得逃生的方法；会使用消防器材，会报火警，会扑救初期火灾，会组织疏散逃生。

（一）火灾的分类

依据 GB/T 4968—2008《火灾分类》标准，按照可燃物的类型和燃烧特性，将火灾分为 A、B、C、D、E、F 六个不同的类别。

A 类火灾：固体物质火灾。这种物质往往具有有机物质性质，一般在燃烧时产生灼热的余烬。如木材、煤、棉、毛、麻、纸张等火灾。

B 类火灾：液体火灾或可熔化的固体物质火灾。如汽油、煤油、柴油、原油、甲醇、乙醇、沥青、石蜡等火灾。

C 类火灾：气体火灾。如煤气、天然气、甲烷、乙烷、丙烷、氢气等火灾。

D 类火灾：金属火灾。如钾、钠、镁、铝镁合金等火灾。

E 类火灾：带电物体和精密仪器等物质的火灾。

F 类火灾：烹饪器具内的烹饪物（如动植物油脂）火灾。

根据不同种类火灾，选择相适应的灭火器。扑救 A 类火灾应选用水型、泡沫型、磷酸铵盐干粉型、卤代烷型灭火器，扑救 B 类火灾应选用干粉、泡沫、卤代烷和二氧化碳型灭火器，扑救 C 类火灾应选用干粉、卤代烷和二氧化碳型灭火器，扑救带电设备火灾应选用卤代烷、二氧化碳和干粉型灭火器。

（二）灭火的方法

所有灭火方法都是为了破坏已经产生的燃烧条件，只要失去其中任何一个条件，燃烧就会停止。但由于在灭火时，燃烧已经开始，控制点火源已经没有意义，主要是消除可燃物和助燃物这两个条件。根据物质燃烧原理及与火灾扑救的实践经验，灭火的基本方法可以归纳为 4 种，即冷却、隔离、窒息和化学抑制。前 3 种灭火作用主要是物理过程，化学抑制是一个化学过程。不论是使用灭火器还是通过其他机械方式来灭火，都是利用上述四种原理中的一种或多种结合来实现的。

1. 冷却灭火法

这种灭火法的原理是将灭火剂直接喷射到燃烧的物体上，以降低燃烧的温度于燃点之下，使燃烧停止；或者将灭火剂喷洒在火源附近的物质上，使其不因火焰热辐射作用而形成新的火点。冷却灭火法是灭火的一种主要方法，常用水和二氧化碳作灭火剂冷却降温灭火。灭火剂在灭火过程中不参与燃烧过程中的化学反应。这种方法属于物理灭火方法。

2. 隔离灭火法

隔离灭火法是将正在燃烧的物质和周围未燃烧的可燃物质隔离或移开，中断可燃物质的供给，使燃烧因缺少可燃物而停止。具体方法有：把火源附近的可燃、易燃、易爆和助燃物品移至安全地；关闭可燃气体、液体管道的阀门，以减少和阻止可燃物质进入燃烧区；设法阻拦流散的易燃、可燃液体；拆除与火源相毗连的易燃建筑物，形成防止火势蔓延的空间地带；用泡沫覆盖已着火的易燃液体表面，把燃烧区与液面隔开，阻止可燃蒸气进区。

3. 窒息灭火法

窒息灭火法是阻止空气流入燃烧区，或用不燃烧区或用不燃物质冲淡空气，使燃烧物得不到足够的氧气而熄灭的灭火方法。具体方法有：可用沙土、水泥、湿麻袋、湿棉被等不燃或难燃物质覆盖燃烧物；喷洒雾状水、干粉、泡沫等灭火剂覆盖燃烧物；用水蒸气或氮气、二氧化碳等惰性气体灌注发生火灾的容器、设备，或用防火毯、湿麻袋、湿棉被直接覆盖发生火灾容器口；密闭起火建筑、设备和孔洞，阻止新鲜空气流入等；把不燃的气体或不燃液体（如二氧化碳、氮气、四氯化碳等）喷洒到燃烧物区域内或燃烧物上。

窒息灭火法注意事项：

——此法适用于扑救燃烧部位空间较小，容易堵塞封闭的空间、生产及贮运设备内发生的火灾，而且燃烧区域内应没有氧化剂存在。

——在采用水淹办法救火时，必须考虑到水对可燃物质接触后是否会产生不良后果（应特别注意遇水反应的化学品和剧毒化学品），如产生则不能用。

——采用此法时，必须在确认火已熄灭后，方可打开孔洞进行检查。严防因过早打开封闭的空间或设备，新鲜空气流入导致复燃。

4. 化学抑制灭火法

窒息、冷却、隔离灭火法，在灭火过程中，灭火剂不参与燃烧反应，属于物理灭火方法。化学抑制灭火法是根据燃烧的连锁反应原理，将灭火剂喷向燃烧物，抑制火焰，使燃烧过程产生的游离基（自由基）消失，从而导致燃烧停止。物质的有焰燃烧都是通过链锁反应来进行的。在碳氢化合物燃烧的火焰中，维持其链锁反应的自由基主要是 H、OH 和 O。因此，如果能够有效地抑制自由基的产生或者能够迅速降低火焰中 H、OH、O 等自由基的浓度，那么燃烧就会中止。卤代烷灭火剂在火焰的高温作用下产生的自由基 Br、Cl 及干粉灭火剂的粉粒，都是捕获自由基的能手，从而导致火焰的熄灭。

（三）初起火灾处置

火灾初起阶段是灭火的最好时机，因为此时燃烧面积不大，火焰不高，火势发展比较慢，如发现及时，灭火措施得当，就能很快扑灭火灾，避免重大损失。扑救初期火灾时，应迅速切断进入火灾事故地点的一切物料。在火灾尚未扩大到不可控制之前，应使用移动式灭火器或现场其他各种消防设备、器材扑灭初期火灾和控制火源。

1. 断绝可燃物

——将燃烧点附近可能成为火势蔓延的可燃物移走。

——关闭有关阀门，切断流向燃烧点的可燃气体和液体。

——打开有关阀门，将已经燃烧的容器中的可燃物料通过管道导至安全地带。

——将受到火势威胁的压力容器、设备应立即停止向内传输物料，并将容器内物料设法导走。

——将受到火势威胁的易燃易爆场所，压力容器、槽车等疏散到安全地区。

——采用现场消防沙或泥土、黄沙筑堤等方法，阻止流淌火或可燃液体流向燃烧点。

2. 冷却

——事发区域如有消防给水系统、喷淋系统、消防车或，应使用这些设施降温、灭火。

——事发区域如配有相应的灭火器，则使用这些灭火器灭火。

——事发如缺乏消防器材设施，则应使用简单工具灭火，如水桶、面盆等。

——停止对压力容器加温，打开冷却系统阀门，对压力容器设备进行冷却。

——有手动放空泄压装置的，应立即打开有关阀门放空泄压。

3. 窒息

——使用泡沫灭火器喷射泡沫覆盖燃烧物表面。

——利用容器、设备的顶盖，盖没燃烧区，如油锅着火时，立即盖上锅盖。

——利用消防毯，或毯子、棉被、麻袋等浸湿后，覆盖燃烧物表面。

——用沙、土覆盖燃烧物，如对忌水的物质，则必须用干燥沙土扑救。

——对封闭条件较好的小面积室内着火，在未做好灭火准备前，先关闭门窗，以阻止新鲜空气进入。

4. 其他方式

——如发生电气火灾，或者火势威胁到电气线路、电气设备，或电气灭火人员安全时，首先要切断电源。如使用水、泡沫灭火剂等灭火，必须在切断电源以后进行。

——对小面积草地、灌木及其他固体可燃物燃烧，火势较小，可用扫帚、树枝条、衣物扑打。

二、各类火灾处置方法

火灾初起阶段是灭火的最好时机，因为此时燃烧面积不大，火焰不高，火势发展比较慢，如发现及时，灭火措施得当，就能很快扑灭火灾，避免重大损失。所以发现火灾险情时，在力所能及的情况下，应第一时间进行火灾的补救。

动火作业最容易发生火灾、爆炸事故，但不同的动火作业及在不同情况下发生火灾时，其扑救方法差异很大，若处置不当，不仅不能有效扑灭火灾，反而会使灾情进一步扩大。现场人员时应熟悉和掌握化学品的主要危险特性及其相应的灭火措施，并在动火作业前进行防火演习，加强应变与处置能力。一旦发生火灾，每个作业人员都应清楚地知道他们的作用和职责，掌握有关消防设施、人员的疏散程序和危险化学品灭火的特殊要求等内容。

扑救化学品火灾时应注意，灭火人员不应单独灭火，出口应始终保持清洁和畅通，要选择正确的灭火剂，考虑人员的安全。扑救危险化学品火灾决不可盲目行动，应针对每一类化学品，选择正确的灭火剂和灭火方法来安全地控制火灾。待消防队到达后，介绍物料介质，配合扑救。根据不同的类型火灾，应采用不同的扑救方法。

（一）压缩或液化气体火灾

常见压缩天然气或石油液化气体总是被储存在不同的容器内，或通过管道输送。其中，储存在较小钢瓶内的气体压力较高，受热或受火焰熏烤容易发生爆裂。

气体泄漏后遇火源已形成稳定燃烧时，其发生爆炸或再次爆炸的危险性与可燃气体泄漏未燃时相比要小得多。遇压缩或液化气体火灾，一般应采取以下基本对策：

——切忌盲目扑灭火势，在没有采取堵漏措施的情况下，必须保持稳定燃烧；否则，大量可燃气体泄漏出来与空气混合，遇到火源就会发生爆炸，后果将不堪设想。

——首先应扑灭外围被火源引燃的可燃物，切断火势蔓延途径，控制燃烧范围并积极抢救受伤和被困人员。

——如果火势中有受到火焰辐射热威胁的压力容器，能疏散的应尽量在水枪的掩护下疏散到安全地带，不能疏散的应部署足够的水枪进行冷却保护。

——为防止容器爆裂伤人，进行冷却的人员应尽量采用低姿射水或利用现场坚实的掩蔽体防护。对卧式贮罐，冷却人员应选择贮罐四侧角作为射水阵地。

——如果是输气管道泄漏着火，应设法关闭气源阀门。如阀门完好，只要关闭气体进出阀门，火势就会自动熄灭。

——贮罐或管道泄漏关阀无效时，应根据火势判断气体压力和泄漏口的大小及其形状，准备好相应的堵漏材料，如软木塞、橡皮塞、气囊塞、黏合剂、弯管工具等。

——堵漏工作准备就绪后，即可用水扑救火情，也可用干粉、二氧化碳、卤代烷灭火，但仍需用水冷却烧烫的罐或管壁。火扑灭后，应立即用堵漏材料堵漏，同时用雾状水稀释和驱散泄漏出来的气体。

——如果确认泄漏口非常大，现场根本无法堵漏，只需冷却着火容器及其周围容器和可燃物品，控制着火范围，直到燃气燃尽，火势自动熄灭。

现场指挥应密切注意各种危险征兆，遇有火势熄灭后较长时间未能恢复稳定燃烧或受热辐射的容器安全阀火焰变亮耀眼、尖叫、晃动等爆裂征兆时，指挥员必须适时作出准确判断，及时下达撤退命令。现场人员看到或听到事先规定的撤退信号后，应迅速撤退至安全地带。

（二）易燃液体火灾

原油、轻烃、汽柴油等易燃液体通常也是贮存在容器内或管道内贮存或输送的。与气体不同的是，液体容器有的密闭，有的敞开，一般都是常压，只有输送管道内的液体压力较高，不管是否着火，如果发生泄漏或溢出，都将顺着地面或水面漂散流淌，而且易燃液体还有密度和水溶性等涉及能否用水和普通泡沫扑救的问题，以及危险性很大的沸溢和喷溅问题，因此，扑救易燃液体火灾往往也是一场艰难的战斗。遇易燃液体火灾，一般应采用以下基本对策：

——首先应切断火势蔓延的途径，冷却受火势威胁的压力及密闭容器，移除可燃物，控制燃烧范围，并积极抢救受伤和被困人员。如有液体流淌时，应筑堤或用围油栏进行拦截，飘散流淌的易燃液体可挖沟导流。

——及时了解和掌握着火液体的品名、密度、水溶性、毒性、腐蚀、沸溢、喷溅等危险性，以便采取相应的灭火和防护措施。对较大的贮罐或流淌火灾，应准确判断着火面积和液体性质，采取相应灭火措施。

——小面积（一般 $50m^2$ 以内）液体火灾，一般可用雾状水扑灭，用泡沫、干粉、二氧化碳、卤代烷灭火一般更有效。大面积液体火灾必须根据其相对密度（比重）、水溶性和燃烧面积大小，选择正确的灭火剂扑救。

——比水轻又不溶于水的液体（如汽油等），用直流水、雾状水灭火往往无效，可用普通蛋白泡沫或轻水泡沫灭火。用干粉、卤代烷扑救时，灭火效果要视燃烧面积大小和燃烧条件而定，最好用水冷却罐壁。

——比水重又不溶于水的液体（如二硫化碳）起火时可用水扑救，水能覆盖在液面上灭火，用泡沫也有效。用干粉、卤代烷扑救时，灭火效果要视燃烧面积大小和燃烧条件而定，最好用水冷却罐壁。

——具有水溶性的可燃液体（如醇类、酮类等），虽然从理论上讲能用水稀释扑救，但用此法要使液体闪点消失，水必须在溶液中占很大的比例。这不仅需要大量的水，也容易使液体溢出流淌，而普通泡沫又会受到水溶性液体的破坏（如果普通泡沫强度加大，可以减弱火势），因此，最好用抗溶性泡沫扑救。用干粉、卤代烷扑救时，灭火效果要视燃烧面积大小和燃烧条件而定，也需用水冷却盛装可燃液体的罐壁。

——扑救原油和重油等具有沸溢和喷溅危险的液体火灾，如有条件，可采用切水搅拌等防止发生沸溢和喷溅的措施，在灭火同时必须注意计算可能发生沸溢、喷溅的时间和观察是否有沸溢、喷溅的征兆。指挥员发现危险征兆时应迅即作出准确判断，及时下达撤退命令，避免造成扑救人员伤亡和装备损失。扑救人员看到或听到统一撤退信号后，应立即撤至安全地带。

——遇易燃液体管道或贮罐泄漏着火，在切断蔓延途径把火势限制在一定范围内的同时，对输送管道应设法找到并关闭进出阀门。如果管道阀门已损坏或是贮罐泄漏，应迅速准备好堵漏材料，然后先用泡沫、干粉、二氧化碳或雾状水等扑灭地上的流淌火焰，为堵漏扫清障碍，再扑灭泄漏口的火焰，并迅速采取堵漏措施。与气体堵漏不同的是，液体堵漏失败，可连续堵几次，用泡沫覆盖地面，并堵住液体流淌和控制好周围的着火源。

（三）爆炸物品火灾

爆炸物品一般都有专门或临时的储存仓库。这类物品受摩擦、撞击、震动、高温等外界因素激发，极易发生爆炸，遇明火则更危险。遇爆炸物品火灾，一般应采取以下基本对策：

——迅速判断和查明再次发生爆炸的可能性和危险性，紧紧抓住爆炸后和再次发生爆炸之前的有利时机，采取一切可能的措施，全力制止再次爆炸的发生。切忌用沙土盖压，以免增强爆炸物品爆炸时的威力。

——如果有疏散可能，人身安全上确有可靠保障，应迅即组织力量及时疏散着火区域周围的爆炸物品，使着火区域周围形成一个隔离带。

——扑救爆炸物品堆垛时，水流应采用吊射，避免强力水流直接冲击堆垛，以免堆垛倒塌引起再次爆炸。

——灭火人员应尽量利用现场现成的掩蔽体或尽量采用卧姿等低姿射水，尽可能地采取自我保护措施。消防车辆不要停靠离爆炸物品太近的水源。

灭火人员发现有发生再次爆炸的危险时，应立即向现场指挥报告，现场指挥应迅即作出准确判断，确有发生再次爆炸征兆或危险时，应立即下达撤退命令。灭火人员看到或听到撤退信号后，应迅速撤至安全地带，来不及撤退时，应就地卧倒。

（四）毒害、腐蚀品火灾

毒害、腐蚀品对人体都有一定危害，毒害品主要经口或吸入蒸气或通过皮肤接触引起人体中毒，腐蚀品通过皮肤接触使人体形成化学灼伤。毒害、腐蚀品有些本身能着火，有些本身并不着火，但与其他可燃物品接触后能着火。遇毒害、腐蚀品火灾，一般应采取以下基本对策：

——灭火人员必须穿防护服，佩戴防护面具。一般情况下采取全身防护即可，对有特殊要求的物品火灾，应使用专用防护服。考虑到过滤式防毒面具防毒范围的局限性，在扑救毒害品火灾时应尽量使用隔绝式面具。

——积极抢救受伤和被困人员，限制燃烧范围。毒害、腐蚀品火灾极易造成人员伤亡，灭火人员在采取防护措施后，应立即投入寻找和抢救受伤、被困人员的工作，并努力限制燃烧范围。

——扑救时应尽量使用低压水流或雾状水，避免腐蚀、毒害品溅出。遇酸类或碱类腐蚀品最好调制相应的中和剂稀释中和。

——遇毒害、腐蚀品容器泄漏，在扑灭火势后应采取堵漏措施。腐蚀品需用防腐材料堵漏。

——浓硫酸遇水能放出大量的热，会导致沸腾飞溅，需特别注意防护。扑救浓硫酸与其他可燃物品接触发生的火灾，浓硫酸数量不多时，可用沙土或大量低压水快速扑救；如果浓硫酸量很大，应先用二氧化碳、干粉、卤代烷等灭火，然后再把着火物品与浓硫酸分开。

（五）放射性物品火灾

放射性物品是一类发射出人类肉眼看不见但却能严重损害人类生命和健康的α、β、γ射线和中子流的特殊物品。扑救这类物品火灾必须采取特殊的能防护射线照射的措施。平时生产、经营、储存和运输、使用这类物品的单位及消防部门，应配备一定数量的防护装备和放射性测试仪器。遇放射性物品火灾，一般应采取以下基本对策：

——先派出精干人员携带放射性测试仪器，测试辐射（剂）量和范围。测试人员必须采取防护措施。对辐射（剂）量超过 0.0387C/kg 的区域，应设置写有“危及生命、禁止进入”的警告标志牌。对辐射（剂）量小于 0.0387C/kg 的区域，应设置写有“辐射危险、请勿接近”的警告标志牌。测试人员还应进行不间断的巡回监测。

——对辐射（剂）量大于 0.0387C/kg 的区域，灭火人员不能深入辐射源纵深灭火进攻。对辐射（剂）量小于 0.0387C/kg 的区域，可快速出水灭火或用泡沫、二氧化碳、干粉、卤代烷扑救，并积极抢救受伤人员。

——对燃烧现场包装没有被破坏的放射性物品，可在水枪的掩护下佩戴防护装备设法疏散，无法疏散时，应就地冷却保护，防止造成新的破损，增加辐射（剂）量。对已破损的容器切忌搬动或用水流冲击，以防止放射性沾染范围扩大。

（六）可自燃固体火灾

石油石化行业施工作业过程中最常遇到自燃物是硫化亚铁，在自燃的过程中如没有其他可燃物支持，将产生的 SO_2 气体（常被误认为水蒸气）。会刺激性气味，同时放出大量的热。当周围有其他可燃物存在时，会放出浓烟，引发火灾和爆炸。

生产装置如长期停工，设备内构件长时间暴露在空气中，会造成腐蚀而生成铁锈。铁锈不易彻底清除，在生产过程中也会与硫化氢作用生成硫化亚铁；电化学腐蚀反应会生成硫化亚铁，并均匀地附着在设备及管道内壁。

1. 钝化处理

进行装置检修时，打开设备后，设备内部的硫化亚铁与空气中的氧接触发生氧化还原反应并放出大量的热，热量积累后易引发自燃，造成火灾和爆炸事故。因此，装置检修前的准备工作中，需进行硫化亚铁的钝化工作，措施主要有：

——对于硫磺回收单元反应器，可通过控制燃料气与空气的配方比例，逐步钝化反应器中的硫化亚铁，防止反应器隔离作业中出现硫化亚铁自燃。

——胺液系统、急冷水系统、酸水汽提系统、涉酸储罐等应进行化学清洗，对于无法进行化学清洗的罐（如火炬缓冲罐等）应用化学清洗液浸泡，通过氧化剂将硫化亚铁清除。

2. 现场处置

装置检修产生的固体废物种类多、成分杂，部分废物（如清塔、清罐产生的固体废物）含有少量的硫化亚铁，如发生氧化自燃，易将其他可燃、易燃物引燃，引发火灾事故。

——检修产生的废物应按照类别分类分区存放，含硫化亚铁的固体废物应单独存放，且与其他废弃物保持安全距离，如条件许可，含硫化亚铁的固体废物可通过喷淋水等措施减少硫化亚铁的自燃发生。

——检修中工艺管线与塔、罐等设备应采用盲板等隔离，防止塔、罐等设备开人孔作业中，空气进入管线后形成对流，引起管线内的硫化亚铁自燃。不涉及检修的管线设备，应采取氮气保护，保持正压，防止空气进入管线设备引起硫化亚铁自燃。

——硫磺回收单元液硫管线因法兰泄漏而产生的硫磺和从硫磺看窗溅出的硫磺，会黏附在管线外表面、管线保温棉内，易氧化腐蚀产生硫化亚铁，自燃后引起保温棉燃烧。因此，应及时清除泄漏、飞溅在管线上的硫磺，黏附硫磺的保湿棉也应及时更换。

三、火灾中疏散与逃生

（一）安全疏散

在消防队到达前，现场负责人和安全监督人员应立即组织人员迅速展开初期火灾的扑救工作，迅速疏散着火区内无关人员到安全区，切断易燃物输送源或迅速隔离易燃物等。

——组织疏散。发生火灾时，必须有组织地进行疏散，才能避免混乱，减少人员死亡。应结合现场区域设置及分布结构、人员特点，制订应急疏散预案，拟定疏散路线和疏散出口，火场上受火势威胁的人员，必须服从安全监督人员指挥，有组织、有秩序地进行疏散。

——疏散引导。发生火灾时，由于人们急于逃生的心理作用，起火后可能极易造成疏散堵塞或人员拥挤，导致伤亡。此时，安全监督人员要设法疏散引导，指明疏散通道，以沉着、镇定的语气诱导人员消除恐慌心理，从而有条不紊地完全疏散。

——掩护疏导。对火势较大，直接威胁人员安全、影响疏散时，应组织现场工作人员或到场的公安消防人员，利用各种灭火器材，全力堵截火势发展，掩护被困人员疏散。逃生人多拥挤时，还应设法疏导人流，必要时采取措施强制疏导，防止出现堵塞和踩伤、挤伤。

现场处置方案是生产经营单位根据不同事故类别，针对具体的场所、装置或设施所制订的应急处置措施，主要包括事故风险分析、应急工作职责、应急处置和注意事项等内容。生产经营单位应根据风险评估，岗位操作规程及危险性控制措施，组织本单位现场作业人员及安全管理等专业人员共同编制现场处置方案。简单说来，现场处置方案就是针对具体的装置、场所或设施、岗位所制订的应急处置措施。

（二）火灾逃生

火灾造成人员死亡的主要原因是火灾烟雾中毒导致的窒息。因烟雾中含有大量的一氧化碳及塑料化纤燃烧产生的氯、苯等有害气体，火焰又可造成呼吸道灼伤及喉头水肿，导致浓烟中逃生者3～5min内中毒窒息身亡。发生火灾扑救和逃生应注意以下事项：

——发生初期火灾时，第一发现人大声呼叫报警，并立即利用身边的消防器材进行扑救，同时报告现场负责人。拨打就近火警电话，说明着火介质、着火时间、着火地点，火势情况，指派专人在门口迎接消防车。

——若火势现场无法控制，应迅速撤离逃生，逃生时不要顾及钱财和其他，逃命最重要。不要因穿戴不整齐而害羞，或怕财务受损，而失去最佳的逃生时期。

——逃离火灾时，一定要带上应急包并做一些简单的防护，通过浓烟区时最好用水打湿毛巾而后再捂鼻或直接戴上面罩，弯腰或匍匐前行。逃离火灾现场时一定不要坐普通电梯，要走安全通道，如带防火门的楼梯通道。

——积极寻找暂时的避难处所。在综合性多功能大型建筑物内，可利用设在走廊末端及卫生间附近的避难间，躲避烟火的危害。若暂时被困在房间里，要关闭所有通向火区的门窗，用浸湿的被褥、衣物等堵塞门窗缝，并泼水降温，以防止外部火焰及烟气侵入。在被困时，要主动与外界联系，以便尽早获救。

——楼道被火封住，欲逃无路时，可将床单、被罩或窗帘等撕成条结成绳索，牢系窗槛，顺绳滑下。在此过程中要注意手脚并用（将绳缠在腿上并夹紧，双手一上一下交替往下爬），要注意把手保护好，防止顺势滑下时脱手或将手磨破。

——如不能自救，应尽量待在容易被人发现且能够避开烟雾的地方，及时地发出声响或有效的求救信号，引起救援人员的注意。当被烟气窒息失去自救能力时，应努力滚向墙边或者门口，容易被消防员发现。同时，这样做还可以防止房屋塌落砸伤自己。

（三）人身着火自救

由于工作场所作业客观条件限制，人身着火事故往往因火灾爆炸事故或在火灾扑救过程中引起，也有的因违章操作或意外事故所造成。人身起火燃烧，轻者留下伤残，重者危及生命，因此，及时正确地扑救人身着火，可大大降低伤害程度。

——如果发现身上着了火，千万不要惊慌或用手拍打，因为惊慌或拍打会加剧火势，应赶紧设法脱掉着火的衣服或就地打滚压掉火苗，或及时向身上浇水或喷灭火剂（水基灭火器最佳）。

——明火扑灭后，应进一步采取措施清理棉、毛制品的可能存在的阴火，防止复燃。

——化纤织品比棉织品有更大的危险性，这类制品燃烧速度快，容易粘在皮肤上，应注意扑救中或扑灭后，不能轻易撕扯受害人的烧残衣物，否则容易造成皮肤大面积创伤，使裸露的创伤表面加重感染。

——火灾扑灭后，应特别注意对烧伤患者的保护，对烧伤部位用绷带或干净的床单进行简单的包扎后，尽快送医院治疗，如皮肤大面积烧伤，尤其要注意伤者的保暖。

易燃可燃液体大面积泄漏引起人身着火，这种情况一般发生突然，燃烧面积大，受害人往往不能进行自救。此时，在场人员应迅速将受害人拖离现场，用湿衣服、毛毡、灭火毯等物品进行包裹、压盖灭火。如使用灭火器灭人身火灾，采用水基泡沫灭火器最佳，应特别注意不能将干粉、二氧化碳等灭火剂直接对受害人面部喷射，防止造成窒息和冻伤。

第四节 人员急救

各动火作业所在单位现场都应按要求配备救急药箱，在出现人员出现轻度伤害时，可及时进行一些简单的处理。同时，注意人中穴是一个重要的急救穴位。用拇指尖平掐或针刺该穴位，以每分钟揿压或捻针 20～40 次，每次连续 0.5～1s 为佳。可用于救治中风、中暑、中毒、过敏及手术麻醉过程中出现的昏迷、呼吸停止、血压下降、休克等。

一、烧、烫伤急救

烧烫伤是动火作业是最常见的损伤，它包括高温（火焰、沸水、蒸气、热油、灼热金属）、化学物质（强酸、强碱）、电流（高压电）及放射线（X 射线、γ 射线）等引起的机体组织灼伤。做好烧烫伤的现场急救和早期适当处理十分重要，可使伤势不再继续加重，预防感染和防止休克。

（一）烧烫伤程度分级

根据烧伤面积和深度，国际常用的分级方法将烧烫伤程度分为Ⅰ度、Ⅱ度（浅Ⅱ、深Ⅱ）、Ⅲ度，见表 6-1。

表 6-1 烧烫伤程度分级

特征	分级		
烧烫伤程度	Ⅰ度 （表皮烧烫伤）	Ⅱ度 （真皮烧烫伤）	Ⅲ度 （皮下组织烧烫伤）
外观与症状	皮肤发红， 具有刺痛感	皮肤出现水泡、红、肿、触痛	皮肤所有层面的烧伤。皮肤出现坏死、苍白、焦黑，麻痹
康复	数日就可康复	1～2 周才能康复（化脓时，则会变成 3 度烫伤）	瘢痕，或执行植皮手术

注：Ⅰ度烧烫伤可自行处理，Ⅱ度和Ⅲ度则须由专科医师处理。

（二）烧烫伤急救措施

首先应通过烧伤的深度和面积判断烧伤程度，如果是重度烧伤则应尽快到医院诊治，防止患者休克，特别是电击的伤。热力烧伤时应尽快脱去着火或沸液浸渍的衣服。如果来不及脱去着火的衣服，应迅速卧倒，慢慢滚动而压灭火焰。应尽量利用就近工具或材料，切忌用手扑打，以免双手重度烧伤。衣服着火时不要本能呼叫，这样可能助长火势造成呼吸道烧伤。

烧烫伤处理步骤口诀是“冲，脱、泡、盖、送”，说明见表 6–2。

表 6–2　烧烫伤处理步骤口诀

步骤	具体内容	注意事项	图示
冲	将伤者烧伤的部分放置在打开的水龙头下冲洗 30min	若碰到Ⅱ度（有水泡）、Ⅲ度严重程度时，请勿直接冲水。在冲水前必须覆盖毛巾再冲水	
脱	将烧伤部位的衣物移除	若衣物与皮肉已粘在一起，则不得强行移除	
泡	将烧伤部位泡在冷水中		
盖	将无菌敷料覆盖在伤口上	不得在烧伤区域涂上任何液体	
送	所有超过 1% 的烧烫伤都应该送医处置	如果路途遥远，应该给予伤者大量口服液体	

二、中毒窒息急救

中毒性窒息是毒物作用使血红蛋白变性或功能障碍，或细胞内氧化酶功能降低、消失，或改变细胞膜的通透性，引起红细胞对氧的运输能力降低及组织细胞对氧的摄取和利用障碍，使呼吸肌、呼吸中枢功能发生障碍而产生的窒息。

常见的窒息性气体有两大类：

（1）单纯性窒息性气体：如甲烷、二氧化碳和氮气等气体。

（2）化学性窒息性气体：如一氧化碳、硫化氢及氰化氢等。

（一）一氧化碳中毒

一氧化碳（CO）为无色、无味、无刺激性，可燃的剧毒气体，它是由含碳物质不完全燃烧产生的。中毒症状是当人体吸入 CO 后，中毒时间短时，会出现脸色潮红、头疼眩晕、恶心呕吐、四肢无力，慢慢出现呼吸困难、意识障碍等。抢救时立即将病人移离动火作业中毒现场，置于新鲜空气处，松开病人衣领、裤带，密切观察病人状态。对意识丧失者，取平卧位，注意保暖，头侧向一边，保持呼吸道通畅，防止呕吐物堵住呼吸管道。心跳停止者应立即进行心肺复苏。

（二）硫化氢中毒

急性硫化氢中毒是生产环境中在短期内接触大量硫化氢，引起以中枢神经系统、眼结膜和呼吸系统损害为主的全身性疾病。对可能有硫化氢气体存在的区域，要加强通风排气，操作人员进入该区域，应穿戴防毒面具，身上缚以救护带并准备其他救生设备。

1. 中毒分类

接触硫化氢后，出现流泪、眼刺痛、流涕、咽喉部灼热感等刺激症状，在短时间内恢复者。

——轻度中毒。眼胀痛、畏光、咽干、咳嗽，以及轻度头痛、头晕、乏力、恶心等症状。

——中度中毒。有明显的头痛、头晕等症状，并出现轻度意识障碍；有明显的黏膜刺激症状，出现咳嗽、胸闷、视力模糊、眼结膜水肿及角膜溃疡等。

——重度中毒。昏迷、肺水肿、呼吸循环衰竭、电击式死亡。

2. 治疗原则

针对硫化氢中毒的患者，立即将其撤离现场，移至新鲜空气处，解开衣扣，保持其呼吸道的通畅，有条件时，还应给予氧气吸入，对中、重度中毒者可采用高压氧治疗，保持呼吸道通畅。

眼部损害采取对症治疗。有眼部损伤者，应尽快用清水反复冲洗，并给以抗生素眼膏或眼药水滴眼，或用醋酸可的松眼药水滴眼，每日数次，直至炎症好转。

对昏迷者应及时清除口腔内异物，解开衣扣，保持呼吸道通畅。对呼吸、心脏骤停者，取平卧位，立即进行心肺复苏等对症及支持疗法。

在施行口对口人工呼吸时施行者应防止吸入患者的呼出气或衣服内逸出的硫化氢，以免发生二次中毒，建议采取口对鼻呼吸。

三、人员触电急救

触电是指一定量的电流或电能通过人体，引起的一种全身性和局部性损伤，常发生于直接接触电源，高压电场下作业及被雷电击伤后，伤后组织毁损严重，通常出现肌肉、肌腱、神经、血管等深部组织的坏死，也可伴有肝、肾等重要脏器的功能损害，肢体截肢（截指）发生率高。触电者的生命能否获救，在绝大多数情况下取决于能否迅速脱离电源和正确地实行心肺复苏，拖延时间、动作迟缓或救护不当，都可能造成人员伤亡。

（一）断开电源

发生触电事故时，应先观察周围环境，确保安全和做好自身防护后才可进行施救。出事附近有电源开关和电流插销时，可立即将电源开关断开或拨出插销：但普通开关（如拉线开关、单极按钮开关等）只能断一根线，有时不一定关断的是相线，所以不能认为是切断了电源。

当有电的电线触及人体引起触电时，不能采用其他方法脱离电源时，可用绝缘的物体（如干燥的木棒、竹竿、绝缘手套等）将电线移开，使人体脱离电源。必要时可用绝缘工具（如带绝缘柄的电工钳、木柄斧头等）切断电线，以切断电源。应注意防止人体脱离电源后，造成的二次伤害，如高处坠落、摔伤等。

对于高压触电，应立即通知有关部门停电。救护者在进行高压断电时，应戴上绝缘手套，穿上绝缘鞋，用相应电压等级的绝缘工具拉开开关。

（二）诊断抢救

触电失去知觉后进行抢救，一般需要很长时间，必须耐心持续地进行。只有当触电者面色好转，口唇潮红，瞳孔缩小，心跳和呼吸逐步恢复正常时，才可暂停数秒进行观察。如果触电者还不能维持正常心跳和呼吸，则必须继续进行抢救。

触电急救应尽可能就地进行，只有条件不允许时，才可将触电者抬到可靠地方进行急救。根据触电者的情况，进行简单的诊断，并分别处理：

——触电者神志清醒，但有些心慌、四肢发麻、全身无力或触电者在触电过程中曾一度昏迷，但已清醒过来。应使触电者安静休息、不要走动、严密观察，必要时送医院诊治。

——触电者已经失去知觉，但心脏还在跳动，还有呼吸，应使触电者在空气清新的地方舒适、安静地平躺，解开妨碍呼吸的衣扣、腰带。如果天气寒冷要注意保持体温，并迅速请医生到现场诊治。

——如果触电者失去知觉，呼吸停止，但心脏还在跳动，应立即进行口对口人工呼吸，并及时请医生到现场。

——如果触电者呼吸和心脏跳动完全停止，应立即进行口对口人工呼吸和胸外心脏按压急救，并迅速请医生到现场。

对触电者进行简单身体检查，若有类似于烧伤的电击伤创面，则应在进行心肺复苏后处理创面。创面保护用敷料包扎，若无敷料可用清洁床单、被单、衣服等包裹转送医院。

四、心跳呼吸骤停

正常伤者在心脏停止跳动后 3s 时病人感头晕，10～20s 即发生昏厥，30～40s 瞳孔散大，40s 左右出现抽搐，60s 后呼吸停止、大小便失禁，4～6min 后脑细胞发生不可逆损害，10min 后脑组织基本死亡。急救界有“黄金抢救 4 分钟”之说。当危重急症、意外伤害发生后，专业救护人员未到达之前，现场“第一目击者”（第一目击者是指在现场为突发伤害、危重疾病的伤病员提供紧急救护的人）。在 4min 内对呼吸心跳停止的伤者进行心肺复苏救活率可达 80%；6min 内对伤者的救活率约 10%；超过 6min，救活率仅为 4%；一旦人脑死亡超过 4min、心脏停止跳动超过 10min 救活率几乎为 0。所以，医学上把急救的 4min 称为“黄金抢救 4 分钟”。要记住的是“时间就是生命”。

（一）心肺复苏

心肺复苏（Cardiopulmonary Resuscitation，CPR）是针对心跳、呼吸停止所采取的抢救措施，即用心脏按压或其他方法形成暂时的人工循环，用人工呼吸代替自主呼吸，以达到挽救生命的目的。心肺复苏适用于多种原因引起的呼吸、心脏骤停的伤病员，如急性心肌梗塞、严重创伤、电击伤、挤压伤、踩踏伤、中毒等。心肺复苏是在事发现场的第一反应人在专业救护人员未到达的情况下，在最短的时间内，用自己的双手和所学技能挽救伤者生命的简单而重要的方法。如果有条件，可使用自动体外除颤仪（Automated External Defibrillator，AED）。美国心脏协会（AHA）《2022 心肺复苏指南（CPR）更新》中强烈建议普通施救者仅做胸外按压的 CPR 弱化人工呼吸的作用，即非经培训人士可不进行人工呼吸，按 C、A、B、D 步骤操作，如图 6-16 所示。C（Compressions）：心脏按压、A（Airway）：畅通气道、B（Breathing）：人工呼吸、D（Defibrillation）：电除颤。

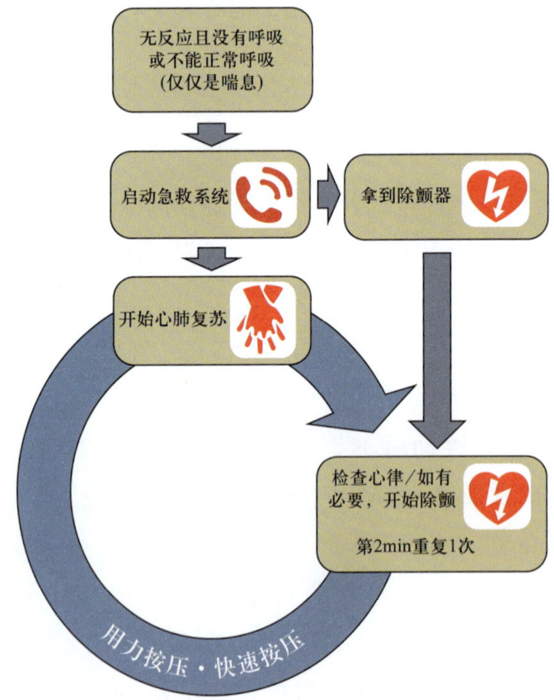

图 6-16 成人基础生命支持 CABD 简化流程

1. 判定伤者情况

——判断伤者有无意识。发现有伤者晕倒在地，应用双手轻拍病人双肩，同时大声地呼叫，确认患者意识丧失无应答，大声呼喊请求救援。

——判断伤者有无呼吸。解开上衣查看伤者胸部有无起伏，凑近被救护者的鼻子、嘴边，感受是否有呼吸，确认呼吸停止。

——判断伤者有无颈动脉搏动。用右手的中指和食指从气管正中环状软骨（喉结部位），旁开两指至胸锁乳突肌前缘凹陷处，确认无搏动。切记不可同时触摸两侧颈动脉，容易发生危险。

2. 胸外按压

把伤者调整到一个正确的体位，即将伤者的头、肩、躯干作为一个整体，采取仰卧位，双臂应置于躯干两侧，摆正救护体位。去枕平卧、背部垫硬板或地上、衣扣及裤带解松。施救者采取图 6-17 所示的按压姿势，在两乳头连线中点进行胸外心脏按压，不能耽误时间。

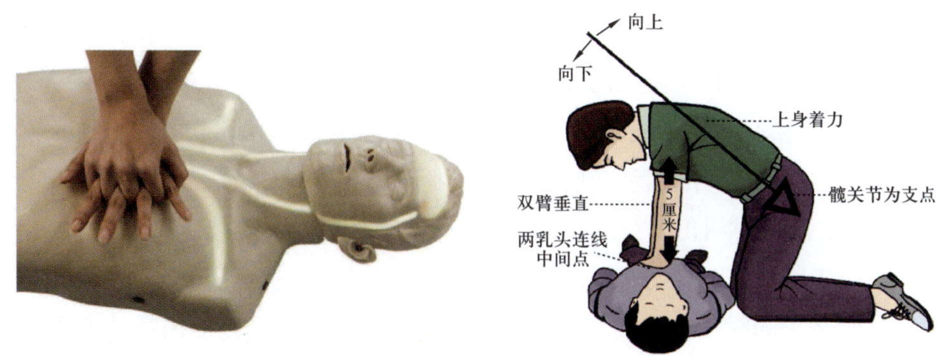

图 6-17 正确的胸外按压姿势示意图

施救者抢双臂绷直，双肩在伤员胸骨上方正中，双手掌根重叠，十指相扣，掌心翘起，以掌根按压，手指离开胸壁，上半身前倾，双臂伸直，靠自身重量垂直向下按压。快速有节奏的按压，不能间断，且不能冲击式的猛压。下压及向上放松的时间应相等。按压至最低点处，应有一明显的停顿。施救者用力应垂直向下，不要左右摆动。放松时定位的手掌根部不要离开胸骨定位点，但应尽量放松，务使胸骨不受任何压力。

按压频率应保持在 100～120 次 /min。按压深度一般为成人伤员为 5cm，5～13 岁伤员为 3cm，婴幼儿伤员为 2cm。一般来说，心脏按压与人工呼吸比例为 30∶2，如一人按压一人吹气时，比例为 15∶1。最好采用团体多人连续接力使救，直到成功复苏或与业医疗人员到达。

做心肺复苏时，每5个循环（约每2min后）做1次评估有效性，主要看是否有意识、自主呼吸、脉搏。复苏有效时，可见病人有眼球活动，面色、口唇、甲床转红，甚至脚可动，观察瞳孔时，可由大变小，并有对光有反射，颈动脉搏动，出现自主呼吸。

3. 畅通气道

救护者一手置于患者颈后，另一手放在他的前额上，使他的头部稍向后仰，确保气道通畅，并随即用手指清除口腔壁及其阻塞物。严禁用枕头或其他物品垫在伤员头下，头部抬高前额，会更加重气道阻塞，且使胸外按压时流向脑部的血流减少，甚至消失。

4. 人工呼吸

在保持呼吸通畅的前提下进行。用按于前额一手的拇指与食指，捏住伤员鼻孔（或鼻翼）下端，以防气体从口腔内经鼻孔逸出，施救者深吸一口气屏住并用自己的嘴唇包住（套住）伤员微张的嘴。抢救一开始，应即向伤员先吹气两口，每次向伤员口中吹气持续1～2s，同时仔细地观察伤员胸部有无起伏，吹气时胸廓隆起者，人工呼吸有效；吹气无起伏者，则气道通畅不够，或鼻孔处漏气、或吹气不足、或气道有梗阻，应及时纠正。

吹气完毕后，应即与伤者口部脱离，轻轻抬起头部，吸入新鲜空气，以便作下一次人工呼吸。同时使伤员的口张开，捏鼻的手也可放松，以便伤员从鼻孔通气，观察伤员胸部向下恢复时，则有气流从伤员口腔排出。有脉搏无呼吸的伤员，则每5s吹一口气，每分钟吹气12次；口对鼻的人工呼吸，适用于有严重的下颌及嘴唇外伤，牙关紧闭，下颌骨骨折等情况的伤员，难以采用口对口吹气法。

（二）AED除颤仪

自动体外除颤器又称自动体外电击器、自动电击器、自动除颤器、心脏除颤器及傻瓜电击器等，是一种便携式的医疗设备，它可以诊断特定的心律失常，并且给予电击除颤，是可被非专业人员使用的用于抢救心脏骤停患者的医疗设备，见图6-18。在心跳骤停时，只有在最佳抢救时间的“黄金4分钟”内，利用自动体外除颤器（AED）对患者进行除颤和心肺复苏，才是最有效制止猝死的办法。

自动体外除颤器，是一种便携式、易于操作，稍加培训即能熟练使用，专为现场急救设计的急救设备，从某种意义上讲，AED又不仅是种急救设备，更是一种急救新观念，一种由现场目击者最早进行有效急救的观念。它别于传统除颤器可以经内置电脑分析和确定发病者是否需要予以电除颤。除颤过程中，AED 的语音提示和屏幕动画操作提示使操作更为简便易行。自动体外除颤器对多数人来说，只需几小时的培训便能操作。

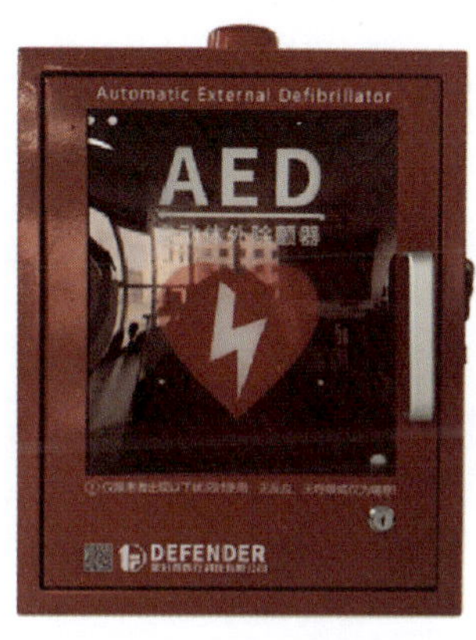

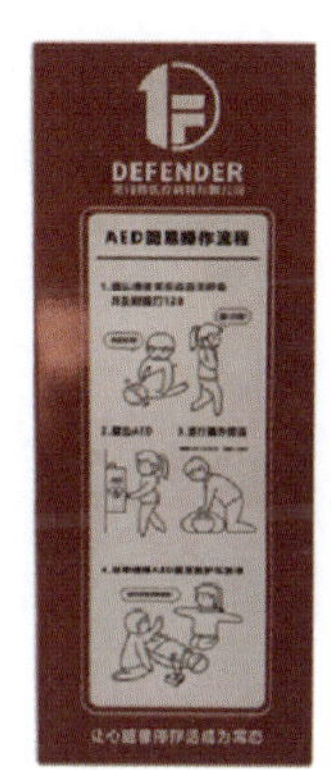

图 6-18　AED 除颤仪

1. 使用步骤

——开启 AED，打开 AED 的盖子，依据视觉和声音的提示操作（有些型号需要先按下电源）。

——参考 AED 机壳上的图样和电极板上的图片说明给患者紧密地贴上电极。通常而言，两块电极板分别贴在右胸上部和左胸左乳头外侧，具体位置可以。将电极板插头插入 AED 主机插孔。

——开始分析心律，按下“分析”键（有些型号在插入电极板后会发出语音提示，并自动开始分析心率，在此过程中请不要接触患者，即使是轻微的触动都有可能影响 AED 的分析），AED 将会开始分析心率。分析完毕后，AED 将会发出是否进行除颤的建议，当有除颤指征时，不要与患者接触，同时告诉附近的其他任何人远离患者，由操作者按下“放电”键除颤。

——一次除颤后未恢复有效灌注心律，进行 5 个周期 CPR。除颤结束后，AED 会再次分析心律，如未恢复有效灌注心律，操作者应进行 5 个周期 CPR，然后再次分析心律，反复至急救人员到来。

2. 注意事项

——AED 瞬间可以达到 200J 的能量，在给病人施救过程中，请在按下通电按钮后立刻远离患者，并告诫身边任何人不得接触靠近患者。

——患者在水中不能使用 AED，患者胸部如有汗水需要快速擦干胸部，因为水会降低 AED 功效。

参 考 文 献

[1]全国安全生产标准化技术委员会．生产经营单位生产安全事故应急预案编制导则：GB/T 29639［S］．北京：中国标准出版社，2020.

第七章　动火作业的典型案例

在石油石化行业中，动火作业是一项复杂、危险的作业活动，由于存在易燃易爆、有毒有害的物料，动火的位置和条件千差万别。有的在地面上，也有的在高处（塔、平台、管架上）和受限空间内；用火的部位有的是经过了彻底清扫的装置或设备，也有的是无法进行彻底吹扫置换的，如带压堵漏；使用的工具不仅包括电焊机、气瓶，还有起重设备、电动工具、照明灯具等，在使用这些设备设施时，容易发生事故，造成人员伤亡。

第一节　动火作业常见违章

动火作业是石油石化行业各单位风险较高的施工作业，在动火作业过程中因各种违章引发的事故屡屡发生，严重影响了企业的安全生产。“海因里希法则”告诉人们，当一个企业有 300 个隐患或违章，必然要发生 29 起轻伤或故障，在这 29 起轻伤或故障当中，就会有一起重伤、死亡或重大事故。随着作业人员违章次数的增加，如果对潜在性隐患毫无察觉，或麻木不仁，最终必然会导致事故发生。关注遏制动火作业中的各类违章事件，是防止事故的有效手段。

动火作业常见的违章主要表现在人员资质培训不到位、机具设备不合格、操作防护不合规、物料隔离不彻底、作业许可不落实、作业环境不安全等方面，下面列举部分涉及以上方面的典型违章，供各企业在动火作业管控过程中参考，便于及时发现违章，消除隐患，确保动火作业安全。

一、人员资质培训不到位

（一）动火作业人员未取得资质证书

实施电焊、气焊、热切割等动火的特种作业人员未取得相应的资质证书，伪造资质证书，违法违规进行动火作业（图 7–1）。

（1）2022 年应急管理部通报：某企业已签发执行的编号为 2200577 动火作业安

全许可证，现场动火作业人员持有的“熔化焊接与热切割特种作业证”，通过在国家安全生产考试网中查询为另外一人的“低压电工作业证”，动火作业人员涉嫌特种作业证造假，违法违规进行动火作业。

图 7-1　动火作业人员未取得资质证书

（2）2022 年应急管理部通报：某公司污水处理厂进行的老污水站初沉池设备安装焊接动火作业，现场正在进行的设备热焊接作业人员，未取得国家规定的“焊接与热切割特种作业证”，违规进行设备焊接作业。

（3）2022 年 3 月 21 日，四川省绵阳市安州区应急管理局行政执法人员在对绵阳某机械有限公司开展执法检查时，发现该公司存在 3 项违法行为：罗某、肖某、王某等 3 人未持有“焊接与热切割作业操作证”仍违规上岗作业；该公司未对从业人员进行安全生产教育和培训，也未建立安全教育和培训档案；行车吊钩防脱装置处于失效状态。上述违法行为分别违反了《中华人民共和国安全生产法》第二十八条第一款和第四款，第三十条第一款、第三十六条第二款的规定。

处罚情况：3 月 25 日，四川省绵阳市安州区应急管理局依据《中华人民共和国安全生产法》第九十七条第三项、第四项和第七项及《安全生产违法行为行政处罚办法》第五十三条的规定，对该机械有限公司上述 3 项违法行为分别裁量、合并处罚，作出罚款人民币 3.5 万元的行政处罚决定。

违反：《中华人民共和国安全生产法》第三十条第一款“生产经营单位的特种作业人员必须按照国家有关规定经专门的安全作业培训，取得相应资格，方可上岗作业。”

（4）电焊、气焊、热切割等动火的特种作业人员资质证书时限超过有效期，超出作业项目等级，违法违规进行动火作业（图 7-2、图 7-3）。

违反：GB 30871—2022《危险化学品企业特殊作业安全规范》中 4.9“特殊作业涉及的特种作业和特种设备作业人员应取得相应资格证书，持证上岗。”

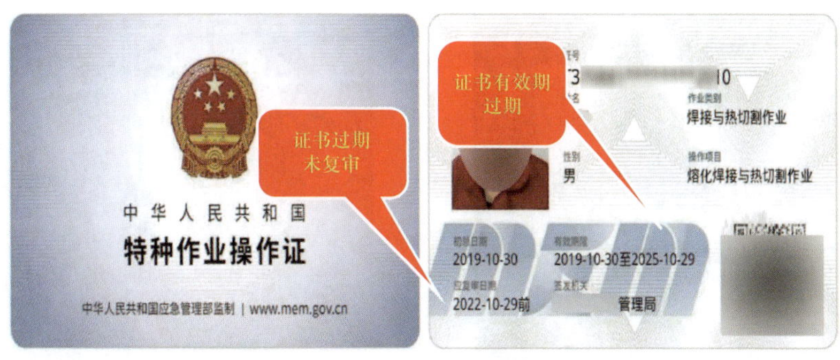

图 7-2 证书有效期过期、过期未复审

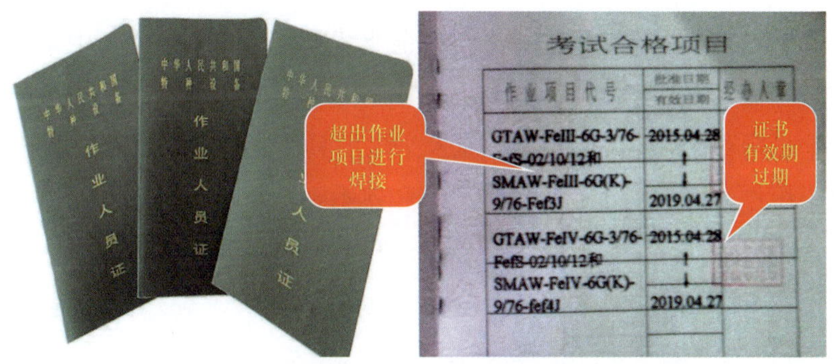

图 7-3 证书有效期过期、超出作业项目进行焊接

（二）动火作业安全交底不到位

动火作业人员在作业前未进行安全措施交底，对动火作业过程中存在的风险及安全措施不清楚，对应急措施的可靠性未核实，存在对现场作业环境风险不清楚，应急处置不当等风险（图 7-4、图 7-5）。

（1）2022 年应急管理部通报：某公司动火作业人员在作业前未接受现场安全交底，现场执行的动火作业票中缺少对作业人员的安全交底内容；设备焊接临时雇佣的人员，作业前未签订相关聘用合同和安全协议。

违反：《中华人民共和国安全生产法》第二十八条款“生产经营单位应当对从业人员进行安全生产教育和培训，保证从业人员具备必要的安全生产知识，熟悉有关的安全生产规章制度和安全操作规程，掌握本岗位的安全操作技能，了解事故应急处理措施，知悉自身在安全生产方面的权利和义务。未经安全生产教育和培训合格的从业人员，不得上岗作业。”

（2）某公司球罐鉴定打磨动火作业，动火作业人员现场临时替换，新增人员作业前未接受安全交底。

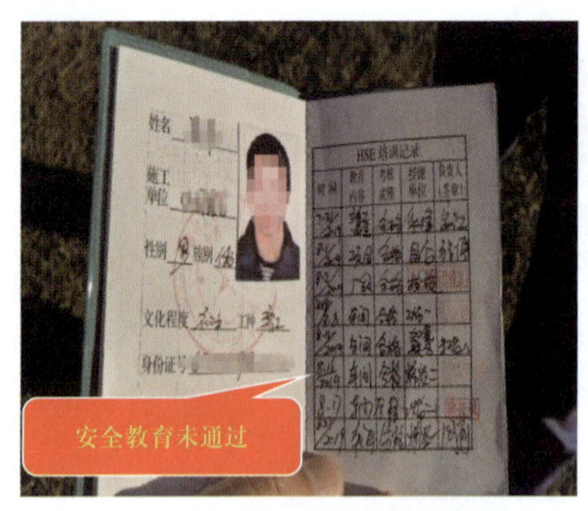

图 7-4　安全教育未通过

图 7-5　安全交底不到位

违反：GB 30871—2022《危险化学品企业特殊作业安全规范》中 4.4 “作业前，危险化学品企业应对参加作业的人员进行安全措施交底，主要包括：a）作业现场和作业过程中可能存在的危险、有害因素及采取的具体安全措施与应急措施；b）会同作业单位组织作业人员到作业现场，了解和熟悉现场环境，进一步核实安全措施的可靠性，熟悉应急救援器材的位置及分布；c）涉及断路、动土作业时，应对作业现场的地下隐蔽工程进行交底。”

（三）动火作业监护人能力不合格

动火作业监护人能力不满足要求，不清楚现场安全管控措施，不知道应急要求，“站桩式”监护，不履职，存在发现不了现场隐患，紧急情况下盲目应急处置等风险。

（1）某公司压缩机厂房内管线焊接动火作业，作业单位监护人不知道该公司专用的消防报警电话，不清楚发生紧急事故时的逃生方向，且现场玩手机，上岗前培训不到位（图 7-6）。

违反：《中华人民共和国安全生产法》第二十八条“生产经营单位应当对从业人员进行安全生产教育和培训，保证从业人员具备必要的安全生产知识，熟悉有关的安全生产规章制度和安全操作规程，掌握本岗位的安全操作技能，了解事故应急处理措施，知悉自身在安全生产方面的权利和义务。未经安全生产教育和培训合格的从业人员，不得上岗作业。”

（2）某公司新建生产线项目管线预制焊接切割动火作业现场，作业单位监护人未根据动火地点的改变而调整动火警戒区域，当动火点与氧气、乙炔气瓶不满足动火距离的安全要求时，未能发现并调整气瓶和动火点之间距离（图 7-7）。

图 7-6　监护人履职不到位

图 7-7　监护人培训不到位能力不足

违反：GB 30871—2022《危险化学品企业特殊作业安全规范》中 4.10 “监护人应由具有生产（作业）实践经验的人员担任，监护人的通用职责之一：当作业现场出现异常情况时应中止作业，并采取安全有效措施进行应急处置，当作业人员违章时，应及时制止违章，情节严重时，应收回安全作业票、中止作业。”

（3）某公司烯烃装置新增工艺管线焊接切割动火作业现场，工作时段作业单位监护人离开现场，打瞌睡（图 7-8、图 7-9）。

图 7-8　监护人不在现场

图 7-9　监护人打瞌睡

违反：GB 30871—2022《危险化学品企业特殊作业安全规范》中 4.10 “作业期间应设监护人。监护人应由具有生产（作业）实践经验的人员担任，并经专项培训考试合格，佩戴明显标识，持培训合格证上岗。f）作业期间，监护人不应擅自离开作业现场且不应从事与监护无关的事。确需离开作业现场时，应收回安全作业票，中止作业。”

（4）某公司装置大检修钢结构焊接切割动火作业现场，作业单位监护人未持证上岗，不清楚火警电话、应急逃生知识（图 7-10）。

图 7-10 监护人应急知识不清楚

违反：GB 30871—2022《危险化学品企业特殊作业安全规范》中 4.10“作业期间应设监护人。监护人应由具有生产（作业）实践经验的人员担任，并经专项培训考试合格，佩戴明显标识，持培训合格证上岗。e）当作业现场出现异常情况时应中止作业，并采取安全有效措施进行应急处置，当作业人员违章时，应及时制止违章，情节严重时，应收回安全作业票、中止作业。”

二、工具不合格，操作防护不合规

（一）电气焊（割）等工具检验超期，附件有缺陷

动火作业使用的氧气、乙炔、惰性气体气瓶过期未检验，气瓶减压阀压力表损坏，乙炔气瓶无阻火器，输气胶管老化开裂，存在回火、泄漏着火爆炸的风险。

（1）某公司苯乙烯装置精制塔改造项目新增管线氩弧焊接动火作业，现场使用的氩气瓶超检验周期，钢瓶的检验有效期为 5 年，检查时已超期 1 年（图 7-11）。

违反：TSG 23—2021《气瓶安全技术规程》中 9.3“盛装氮、六氟化硫、四氟甲烷及惰性气体介质的钢制无缝气瓶、钢制焊接气瓶（不含液化石油气钢瓶、液化二甲醚钢瓶）检验周期为 5 年。”

（2）某公司热电厂新建锅炉项目动火作业现场，在用氧气瓶减压阀压力表表盖裂开、表盘变形，无法正确显示气瓶压力，氧气胶管开裂，乙炔气瓶未安装阻火器（图 7-12 至图 7-14）。

违反：GB 30871—2022《危险化学品企业特殊作业安全规范》中 5.2.13“使用气焊、气割动火作业时，乙炔瓶应直立放置，不应卧放使用；氧气瓶与乙炔瓶的间

距不应小于 5m，二者与动火点间距不应小于 10m，并应采取防晒和防倾倒措施；乙炔瓶应安装防回火装置。”

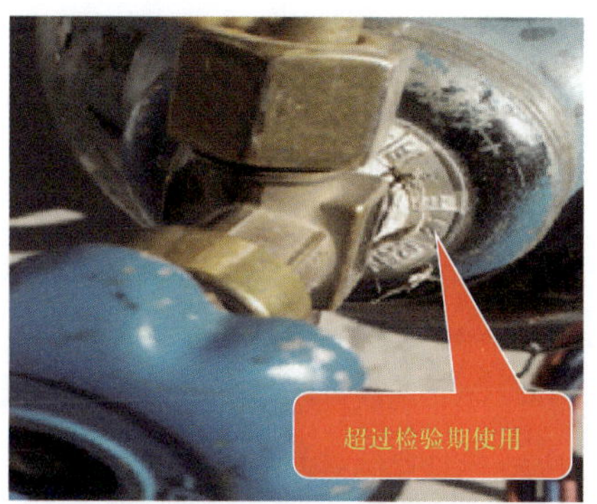

图 7-11 超过检验期使用

图 7-12 无阻火器

图 7-13 压力表表盖裂开、表盘变形

图 7-14 输气胶管老化开裂

（3）某公司设备安装动火作业现场，在用电焊机电缆线绝缘破损、焊机二次接线端防护罩缺失，接地保护线未连接或压紧（图 7-15 至图 7-18）。

图 7-15 焊机电缆线绝缘破损

图 7-16 焊机二次线接线端防护罩缺失

图 7-17　焊机接地保护线未接地连接

图 7-18　焊机接地保护线未压紧

违反：GB 30871—2022《危险化学品企业特殊作业安全规范》中 4.5“作业前，危险化学品企业应组织作业单位对作业现场及作业涉及的设备、设施、工器具等进行检查，并使之符合如下要求：e）作业时使用的脚手架、起重机械、电气焊（割）用具、手持电动工具等各种工器具符合作业安全要求，超过安全电压的手持式、移动式电动工器具应逐个配置漏电保护器和电源开关。”

（4）某公司新建项目动火作业现场，在用电焊机一次线接线端防护罩缺失、PE 线未连接、焊钳绝缘保护破损（图 7-19 至图 7-21）。

图 7-19　焊机一次线接线端防护罩缺失

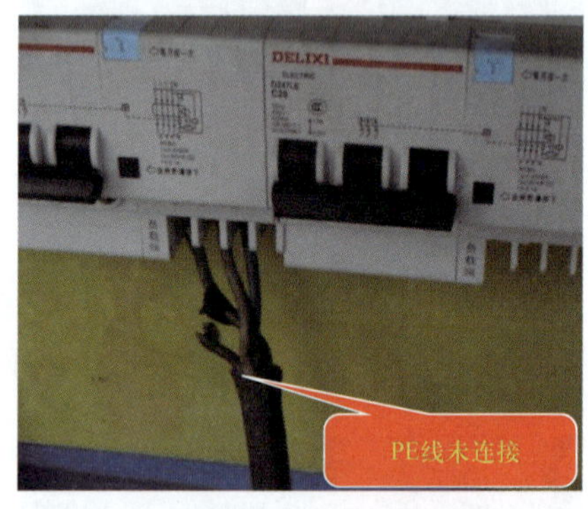

图 7-20　PE 线未连接

违反：GB 30871—2022《危险化学品企业特殊作业安全规范》中 4.5“作业前，危险化学品企业应组织作业单位对作业现场及作业涉及的设备、设施、工器具等进行检查，并使之符合如下要求：e）作业时使用的脚手架、起重机械、电气焊（割）用具、手持电动工具等各种工器具符合作业安全要求，超过安全电压的手持式、移动式电动工器具应逐个配置漏电保护器和电源开关。”

（5）某公司裂解装置凝液线动火作业现场，现场配备的可燃气体检测仪故障无法检测，干粉灭火器压力低至红色警示区（图 7-22、图 7-23）。

图 7-21　焊钳绝缘保护破损

违反：GB 30871—2022《危险化学品企业特殊作业安全规范》中 4.5“作业前，危险化学品企业应组织作业单位对作业现场及作业涉及的设备、设施、工器具等进行检查，并使之符合如下要求：d）作业使用的个体防护器具、消防器材、通信设备、照明设备等应完好。”4.12“作业时使用的移动式可燃、有毒气体检测仪，氧气检测仪应符合 GB 15322.3 和 GB/T 50493—2019 中 5.2 的要求。”

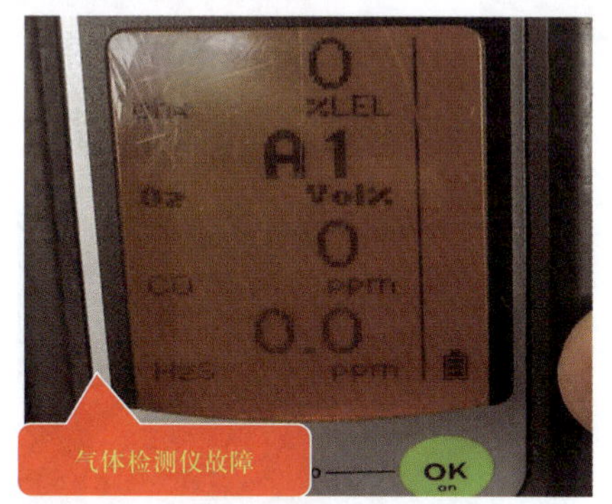

图 7-22　气体检测仪故障

图 7-23　灭火器压力不足

（二）电气焊（割）工具违规操作

动火作业过程中，氧气瓶、乙炔瓶混放、违规搬运、摆放间距未满足安全距离要求，氧气、乙炔输气胶管混用、未绑扎，气瓶无防晒、防倾倒措施，乙炔气瓶卧放，存在气体泄漏着火、伤人风险（图 7-24 至图 7-30）。

（1）某公司新建管廊钢结构安装动火作业现场，在用乙炔瓶和氧气瓶之间的距离小于 5m，输气胶管与气瓶连接处未绑扎固定。

（2）某公司储运装置新增 VOCs 治理项目储罐安装动火作业，氧气瓶未采取防晒措施，气焊作业人员将不同规格、不同用途的乙炔和氧气胶管连接在一起混用。

（3）某公司芳烃厂芳烃联合车间 P401 泵项目动火检修现场，使用的乙炔瓶没有防倾倒措施，乙炔与氧气气瓶混放。

违反：GB 30871—2022《危险化学品企业特殊作业安全规范》中 5.2.13“使用

气焊、气割动火作业时，乙焕瓶应直立放置，不应卧放使用；氧气瓶与乙炔瓶的间距不应小于 5m，二者与动火点间距不应小于 10m，并应采取防晒和防倾倒措施；乙炔瓶应安装防回火装置。”及 GB 9448—1999《焊接与切割安全》中 10.1.5 “用于氧气的气瓶、设备、管线或仪器严禁用于其他气体。”

图 7-24 气瓶间距不足 5m

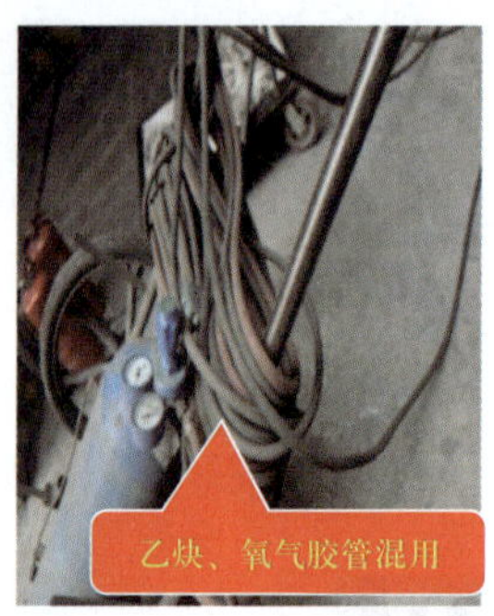

图 7-25 乙炔、氧气胶管混用

图 7-26 气瓶无防晒、防倾倒措施

图 7-27 气瓶胶管未绑扎固定

图 7-28 氧气、乙炔气瓶混放

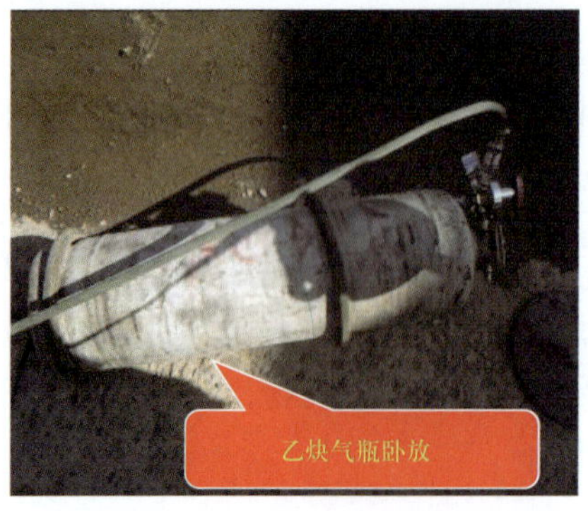

图 7-29 乙炔气瓶卧放

图 7-30 气瓶人力滚动搬运

（三）未佩戴个人防护用品，违规操作

（1）某公司在新建罐区安装钢结构动火作业，气割作业人员未戴滤光镜面罩或安全镜（图 7-31）。

（2）某公司焊接消防水管线作业，作业人员图方便，未更换手持电动工具打磨片，直接使用切割片打磨管线（图 7-32）。

（3）某公司伴热线改造作业，气割作业人员，未佩戴防护眼镜和手套（图 7-33）。

（4）某公司管线弯头预制动火作业，管线坡口打磨作业人员未佩戴防护面屏，未按要求劳保着装（图 7-34）。

图 7-31 未佩戴防护眼镜

图 7-32 使用切割片进行打磨

图 7-33 未佩戴防护手套、眼镜

图 7-34 劳保着装不合规、未佩戴防护面屏

违反：GB 30871—2022《危险化学品企业特殊作业安全规范》中 4.3、4.5“进入作业现场的人员应正确佩戴满足 GB 39800.1 要求的个体防护装备。”“作业时使用的脚手架、起重机械、电气焊（割）用具、手持电动工具等各种工器具符合作业安全要求，超过安全电压的手持式、移动式电动工器具应逐个配置漏电保护器和电源

开关。”

三、动火设施内物料未除尽，能量未隔断

（一）动火设备、管线物料未除尽，气体检测不合格

动火作业时，设备本体和与其相连通的管线盲端死角内危险物料未置换和清洗干净，动火管线隔离段内的残余物料未泄压、未排空，存在环境火灾或受限空间内动火作业人员中毒窒息风险。

（1）某公司压缩装置段间罐内件动火割除作业，作业前与容器连通的管线内盲端死角存有的物料未处理干净，动火作业过程中向罐内逸散出挥发性可燃气体，气体检测超标（图 7–35）。

（2）某公司系统管廊易燃物料管线检修作业，动火部位两端隔离后，因隔离段管线较长，管线内残存的物料未放空、排尽，在动火切割过程中气体检测超标报警（图 7–36）。

图 7–35　相连管线向罐内逸散出挥发性可燃气体

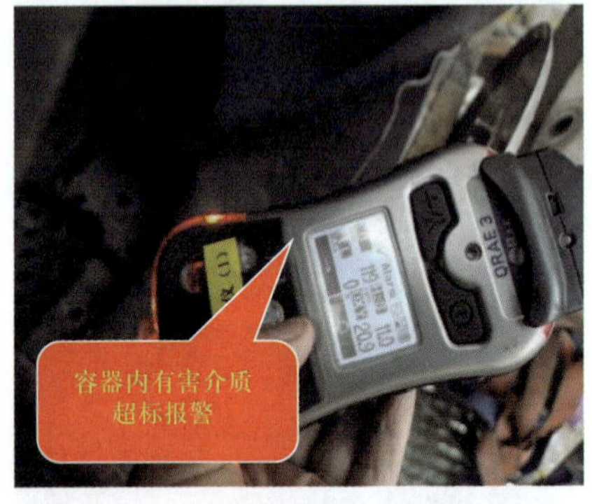

图 7–36　容器内有害介质超标报警

（3）某公司反应器易燃物料管线检修作业，管线内壁附着的残存物料未清理干净，在动火过程中易燃气体逐渐挥发集聚，气体检测超标报警（图 7–37）。

（4）某公司换热器封头拆卸动火作业，封头内残余的油泥未清理干净，在动火切割过程中油泥遇火燃烧（图 7–38）。

违反：GB 30871—2022《危险化学品企业特殊作业安全规范》中 4.2 “作业前，危险化学品企业应采取措施对拟作业的设备设施、管线进行处理，确保满足相应作业安全要求：a）对设备、管线内介质有安全要求的特殊作业，应采用倒空、隔绝、清洗、置换等方式进行处理。”

图 7-37 管道内残存物料气体检测超标报警

图 7-38 设备内残留易燃物遇火燃烧

（二）动火作业阀门、盲板隔离失效

动火作业前未对隔离方式、隔离有效性进行确认，如盲板有裂纹、“8 字”盲板处于“导通”状态、上锁未能锁止阀门开关等，存在易燃易爆等介质能量意外泄漏，遇火源着火引发爆炸等风险。

（1）某公司二甲苯储罐内浮盘气焊切割动火作业，储罐连通线上安装的非标盲板有裂纹（图 7-39），加之盲板前的隔离闸阀内漏（图 7-40），动火作业过程中二甲苯经内漏的闸阀、盲板的裂纹，逐渐渗漏入罐内，气体检测超标。

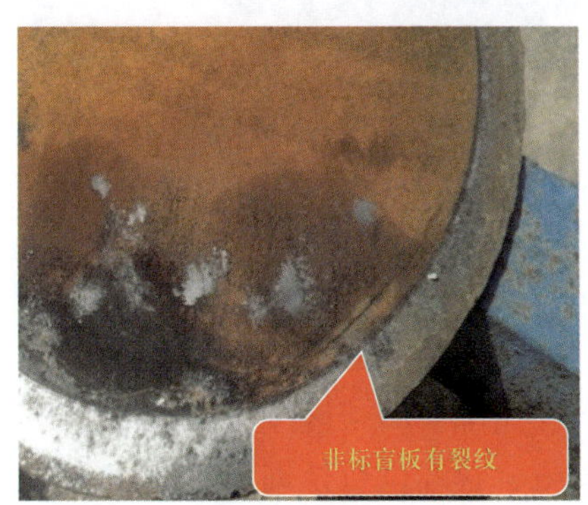

图 7-39 非标盲板有裂纹

图 7-40 闸阀存在内漏

（2）某公司分离装置脱戊烷塔回流罐排污线更换动火作业，隔离排污管线的“8 字”盲板处于“导通”的状态，切割作业人员未确认盲板隔离是否到位（图 7-41），就用角磨机切割管线（图 7-42）。

违反：GB 30871—2022《危险化学品企业特殊作业安全规范》中 5.2.2“凡在盛有或盛装过助燃或易燃易爆危险化学品的设备、管道等生产、储存设施及本文件规定的火灾爆炸危险场所中生产设备上的动火作业，应将上述设备设施与生产系统彻底断开或隔离，不应以水封或仅关闭阀门代替盲板作为隔断措施。”

（3）某公司烯烃装置聚结器设备更换动火作业，链条锁具直接挂在阀门的手轮上（图 7-43），未起到限制阀门开启作用。现场流量计导淋阀用盲盖封堵（图 7-44），未按照要求打开放空并上锁，导淋阀隔离方式错误。

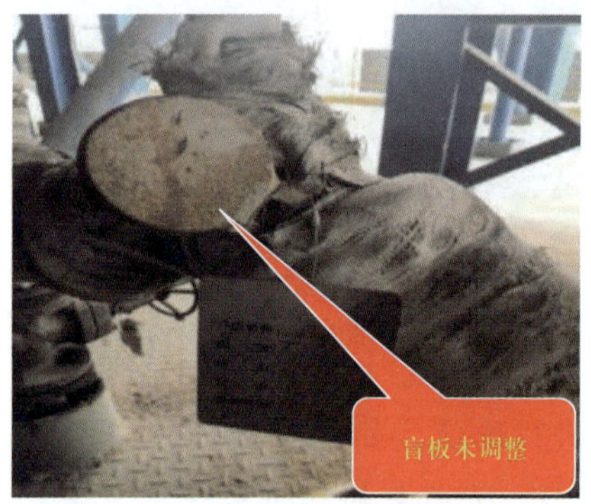

图 7-41　盲板未调整

图 7-42　管线破口切割

图 7-43　锁具挂在阀门手轮上

图 7-44　导淋上盲盖封堵

违反：GB 30871—2022《危险化学品企业特殊作业安全规范》中 4.2 “作业前，危险化学品企业应采取措施对拟作业的设备设施、管线进行处理，确保满足相应作业安全要求：b）对具有能量的设备设施、环境应采取可靠的能量隔离措施。”

四、作业票办理不合规

（一）作业票超期使用，票证信息填写不正确

动火安全作业票超有效期使用，签发的作业票等级与动火作业实际等级不符，动火部位、内容与动火安全作业票不符，存在安全措施没有按照作业票证的要求得

到有效落实，同时也存在作业票办理违法违规等风险（表 7-1）。

（1）2022 年应急管理部通报：某企业未有效执行动火特殊作业管理制度，动火安全作业票填写不规范、作业内容描述不清、作业具体位置不明，特级动火超过 8h。

（2）2022 年应急管理部通报：某企业在同一时间，完成同一动火作业的申请、现场确认、会签、流程审批；分析数据可燃气体为 1.74%，作业票填写为 0，按规定不应大于 0.5%，审批却通过；作业有效时间为 11h，不符合一级动火有效时间为 8h 的国标规定。

违反：GB 30871—2022《危险化学品企业特殊作业安全规范》中 4.6“作业前，危险化学品企业应组织办理作业审批手续，并由相关责任人签字审批。同一作业涉及两种或两种以上特殊作业时，应同时执行各自作业要求，办理相应的作业审批手续。作业时，审批手续应齐全、安全措施应全部落实、作业环境应符合安全要求。”

表 7-1 作业内容、部位、等级、时限、气体检测不符合许可规定

作业申请单位		作业申请时间	年 月 日 时 分
作业内容	动火内容与动火安全作业票不符	动力地点及动火部位	动火部位与动火安全作业票不符
动火级别	特级 □ 一级 □ 二级 □	动火方式	
动火人及证书编号	动火作业等级不符		
作业单位		作业负责人	
气体取样分析时间	月 日 时 分	月 日 时 分	月 日 时 分
代表性气体	气体检测未按规定的时间进行		
分析结果 /%			
分析人			
关联的其他特殊作业及安全作业票编号			
风险辨识结果	安全作业票超期使用		
动力作业实施时间	自 年 月 日 时 分至 年 月 日 时 分止		

作业内容、部位、等级、时限、气体检测不符合许可规定

（二）作业审批不严，监管责任未落实，气体检测存有盲区

动火安全作业票的专业审批部门、人员违规替代、越权签发作业票，未如实履

行票证审核、现场监管责任，动火作业过程中未按时间要求进行可燃性气体检测分析，存在安全措施未执行、未落实等风险（表 7–2）。

表 7–2　专业管理人员未进行现场风险控制措施的核查与落实

序号	安全措施	是否涉及	确认人
1	动火设备内部构件清理干净，蒸汽吹扫或水洗合格，达到动火条件		
2	断开与动火设备相连接的所有管线，加盲板（　）块，未采取水封或仅关闭阀门的方式代替盲板		
3	动火点周围的下水井、地漏、地沟、电缆沟等已清除易燃物，并已采取覆盖、铺沙、水封等手段进行隔离		
4	油气罐区内动火点同一防火堤内和防火间距内的油罐不同时进行脱水和取样作业		
5	高处作业已采取防火花飞溅措施，作业人员应佩戴必要的个体防护装备		
6	在有可燃物构件和使用可燃物做防腐内衬的设备内部动火作业，已采取防火隔绝措施		
7	乙炔气瓶直立放置，已采取防倾倒措施并安装防回火装置；乙炔气瓶、氧气瓶与火源间的距离不应小于 10m，两气瓶相互间距不应小于 5m		
作业负责人意见　签字：　年　月　日　时　分			
所在单位意见　签字：　年　月　日　时　分			
安全管理部门意见　签字：　年　月　日　时　分			
动火审批人意见　签字：			
动火前，岗位当班班长验票情况　签字：　年　月　日　时　分			
完工验收　签字：　年　月　日　时　分			

专业管理人员未进行现场风险控制措施的核查、落实

（1）2022 年应急管理部通报：某公司签发执行的 P04/32 泵操作柱更换检修作业票，动火安全作业票办理过程中，安全部门负责人委托其他人员去作业现场检查安全措施落实与否并进行专业审批，动火作业票签发人委托他人签发作业票。

（2）2022 年应急管理部通报：某公司一张编号为 86 的动火安全作业票，作业票上的动火分析时间、申请部门意见、安全管理部门意见、动火审批人意见皆为 6 月

16 日 8 时 40 分，但动火前，岗位当班班长验票时间为 6 月 16 日 8 时 30 分，时间出现了“倒流”，专业管理部门未如实履行检查职责。

（3）2022 年应急管理部通报：某公司储运部油库 6 月 30 日现场电气焊动火作业，现场持续进行的动火作业中断 30min 以上重新开始动火作业，未按规范要求开展动火分析。

违反：GB 30871—2022《危险化学品企业特殊作业安全规范》中 4.11“作业审批人的职责要求：a）应在作业现场完成审批工作；b）应核查安全作业票审批级别与企业管理制度中规定级别一致情况，各项审批环节符合企业管理要求情况；c）应核查安全作业票中各项风险识别及管控措施落实情况。”4.18“安全作业票应规范填写，不得涂改。安全作业票样式和管理见附录 A 和附录 B。”5.3.1“动火作业前应进行气体分析，要求如下：c）气体分析取样时间与动火作业开始时间间隔不应超过 30min。”

五、动火作业环境未清理

（一）动火作业周围火险未处置管控

动火作业周围存在可燃物质未清理，地漏、地沟、下水井未封严堵实，动火作业未采取有效的防止火花溅落措施，存在现场火灾爆炸风险。

（1）某公司新建硫磺装置设备管线安装焊接动火作业现场，正在进行的焊接作业下方放置的乙炔、氧气气瓶未移至安全距离外（图 7–45），高处焊接飘落的火花未采取接火措施，现场动火作业区域 15m 内含油污水井未进行封堵。

（2）某公司储运装置含烃废气改造项目施工现场，现场作业人员交叉进行防腐刷漆和焊接打磨动火作业，在距动火作业点 4～5m 存在易燃、易挥发溶剂香蕉水调和剂，小于 10m 的防火安全距离（图 7–46）。

（3）某公司加氢装置工艺管线安装动火作业现场，动火点周围的下水井、地漏未按规范进行封堵（图 7–47、图 7–48）。

违反：GB 30871—2022《危险化学品企业特殊作业安全规范》中 5.2.4“动火点周围或其下方如有可燃物、电缆桥架、孔洞、窨井、地沟、水封设施、污水井等，应检查分析并采取清理或封盖等措施；对于动火点周围 15m 范围内有可能泄漏易燃、可燃物料的设备设施，应采取隔离措施；对于受热分解可产生易燃易爆、有毒有害物质的场所，应进行风险分析并采取清理或封盖等防护措施。”5.2.9 中“动火期间，距动火点 30m 内不应排放可燃气体；距动火点 15m 内不应排放可燃液体；在动火点 10m 范围内、动火点上方及下方不应同时进行可燃溶剂清洗或喷漆作业；在动火点 10m 范围内不应进行可燃性粉尘清扫作业。”

图 7-45 火花飞溅，乙炔、氧气气瓶未清理

图 7-46 易燃物小于防火安全距离

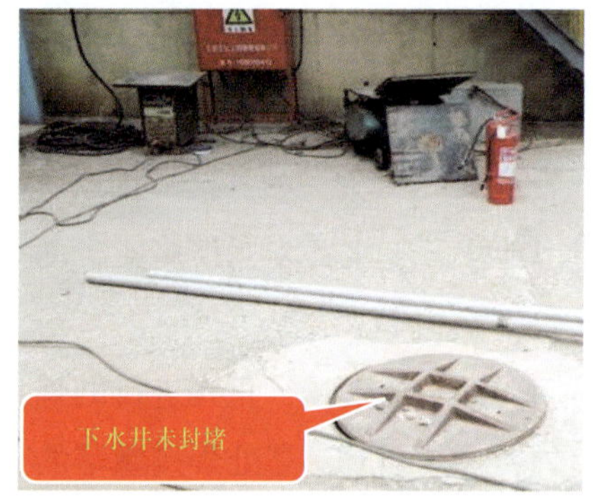

图 7-47 下水井未封堵

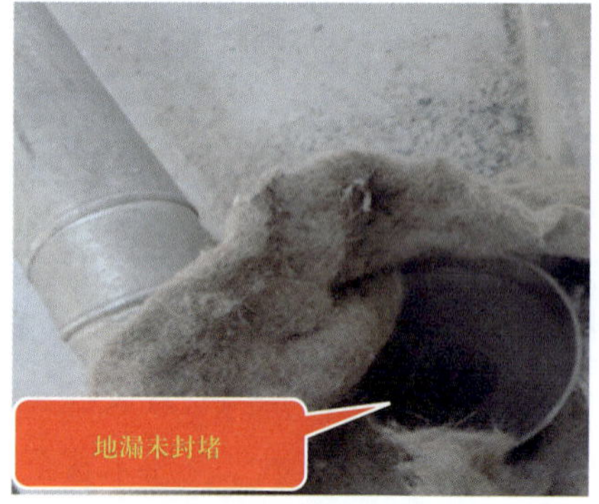

图 7-48 地漏未封堵

（二）受限空间内动火未进行有效的通风

储罐、容器内动火作业，在自然通风不能满足作业安全要求的情况下，易燃易爆、有毒有害气体超出允许浓度时，未采取强制通风措施，或通风方式、路径设计不合理，设备安装不合规，存在火灾爆炸、人员中毒窒息等风险。

（1）某公司在工程隧道施工管线焊接动火作业，焊接作业人员在隧道 150m 深处进行管道焊接，施工作业单位未按要求配备通风机强制通风（图 7-49），管道内的存在浓烈的焊接烟雾无法逸散。

（2）某公司储运装置储罐内浮盘安装动火作业，未按照施工作业方案中的“上抽下鼓”的通风方式进行通风，且轴流通风机与人孔壁的间隙未封堵严实漏风

（图 7-50），没有达到通风效果。

违反：GB 30871—2022《危险化学品企业特殊作业安全规范》6.2 中“作业前，应保持受限空间内空气流通良好，可采取如下措施：a）打开人孔、手孔、料孔、风门、烟门等与大气相通的设施进行自然通风；b）必要时，可采用强制通风或管道送风，管道送风前应对管道内介质和风源进行分析确认；c）在忌氧环境中作业，通风前应对作业环境中与氧性质相抵的物料采取卸放、置换或清洗合格的措施，达到可以通风的安全条件要求。”

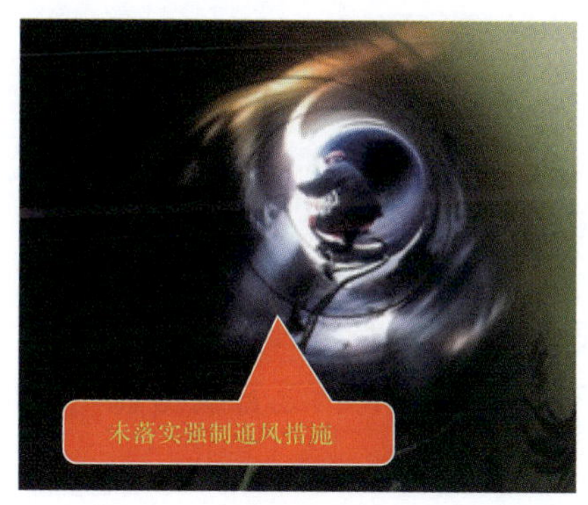

图 7-49　未落实强制通风措施

图 7-50　风机转向错误，间隙未封堵

（3）某公司橡胶装置反应釜内搅拌器安装动火作业，焊接烟雾未采取强制通风措施，作业环境有害烟雾超标（图 7-51）。

（4）某公司塑料装置反应器内筛板改造动火作业，聚合物粉末未清理干净，作业环境有粉尘及挥发物超标（图 7-52）。

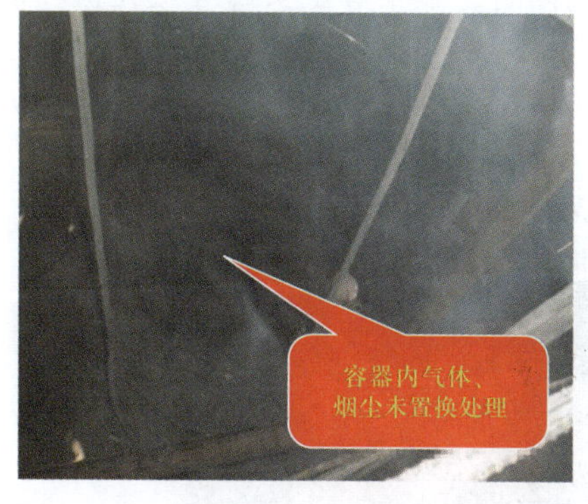

图 7-51　容器内气体、烟尘未置换处理

图 7-52　容器内粉尘未吹扫干净

违反：GB 30871—2022《危险化学品企业特殊作业安全规范》5.2.6 中“在作业过程中可能释放出易燃易爆、有毒有害物质的设备上或设备内部动火时，动火前应

进行风险分析，并采取有效的防范措施，必要时应连续检测气体浓度，发现气体浓度超限报警时，应立即停止作业；在较长的物料管线上动火，动火前应在彻底隔绝区域内分段采样分析。”

第二节　动火作业事故案例分析

本节收集整理动火作业导致的安全事故案例，从事故概况、原因分析和案例警示方面进行了分享，以便起到警钟长鸣、引以为戒的作用。

一、“1·22”管线切割亡人事故

（一）事故概况

2013 年 1 月 22 日，某油田建设公司安装队在某采油厂进行新建天然气管线施工作业，管线焊接主体工程已经完成，安装队到现场进行两处管线切割、打磨坡口，为下步组对焊接做准备。

3 名作业人员到焊口后，将氧气瓶和乙炔瓶摆放在距离切割点 20m 左右的位置，胶管放在了管线和管沟之间的地面上，焊工站在管线里侧，切割里侧的管壁。管壁切割 1/2 后，焊工跨过管线，站在埋地端管线的外侧，切割剩余部分管壁，部分氧气、乙炔胶管随之搭在埋地端管线上，从焊工身后绕过。在管线被割断的瞬间，悬空管线（距地面 20cm）突然向上方弹起后砸向管沟侧壁滑落沟底，带着氧气乙炔胶管将焊工带落沟底，管线下落至管沟内时，砸中焊工头部导致死亡。事故现场如图 7-53 所示。

图 7-53　管线切割事故现场示意图

（二）原因分析

1. 直接原因

割断的（ϕ168mm）管线在应力作用下发生强力反弹，搭在管线上的氧气和乙炔胶管瞬间将焊工带入管沟，后下落的管线砸中头部，致其死亡。

2. 间接原因

——施工工序安排不当，造成管线断口处产生巨大应力变形。该管线部分管段已下沟并填埋，部分管段搭在沟沿上，形成杠杆支点，导致断口处产生巨大应力反弹。

——作业时管线断口端头没有采取起重机械或堰木固定等措施，也没有采取防止管线滚沟的措施。

——焊接工具摆放错误，焊工切割管线时，将氧气和乙炔胶管搭放管线上，在管线反弹后，胶管瞬间将其缠绕后，带入管沟。

——监护人员监护职责未落实，监护人员未辨识出管线受应力变形、氧气乙炔胶管放置位置不合理所存在的风险，也没有及时制止焊工的不安全行为。

（三）案例警示

——作业前，应进行工作前安全分析，辨识管线施工工序、应力变形、施工工器具摆放等存在的风险。在施工组织设计阶段，进行详细的论证，规避作业风险。

——下管作业时，应利用起重机械或堰木固定管线，采取防止管道滚沟的措施。

——进行管线切割等存在应力释放风险的作业时，必需开展风险辨识，采取有效措施消除应力。

——工程监督人员应检查各项安全措施的落实情况和作业过程中发现的各种风险，及时制止作业人员的不安全行为。

二、“6·2”储罐动火作业爆炸事故

（一）事故概况

2013年6月1日（周六），某石化公司承包商现场负责人到石化公司办理了储罐动火相关作业许可，相关人员现场核查风险削减措施落实情况时，发现罐顶呼吸阀没有加盲板，防火科电话通知车间主任，下周一再施工。但车间主任没将防火科指令告知车间其他相关人员，已办好的动火安全作业票存放在车间安全员手中。

6 月 2 日（周日）早会后，安全员私自修改动火作业许可证的日期，通知一名操作员现场监护，该操作员没有按要求对“储罐呼吸阀加堵盲板、采样口关闭并包防火布、消防泡沫发生器用黄泥覆盖”等安全防护措施的有效性进行现场核实，便通知工程队施工人员开始作业。14 时 27 分左右，施工储罐发生闪爆着火，2min 后，相邻的 2 个罐相继爆炸着火，约 10min 后，又一相邻储罐爆炸着火。事故导致现场施工的 4 名作业人员死亡。事故现场如图 7–54 所示。

图 7–54　储罐爆炸事故现场示意图

（二）原因分析

1. 直接原因

施工人员在罐顶部走廊入口处防护栏附近进行气焊切割作业时，因储罐内易燃易爆介质泄漏在罐顶部达到爆炸极限，发生闪爆着火，随后相邻 3 个储罐相继发生爆炸着火。

2. 间接原因

——动火作业许可票证存放管理不严格，在动火作业许可证已办好后，未按防火科要求调整作业时间、落实隔离隔断等措施，保管不当，导致安全员违规使用动火作业许可证。

——安全员违章指挥，在未接到动火作业许可指令的情况下，违规修改动火作业许可证，安排操作员监护动火作业。

——操作员违章作业，未按动火作业许可证的要求，监督检查作业措施落实情况。

——施工作业人员未严格执行动火作业许可证，在未确认各项安全措施落实的情况下，违规冒险作业。

——储罐存在易燃易爆物料。事故储罐为杂料罐，存有塔底高沸物和塔底甲苯约二十余吨，属易燃易爆危险化学品，由于建设单位未采取能量隔离、上锁挂牌等安全措施，导致罐顶气焊作业的明火引燃泄漏在罐顶部的物料蒸气，回燃导致储罐闪爆着火。

——同罐组的相邻储罐也存有大量易燃易爆物料，是事故后果扩大的重要原因。

（三）案例警示

——建设单位应严格执行作业许可制度，规范动火审批流程，在未达到作业条件的情况下，不能提前完成许可证的审批。

——应严抓作业许可证的管理，杜绝涂改、代签、栏目空项等现象，明确各类、各层级作业许可的管理职责和管理权限，规范作业许可证的存放和使用。

——作业前，必须进行工作前安全分析，逐项落实安全措施，并对建设单位、施工单位进行教育培训并考核合格后，方可进行许可作业。

——各类作业指令传达应与作业许可等书面记录一致，或下达书面、电子签批、电话录音等正式作业指令，避免出现篡改指令等现象。

三、“4·8”电焊作业爆燃事故

（一）事故概况

2014 年 4 月 8 日上午 10 时 45 分左右，某公司一车间脱硫工段脱硫液循环槽发生爆炸事故，造成 3 人死亡，2 人受伤，直接经济损失约 230 万元。事故后循环槽顶部如图 7-55 所示。

图 7-55　事故后循环槽顶部

（二）原因分析

1. 直接原因

此次管道变更改造在未与生产系统隔绝、未进行吹扫、置换，动火点未隔离，未进行气体分析确认，违章用电焊明火作业，致使电焊火花通过未封死的人孔，引爆被脱硫液夹带并进入循环槽内的煤气。

2. 间接原因

——作业票证许可过程执行不严，作业票证管理不到位。此次脱硫工艺变更，涉及动火作业，对易燃易爆、有毒有害气体的风险辨识不到位，违反《化学品生产单位动火作业安全规程》。

——变更管理制度执行不到位。此次工艺及管道变更改造前未对变更过程产生的风险进行分析和控制；未履行变更审批程序。

——工艺设备技术管理缺失，技术培训考核不到位。公司未设技术负责人，化产车间未配工艺和设备技术员；技术资料管理缺失。

（三）案例警示

——加强作业安全管理。严格许可票证管理，把票证管理上升到企业一级管理范畴，要对焦化厂的所有车间、工段、班组、岗位重新组织全覆盖的风险评估，重新确定风险等级。

——加强变更管理。严格执行《国家安全监管总局关于加强化工过程安全管理的指导意见》（安监总管三〔2013〕88 号），在工艺、设备、仪表、电气、公用工程、备件、材料、化学品、生产组织方式和人员等方面发生的所有变化，都要纳入变更管理；严格变更管理审批程序。

——加强安全教育培训。要牢固树立“安全培训不到位是重大安全隐患”的理念。

——进一步加大对“三违”现象的查处力度。从制度上、规程上、作业上进一步规范整治“三违”现象，教育警示张贴到岗位，强化日常的培训考核，切实筑牢安全生产防线。

——加强风险管理，确保风险可控可防。发动全体员工参与深入开展岗位风险辨识，对辨识出的岗位风险要采取管事顶用的管理、工程技术、应急处置三大措施，确保岗位风险时时刻刻在可控范围内。

四、“6·15”修补焊接作业火灾事故

（一）事故概况

2016 年 6 月 15 日 10 时 24 分，在某炼化分公司催化裂化装置烟气除尘脱硫脱硝吸收塔工地，作业人员在塔内壁进行修补施工时发生火灾，造成 4 人死亡，直接经济损失约 1041 万元。火灾发生部位如图 7–56 所示。

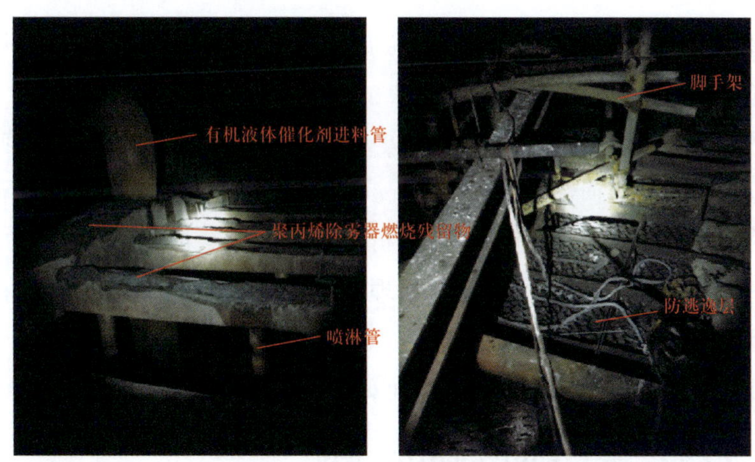

图 7–56　火灾发生部位图

（二）事故原因

1. 直接原因

现场作业人员在脱硫塔烟囱段高处进行焊接作业期间，掉落的电焊熔珠、焊条头等高温坠落物穿过隔离失效的防逃逸层落在上层除雾器上将其引燃，燃烧滴（坠）落物又引燃了下层除雾器，除雾器燃烧、软化、塌架后的滴（坠）落物落在喷淋层、气体喷淋层（三层）、除雾层、双防逃逸层、分布器等塔内构件上和塔底，继续燃烧引发脱硫塔吸收段整个腔体火灾，期间所产生的高温有毒烟气导致 4 名作业人员被熏烧致死。

2. 间接原因

——防逃逸层铺设的石棉布覆盖不严导致了隔离失效。

——工作人员对焊接作业、现场状况均不熟悉，且没有接受安全交底。

——施工方案中作业危害分析不具针对性，监护人在作业人员进塔前没有进塔

检查确认安全状况。

——防逃逸层上发现了较多焊条头；作业现场防火石棉布隔离失效及作业面未采取有效防飞溅措施等安全隐患督促整改不到位；未发现实际作业的焊工与报验焊工不一致，焊工资质不符合要求。

——对于初次使用的工艺路线不熟悉，也未进行安全论证。

（三）案例警示

——要求除雾器制造单位应提供非金属材质除雾器的安全技术说明书，安装单位、使用单位应掌握其危险特性并在安装、维修等直接作业环节加强安全管理。

——脱硫塔修补施工中作业人员多次更换，焊接作业仅在首次施工前对第一批焊工进行安全交底，更换焊工没有报验、没有安全交底签署记录。

——在施工前进行危险有害因素分析和采取的安全措施的有效性、适用性分析，制订相应的应急方案；作业时要清理干净周围及下部的可燃物并保持有效的隔离。

——双方应在工程承包等协议中明确安全责任，施工过程中相互配合。

五、"2·17"储罐动火作业闪爆事故

（一）事故概况

2017 年 2 月 17 日 8 时 50 分，某石油化工股份有限公司发生较大爆炸事故，造成 3 人死亡，40×10^4t/a 汽油改质—20×10^4t/a 柴油改质联合装置改造项目酸性水汽提装置原料水罐（V102）爆炸受损（图 7-57、图 7-58），直接经济损失约 590 万元。

图 7-57　装置原料水罐现场图

图 7-58　原料水罐（V102）俯视图

（二）原因分析

1. 直接原因

作业人员在安装原料水罐（V102）远传液位计动火作业中，引爆罐内可燃气体，发生爆炸。

2. 间接原因

——未建立岗位交接班记录，班组工艺操作交接不清；擅自降级办理动火作业许可证。

——未负责申请办理动火作业许可证；检修车间施工作业前未编制安全工作方案，未对作业现场安全状况进行检查确认。

——未对制造单位认真进行资质审查，制造单位无设计资质，对该罐违规出图、制造安装。未认真组织开展“三查四定”工作，未全面识别设计漏项及工程隐患。

（三）案例警示

——严格落实企业“五落实五到位”的安全生产责任体系。

——企业要提高对动火、进入受限空间等特殊作业过程风险的辨识，强化风险辨识和管控，严格程序确认和作业许可审批，加强现场监督确保各项规定执行落实到位。

——强化对“三违”现象的管理，严禁违章指挥和违章作业。

——严格执行请示汇报制度、生产活动交接制度，建立有效管理机制，进一步补充、完善各部门的职责，各级人员严格按照规定履行职责，严格执行各项规章制度。

——严格执行“六不开车”原则。当安全与恢复生产进度发生矛盾时，必须服从安全第一的原则，做到不出一次违章，不漏任何安全死角。

——严格执行“三级”安全教育培训制度，主要负责人、安全管理人员、生产管理人员和特种作业人员必须持证上岗。

——开展“三查四定”，落实吹扫、气密、单机试车、联动试车、装置启动前安全检查和整改确认等工作，消除工程建设阶段存在的问题和隐患，确保装置试生产安全平稳运行。

六、“6·28”焊接作业闪爆事故

（一）事故概况

2017 年 6 月 28 日 16 时 40 分，某工业股份有限公司化工分公司乙炔厂一车间炭黑水处理系统工艺管线焊接作业过程中，发生着火爆炸事故（图 7–59），造成 4 人死亡，直接经济损失 282.4 万元。

图 7–59 “6·28”闪爆事故现场

（二）原因分析

1. 直接原因

事故企业在未彻底隔断储罐内工艺气体的情况下在罐顶实施动火作业，发现事故前兆后仍然继续违章冒险作业，带电的电焊把掉落至罐顶，与槽顶积水放电产生火花，引燃泄漏的可燃气体并形成回火，导致发生闪爆。

2. 间接原因

——炭黑水贮槽存在缺陷，在设计时未考虑乙炔聚集因素；未将炭黑水贮槽划入爆炸性危险区域；未设置惰性气体保护置换等措施；罐顶放空管高度不够。

——在施工时未按照设计图纸要求施工，焊缝质量有缺陷。

——李某违章冒险作业，致使电焊把在摇动过程中落到槽顶部，并遇槽顶积水放电产生火花引燃罐内溢出的乙炔等易燃易爆气体，由于回火导致罐内发生闪爆。

——某工业有限公司化工分公司安全生产管理制度落实不到位，安全培训不到位。

——机修车间对检维修作业安全管理职责不清，安全培训不到位。

——机修车间对此次施工人员安排不符合施工要求，配管作业只有一名焊工和一名监护人，没有安排管工。

——机修车间未严格按照操作规程对现场进行危险有害因素辨识，槽顶动火作业危险性认识不足。

——分析工未按规定到槽顶对现场进行可燃气体检测。

——炭黑水贮槽无氮气保护措施。

（三）案例警示

——能量隔离失效，现场安全措施得不到保障，不具备安全施工条件。

——存在麻痹大意，侥幸心理违章冒险作业，最终导致事故发生。

——严格进行岗前安全生产“三级”教育，全力杜绝“三违”。

——认真做好检维修作业的风险辨识。

——要对全厂设施设备进行全面的风险辨识与分析，并完善安全设施。

——严格执行编制的检修方案，不能流于形式。

七、“5·12”检维修作业闪爆事故

（一）事故概况

2018年5月12日15时25分左右，在某石油化工有限责任公司公用工程罐区位置（图7-60），某工程建设服务有限公司的作业人员在对苯罐进行检维修作业过程中，因苯罐发生闪爆，造成在该苯罐内进行浮盘拆除作业的6名作业人员当场死亡。事故造成直接经济损失约1166万元，其中设备损失约536万元。

图7-60 现场外貌图

（二）原因分析

1. 直接原因

打孔后的浮箱内残存苯液流出，在罐内形成爆炸性混合气体，由于作业人员使用非防爆工具产生点火源引发事故。

2. 间接原因

——安全风险意识差、能力不足，安全风险辨识评估不全面、不到位。事故企业和承包商识别了苯的毒害特性和泄漏风险，但没有识别苯的易燃易爆特性和苯罐受限空间内的爆炸风险。

——特殊作业管理不到位。施工方案规定使用防爆器具和铜质工具，但现场作业人员使用钢制扳手和非防爆电钻，受限空间作业中对可燃气体含量的检测仅在人孔处进行了检测。

——变更管理缺失。在确认浮盘浮箱无修复价值、决定更换的浮箱残留有大量苯时，原施工内容和环境已发生了重大变化，但施工方案却没有进行调整，没有进行新的风险辨识和增加风险管控措施。

——对承包商管理不到位。承包商存在“以包代管”现象，没有严格审核承包商施工方案，在发现浮箱存在苯残液后，未及时告知承包商罐内存在的燃爆风险，也未及时采取相应的安全措施。现场配备的监护人员专业素质不能满足监护要求。

——现场作业人员违章作业。承包商作业人员现场发现有拖拽浮箱致其变形破损、用非防爆工具戳破浮箱导出苯残液等作业痕迹。

——漠视重大危险源管理。对危险化学品罐区特殊作业未实施升级管理。

（三）案例警示

——严格落实企业安全生产主体责任，加强危险化学品罐区特殊作业安全风险辨识和管控。

——加强变更过程安全管理。相关企业要按照化工过程管理要素要求，建立健全并严格执行变更管理制度，全面辨识管控各类变更带来的风险。

——进一步加强承包商管理，坚决杜绝“以包代管”。

——切实落实政府监管责任，加强对化工园区内动火、进入受限空间等特殊作业监管，确保特殊作业安全。

八、“1·5”焊接作业较大爆炸事故

（一）事故概况

2022 年 1 月 5 日 14 时 8 分 22 秒，某化工有限公司 30×10^4t/ 年煤焦油加氢精制装置原料罐区发生爆炸事故，造成 3 人死亡，直接经济损失 547.9 万元。储罐位置如图 7-61 所示。

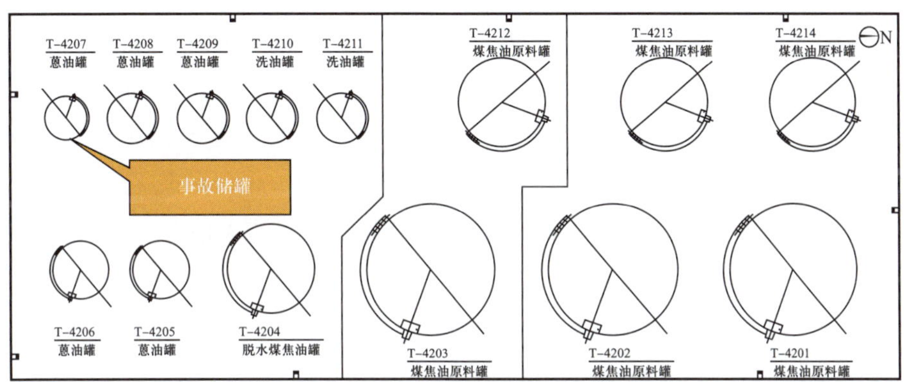

图 7-61 储罐位置图

（二）原因分析

1. 直接原因

T4207 储罐动火前未进行清洗、置换，残存蒽油挥发出的低闪点物质萘、苯并噻吩、1- 甲基萘、2- 甲基萘、1，6- 二甲基萘等可燃蒸气与罐内空气达到爆炸极限，形成爆炸性混合物。外来施工人员贾某、杜某违反有关规定，在尚未办理动火作业审批手续情况下，擅自冒险对 T4207 储罐人孔处进行焊接作业。焊接高温引起罐内爆炸性混合气体爆炸，罐体损毁，罐内物料冲出起火。

2. 间接原因

——某化工有限公司企业安全生产意识淡薄，对安全生产工作不重视，安全管理工作薄弱，安全管理人员未按规定认真履职，安全生产责任制落实不到位。

——周某及其临时组织的务工人员在无相关证照、特种作业人员无特种作业操作证的情况下，违法承揽维修作业。

——某人民政府未及时发现企业存在问题，打非治违不彻底、不到位。

——某应急管理局在组织日常监督执法检查工作中，未严格按照规范全过程记

录执法程序。

——某工业和信息化局落实安全生产行业管理责任不到位，对某化工有限公司在安全法律法规的落实、化工行业企业安全禁令的落实等安全生产工作指导不力。

——某区政府安全生产属地管理职责落实不到位。

（三）案例警示

——严格落实化工行业主要负责人、分管负责人、安全管理人员和关键岗位从业人员专业、学历、能力要求，并按规定配备化工相关专业注册安全工程师。

——企业要定期组织开展安全生产制度落实情况检查，尤其对高危作业、高风险区域作业、特种作业等风险较大的作业，切实做到人员、组织、方案预案、安全措施、安全设施的全面落实。

——加强企业外来务工人员的管理，核查作业人员是否人证合一。

——进一步加强维修作业安全管控。

——切实提升危险化学品安全监管能力。

——强化事故应急处置和信息报告。

九、“5·17”氩弧焊作业燃爆事故

（一）事故概况

2022 年 5 月 17 日上午 8 时 54 分，某公司 $10\times10^4m^3$ 调节池上方外包作业人员违规用氩弧焊对除臭设施风管漏点进行焊接施工时发生燃爆，造成 3 人死亡，3 人受伤，5# 池、6# 池顶盖坍塌，池顶除臭装置损坏，直接经济损失约 1800 万元。公司现场平面如图 7-62 所示。

图 7-62　公司现场平面图

（二）原因分析

1. 直接原因

作业人员不了解作业的风管内充满易燃易爆的混合气体，未办理动火作业证，在没有对需作业的不锈钢管道进行隔离、清洗、置换、监测的情况下，进行氩弧焊作业是导致事故发生的直接原因。

2. 间接原因

——某公司安全生产主体责任落实不到位。

——某金属制品有限公司安全生产主体责任落实不到位。

——某综合处理中心指导监督检查某公司不到位，对该公司在易燃易爆区域增设除臭设施过程中的安全生产违法违规行为失察失管。

——某市城市管理委员会履行行业安全生产监管不到位，指导督促某垃圾综合处理中心和某公司安全生产工作浮于表面，未发现某公司未辨识出调节池内气体的易燃易爆风险。

——某镇政府未对某园区内的企业开展监督检查，落实安全生产属地监管不够到位。

（三）案例警示

——强化企业安全生产主体责任落实，强化外包队伍管理和作业管理。

——强化安全生产监督管理，严厉查处违法分包转包问题。

——进行系统的风险辨识和隐患排查治理，做到“风险底数明，隐患及时清”，确保生产安全、平稳。

参考文献

［1］某油田公司．“1·22”物体打击事故案例［R］．2013.

［2］国家安全生产监督管理总局．通报某石化火灾事故调查结果［R］．2013.

［3］内蒙古乌海市应急管理局某集团有限公司．“4·8”较大爆燃事故调查报告［R］．2014.

［4］石家庄市安全生产监督管理局．某炼化分公司“6·15”火灾事故调查报告［R］．2017.

［5］中国石油天然气股份有限公司炼油与化工分公司，中国石油集团安全环保技术研究院有限公司编．2013—2017年国内外炼油与化工企业典型事故案例［M］．北京：石油工业出版社，2018.

［6］应急管理部危险化学品安全监督管理司，中国化学品安全协会．全国化工和危险化学品典型事故案例汇编（2017年）［R］．2018.

[7]上海市应急管理部办公厅.某有限责任公司“5·12”其他爆炸较大事故调查报告[R].2018.
[8]安阳市应急管理局安阳市.某化工有限公司“1·5”较大爆炸事故调查报告[R].2022.
[9]福州市应急管理局某公司.“5·17”较大燃爆事故调查报告[R].2022.